U0241986

高等职业教育酿酒技术专业系列教材

黄酒品评技术

寿泉洪　胡普信　陈靖显　编

中国轻工业出版社

图书在版编目（CIP）数据

黄酒品评技术/寿泉洪，胡普信，陈靖显编. —北京：中国轻工业出版社，2023. 1

高等职业教育酿酒技术专业系列教材

ISBN 978-7-5019-9713-8

Ⅰ. ①黄… Ⅱ. ①寿…②胡…③陈… Ⅲ. ①黄酒－食品感官评价－高等职业教育－教材 Ⅳ. ①TS262. 4

中国版本图书馆 CIP 数据核字(2014)第 063973 号

责任编辑:江 娟

策划编辑:江 娟　　责任终审:张乃柬　　封面设计:锋尚设计

版式设计:锋尚设计　　责任校对:吴大朋　　责任监印:张京华

出版发行:中国轻工业出版社(北京东长安街 6 号,邮编:100740)

印　　刷:三河市万龙印装有限公司

经　　销:各地新华书店

版　　次:2023 年 1 月第 1 版第 4 次印刷

开　　本:720×1000 1/16　　印张:16. 25

字　　数:318 千字

书　　号:ISBN 978-7-5019-9713-8　　定价:34. 00 元

邮购电话:010-65241695

发行电话:010-85119835　传真:85113293

网　　址:http://www. chlip. com. cn

Email:club@ chlip. com. cn

221807J2C104ZBW

前言

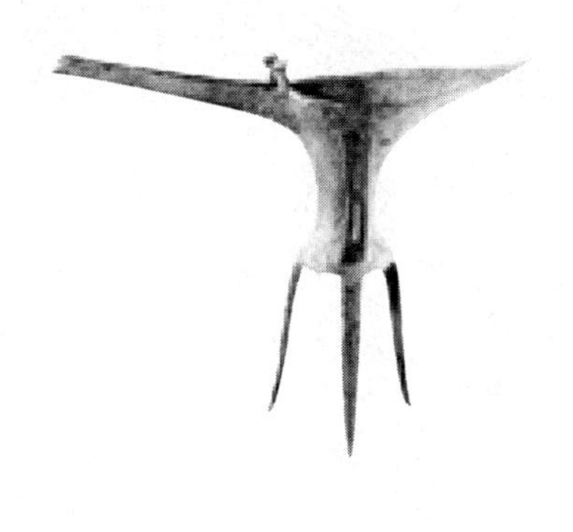

酒类的品评历来是鉴别酒品质的最为主要的感官判定手段。世界各主要产酒国都编辑了各酒种的品评文本，尤其是葡萄酒的品评类书籍是全球所有酒种中编印最多的。黄酒是中国特有的酒种，虽然在各种酒类品鉴书中时有提及，但正式出版物却未曾有过。本书旨在对黄酒品评的相关技术给予指导。

本书主要参考中国酒业协会的黄酒品酒师培训教程，大量参考了国内外酒类品评的最新技术，在内容选择与编排上进行了全新演绎。从酒类品评的色、香、味、格等感官科学入手，引出黄酒品评的方法与手段，强调品评训练与实践操作，以黄酒的酒体设计为终点，使学生或品酒人员从品酒知识中熟悉品评，在品评训练中懂得勾调，本着全面、系统、实用及可操作等原则，使读者能学会对黄酒进行品评。

本书可作为高等职业院校、高等学校酒类与发酵相关专业的教材或参考书，也可作为酒类企业技术人员、酒类品评人员的参考资料。

本书在编写过程中，引用和参考了大量文献与资料，在此，谨向原作者们表示衷心的感谢。由于本书是国内第一本系统介绍黄酒品评的技术类书籍，书中难免存在不足之处，敬请读者批评指正。

编者

2014 年 6 月

目 录

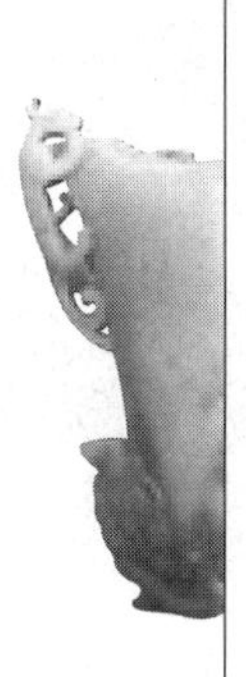

第一章 感官品评概述

学习目标和要求

1. 掌握感官品评的定义。
2. 掌握影响感官品评的生理、心理因素。
3. 掌握提高感官品评准确性的方法。
4. 理解感觉和知觉的关系。
5. 理解黄酒品评的作用和意义。
6. 了解感官品评与理化分析的关系。
7. 了解黄酒品评的发展历史。

第一节 感 官 品 评

一、感觉和知觉

在日常生活中，人们经常用自己的感觉器官来判断周围环境和事物的好坏。如看到美丽的鲜花、秀丽的山水，会给人一种美的感觉；吃到佳肴会感到鲜美，饮到美酒和清凉饮料，会使人兴奋、爽快、心旷神怡；而吃到腐败变质的食品会使人恶心，甚至呕吐。像这样利用人类的感觉来判断客观事物好坏的事是屡见不鲜的。

人类在生存的过程中时时刻刻都在感知自身存在的外部环境，这种感知是多途径的，并且大多数都要通过人类在进化过程中不断变化的各种感觉器官来分别接收这些引起感官反应的外部刺激，然后经大脑分析而形成对客观事物的完整认识。按照这样的观点，感觉应是客观事物的不同特性在人脑中引起的反应。也就是说，感觉是人对客观现实个别特性（声音、颜色、气味、滋味等）的反应，由来自物质世界的一定刺激直接作用于有机体的一定反应；是感官、脑的相应部位和介于其间的神经三部分所构成的分析器统一活动的结果。

比如面包作用于人们的感官时，通过视觉可以感受到它的颜色；通过味觉可以感受到它的味道；通过触摸或咀嚼可以感受到软硬等。感觉是最简单的心理过程，是形成各种复杂心理的基础。

在人类产生感觉的过程中，感觉器官直接与客观事物特性相联系。它们主要存在于人体外部，而且不同的感官对外部刺激有较强的选择性。感官由感觉细胞或一组对外界刺激有反应的细胞组成，这些细胞获得刺激后，能将这些刺激信号通过神经传导到大脑。感官的主要特征是对周围环境和机体内部的化学和物理变化非常敏感。除此之外，感官还具有下面的几个特征：

（1）一种感官只能接收和识别一种刺激。

（2）只有刺激量在一定范围内才会对感官产生作用。

（3）某种刺激连续施加到感官上一段时间后，感官会产生疲劳（适应）现象，感官灵敏度随之明显下降。

（4）心理作用对感官识别刺激有影响。

（5）不同感官在接收信息时，会相互影响。

感觉要同知觉相区别，知觉是一系列组织并解释外界客体和事件的产生的感觉信息的加工过程。对客观事物的个别属性的认识是感觉，对同一事物的各种感觉的结合，就形成了对这一物体的整体认识，也就是形成了对这一物体的知觉。知觉是直接作用于感觉器官的客观物体在人脑中的反映。

知觉是各种感觉的结合，它来自于感觉，但不同于感觉。感觉只反映事物的个别属性，知觉却认识了事物的整体；感觉是单一感觉器官活动的结果，知觉却是各种感觉协同活动的结果；感觉不依赖于个人的知识和经验，知觉却受个人知识、经验的影响。同一物体，不同的人对它的感觉是相同的，但对它的知觉就会有差别，知识经验越丰富，对物体的知觉越完善、越全面。显微镜下的血样，只要不是色盲，无论谁看都是红色的，但医生还能看出里边的红细胞、白细胞和血小板，没有医学知识的人就看不出来。

知觉虽然已经达到了对事物整体的认识，比只能认识事物个别属性的感觉更高级了，但知觉来源于感觉，而且二者反映的都是事物的外部现象，都属于对事物的感性认识，所以感觉和知觉又有不可分割的联系。在现实生活中当人们形成某一事物的知觉的时候，各种感觉就已经结合到了一起，甚至只要有一种感觉信息出现，都能引起对物体整体形象的反映。例如，一个物体的视觉信息包含了对这一物体的距离、方位，乃至对这一物体其他外部特征的认识，所以，现实生活中很难有单独存在的感觉，单一或狭隘感觉的研究往往只能产生于实验室中。

知觉有这样几个特性：整体性、选择性、理解性（意义性）、恒常性。知觉和感觉一样，都是刺激物直接作用于感觉器官而产生的，都是我们对现实的感性反映形式。离开了刺激物对感觉器官的直接作用，既不能产生感觉，也不能产生知觉。

1．知觉的整体性

知觉对象具有不同的属性，由不同的部分组成，但是人并不把这对象的不同属性、不同部分看作孤立的，而是把它作为一个统一的整体来反映，这就是知觉的整体性。例如我们在看到一只铅球时，就会觉得它硬、冷、圆、光，这是人的多种感觉的共同作用而产生的一个整体的认识，即知觉水平的认识。

2．知觉的选择性

知觉的选择性是指在许多知觉对象中，对其中部分对象知觉得特别清晰，其余的对象则作为背景而知觉得比较模糊。

影响知觉选择的因素，从客观方面来看，有刺激的变化、对比、位置、运动、大小、强度、反复出现等；从主观方面来看，有经验、情绪、动机、兴趣、需要等。

3．知觉的理解性

在感知事物时，人总是根据以往的知识经验来对事物进行理解和补充，即回答“是什么”的问题，这就是知觉的理解性。

理解在知觉中的作用是极为重要的，理解可以使知觉更为深刻、更为精确，可以使知觉的速度提高。言语在知觉的理解中起了一定的指导作用。

4．知觉的恒常性

当知觉的条件在一定范围内变化时，知觉的印象仍然相对地保持不变（无论是形状、大小、颜色，还是亮度），这就是知觉的恒常性。

知觉的恒常性在一定的条件下会被破坏。例如，远在1000m以上，形状知觉的恒常性会被破坏，在色光和强光下，颜色的恒常性也会被破坏。

影响知觉恒常性的因素主要是理解的作用，即经验的作用。由于人能够不受观察条件、距离等的影响，而始终根据经验按事实的本来面貌来反映事物，从而可以有效地适应环境，经验越丰富，越有助于感知对象的恒常性。

通过感觉，我们只知道事物的个别属性，通过知觉，我们才对事物有一个完整印象，从而知道它的意义。

二、感觉器官及感觉的分类

人们常常根据感觉器官的不同而相应地对感觉进行分类。感觉器官按其所在身体部位的不同而分成三大类，即外部感觉器官、内部感觉器官和本体感觉器官。外部感觉器官位于身体的表面（外感受器），对各种外部事物的属性和情况做出反应。内部感觉器官位于身体内脏器官中（内感受器），对身体各内脏的情况变化做出反应。本体感觉器官则处于肌肉、肌腱和关节中，对整个身体或各部分的运动和平衡情况做出反应。

由外部感觉器官产生的感觉有视觉、听觉、触觉、温度觉、味觉和嗅觉。由内部感觉器官产生的感觉有机体觉和痛觉。机体觉包括饥饿、渴、气闷、恶心、窒息、牵拉、便意、胀等。痛觉的感受器遍及全身。痛觉能反映关于身体各部分受到的损害或产生病变的情况。

由本体感觉器官产生的感觉有运动觉和平衡觉。本体感觉器官处于肌肉、肌腱和关节中，对整个身体或各部分的运动和平衡情况做出反应。

人类的感觉是对外界的化学及物理变化会产生反应。这些基本感觉都是由位于人体不同部位的感官受体，分别接受外界不同刺激而产生的。人体口腔内带有味感受体而鼻腔内有嗅感受体，当它们分别与呈味物质或呈嗅物质发生化学反应时，会产生相应的味觉和嗅觉。位于耳中的听觉感受体和遍布全身的触感神经接受外界压力变化后，则分别产生听觉和触觉。视觉是由位于人眼中的视感受体接受外界光波辐射能的变化后，则产生视觉。视觉、听觉和触觉是由物理变化而产

生，味觉和嗅觉则是由化学变化而产生。因此，也有人将感觉分为化学感觉和物理感觉两大类。无论哪种感官或感受体都有较强的专一性。

三、感官品评的定义

感官品评中的感官，系指人类的味觉器官、嗅觉器官、视觉器官、听觉器官、触觉（皮肤）器官等五种基本感觉器官，其他还有冷热感、痛感、平衡感、动感、加速感等。感官品评有时也称为感官检查、感官试验、感官测定、品尝科学等，就是以“人”为工具，利用科学客观的方法，借着人的眼睛、鼻子、嘴巴、手及耳朵，也就是视、嗅、味、触、听等 5 种感觉系统，并结合心理、生理、物理、化学及统计学等学科，对食品的外观、气味、味道、质构等特征进行评价，来了解人类对这些产品的感受或喜欢程度，并对产品质量进行鉴定的一种方法。

人们对食品质量的评价通常包括三个方面的内容：食品的营养价值，食品的卫生状况及食品的感官质量。人们通常将黄酒称为饮料食品，所以黄酒的感官品尝一般归入食品感官品评。经过多年的研究和实践，感官品评已逐步发展成一门学科，感官品评方法成为食品工业生产、科研和质量管理的一项不可缺少的重要方法。

四、感官品评与理化分析的关系

随着近代分析科学的飞速发展，相继出现了许多精密分析仪器，如气相色谱、液相色谱、紫外分光光度计、红外分光光度计、质谱、核磁共振等。可以分析出数以千计的物质成分，并且可以精确到 pg/L 的水平。那么有人会问：在这种历史条件下，还有必要使用感官品评法吗？有！而且非常必要。这是因为人的感觉器官是一个非常精密的“生物检测器”，它可以检测到物理、化学分析仪器无法测到的微妙成分。经过培训的人，可以分辨出几千种不同的气味，而且非常敏感。例如有的人，鼻子能闻到 1pg/L 的硫化氢，而对二甲基硫和二乙基硫醇的灵敏度比这还要高 10 倍，人能闻出 50 个分子水平的浓度，这比任何化学仪器都要灵敏。

感官品评与理化分析的手段、方法和获得的结果都是不同的，它们的特征比较可见表 1－1。

表 1－1　　理化分析与感官品评的特征比较

项目	理化分析	感官品评
测定手段	理化仪器	人（品评人员）
测定途径	物理的、化学的	生理的、心理的
输出形式	理数值或图形	语言
仪器间或人的误差	小	个体差异大

续表

项目	理化分析	感官品评
校正	容易	难
感度	根据物质有限度	有时比仪器分析优越得多
再现性	高	低
疲劳和顺应	小	大
训练效果	小	大
环境的影响	一般不大	大，但通过充实设备和品评员的条件，可以变小
实施的难度	需要仪器，处理麻烦	不需要仪器，简便迅速
可测领域	可测物质有限度，不能测定嗜好等	可以测定嗜好等
综合判断	难以做出	容易做出

如表1－1表明的那样，感官品评比理化分析更富有感度，优点是不需要测定仪器就可以简便迅速地进行嗜好等测定，综合判断容易做出。因此，感官品评很有必要。

（1）对于样品，也可以用仪器测定，但是感官品评更迅速，不费工夫，测定费用少，感度高，精度良，或者尚未开发出适当的仪器测定法，可使用分析型感官品评。

（2）如对服装颜色的喜好，或对饮料的甜味、酸味的好恶那样，有的东西从本质上说，如果没有人的感觉判断就不成立，因此要使用嗜好型感官品评。

（3）需要综合判断时，使用仪器测定，难以用计算机等进行综合判断，但有时用感官品评法可直接地做出综合判断。

一种黄酒或饮料的独特风格，除决定于所含的成分和各成分的数量多少外，还取决于各成分之间的相互平衡、协调、衬托、缓冲、掩盖等效应的影响。分析仪器只能分析出各种单一的成分，而人的感官可以将黄酒、饮料的色、香、味各成分综合成一体，全面地反映出其特点，这是分析仪器无法比拟的功能。

五、黄酒行业开展感官品评的意义

对于黄酒行业来说，进行感官品评，主要目的如下。

（1）品评可以及时发现生产过程中的问题，分析产生的原因，提出解决办法，以利提高产品质量和减少损失，便于指导生产顺利进行。

（2）品评可以判定产品质量的等级，是分级入库的依据，黄酒的贮存过程中，通过品评，可获得酒质的变化情况和掌握陈酿老熟的规律。

（3）品评可作为制订勾兑方案的依据，用来检验勾兑的效果，品评水平决定勾兑产品水平。

（4）品评是控制最终出厂成品质量的关键性措施，是把住产品质量关的重要

手段。

(5) 品评是国家技术监督机关、卫生防疫机关、工商行政管理机关在商品流通领域中对酒类实行质量监督、管理的常用手段。

(6) 品评是搜集市场反映、了解消费爱好的手段，作为新产品开发的重要依据之一。

(7) 品评是国家、地方、行业主管部门评选优质产品的主要方法。可以鼓励和促进酒企提高产品质量。

(8) 国家正式颁布的饮料酒产品质量标准或行业标准中，均制定了感官要求指标。这项指标是以感官品评手段完成的。

第二节　现代感官品评的生理、心理因素及应用

现代饮料的感官品评方法是在传统的食品品尝方法基础上发展起来的，但又区别于传统的品尝方法。传统的品尝方法往往是从个人经验出发，因此，所得结果常常带有主观性、片面性，甚至偏见。由于品评员没有经过科学训练，各人的感官灵敏度又千差万别，再加上外界条件影响及品评员自身的生理条件和心理因素的影响，品评的结果往往可靠程度低，重复性、再现性差。

现代感官品评和传统品尝方法的区别有以下几点：

(1) 由经验型向科学型转变。

(2) 由专家型向品评小组组织型转变。

(3) 随机性大，由经验向品评标准化（国标 GB、GB/T、企业推荐）发展。

(4) 由少数服从多数的原则，由数理统计方法对品评结果进行分析。

(5) 忽视人的感官灵敏度差异，对品评人员进行培训考核。

一、生理因素

1. 疲劳因素

感官或感受体并不是对所有变化都会产生反应，只有当引起感受体发生变化的外界刺激处于适当范围内时，才能产生正常的感觉。刺激量过大或过小都会造成感受体无反应而不产生感觉或反应过于强烈而失去感觉。例如，人眼只对波长为 380 ~ 780nm 光波产生的辐射能量变化有反应。

感觉疲劳是经常发生在感官上的一种现象。各种感官在同一种刺激施加一段时间后，均会发生程度不同的疲劳。疲劳现象发生在感官的末端神经、感受中心的神经和大脑的中枢神经上，疲劳的结果是感官对刺激感受的灵敏度下降。嗅觉器官若长时间嗅闻某种气味，就会使嗅觉感受体对这种气味产生疲劳，敏感性逐步下降，随刺激时间的延长甚至达到忽略这种气味存在的程度。如，刚刚进入出售新鲜鱼品的水产鱼店时，会嗅到强烈的鱼腥味，随着在鱼店逗留时间的延长，

所感受到的鱼腥味渐渐变淡。对长期工作在鱼店的人来说甚至可以忽略这种鱼腥味的存在。对味觉也有类似现象产生，例如吃第 2 块糖总觉得不如第 1 块糖甜。感觉的疲劳程度依所施加刺激强度的不同而有所变化，在去除产生感觉疲劳的强烈刺激之后，感官的灵敏度还会逐步恢复。一般情况下，感觉疲劳产生越快，感官灵敏度恢复就越快。值得注意的是，强烈刺激的持续作用会使感觉产生疲劳，敏感度降低，而微弱刺激的结果，会使敏感度提高。

2. 对比增强现象

当两个刺激同时或相继存在时，把一个刺激的存在造成另一个刺激增强的现象称为对比增强现象。在感觉这两个刺激的过程中，两个刺激量都未发生变化而感觉上的变化只能归于这两种刺激同时或先后存在时对人心理上产生的影响。对比增强现象有同时对比和先后对比两种。在 15g/L 蔗糖液中加入 1.7g/L 的氯化钠后会感觉甜度比单纯的 15g/L 蔗糖液要高。同种颜色深浅不同放在一起比较时，会感觉深颜色者更深，浅颜色者更浅。这些都是常见的同时对比增强现象。在吃过糖后，再吃山楂则感觉山楂特别酸。这是常见的先后对比增强现象。

3. 对比减弱现象

与对比增强现象相反，若一种刺激的存在减弱了另一种刺激，则将这种现象称为对比减弱现象。

对比现象提高了两个同时或连续刺激的差别反应。因此，在进行感官评定时，应尽量避免对比现象的发生。

4. 变调现象

当两个刺激先后施加时，一个刺激造成另一个刺激的感觉发生本质变化的现象称为变调现象。尝过氯化钠或奎宁后，即使再饮用无味的清水也会感觉有微微的甜味。对比现象和变调现象虽然都是前一种刺激对后一种刺激的影响，但后者影响的结果是本质的改变。

5. 相乘作用

当两种或两种以上的刺激同时施加时，感觉水平超出每种刺激单独作用，这种效果叠加的现象称为相乘作用。例如，20g/L 的味精和 20g/L 的核苷酸共存时，会使鲜味明显增强，增强的程度超过 20g/L 味精单独存在的鲜味与 20g/L 核苷酸单独存在的鲜味的加合。又如麦芽酚添加到饮料或糖果中能增强这些产品的甜味。

6. 阻碍作用

当某种刺激的存在阻碍了对另一种刺激的感觉时称为阻碍作用。例如，产于西非的神秘果会阻碍味感受体对酸味的感觉。在食用过神秘果后，再食用带有酸味的物质也感觉不出酸味。匙羹藤酸能阻碍味感受体对苦味和甜味的感觉，而对咸味和酸味无影响。如果咀嚼过含有匙羹藤酸的匙羹藤叶后，再食用含有甜味和

苦味的物质也感觉不到味道，吃砂糖就像嚼沙子一样无味。

二、心理学因素

黄酒的成分非常复杂，它对黄酒风味的影响也是非常复杂的，因此衡量黄酒的好坏，除了看其理化指标和微生物指标外，还必须经过人的感官品评才能决定其质量微妙的理化性质和微量的香气成分，往往用化学仪器不易测量出来，所以真正评价黄酒和饮料质量的优劣，应以理化检查和感官品评结合起来进行，并以感官品评为主，理化检查为辅。

心理作用对感觉的影响是非常微妙的，虽然这种影响很难解释，但它们确实存在。这种影响可从下列几个现象来说明。

1．期望误差

所提供的样品信息可能会导致误差，你总是寻找你所期望找到的。如评品员如果得知过剩的产品返回车间，将会认为样品的口味已经过时了；啤酒品评员如果得知啤酒花的含量，将会对苦味的判定产生误差。期望误差会直接破坏测试的有效性，所以必须对样品的原料保密，并且不能在测试前向品评员透露任何信息。样品应被编号，呈递给品评员的次序应该是随机的。有时，我们认为优秀的品评员不应受到样品信息的影响，然而，实际上品评员并不知道该怎样调整结论才能抵消由于期望所产生的自我暗示对其判断的影响。所以，最好的方法是品评员对样品的情况一无所知。

2．习惯误差

人类是一种习惯性的动物，这就是说在感觉世界里存在着习惯，由此产生习惯误差。这种误差来源于当所提供的刺激物产生一系列微小的变化时，而品评员却给予相同的反应，忽视了这种变化趋势，甚至不能察觉偶然错误的样品。习惯误差是常见的，必须通过改变样品的种类或者提供掺和样品来控制。

3．刺激误差

刺激误差产生于某种条件参数，例如容器的外形或颜色会影响品评员。如果条件参数上存在差异，即使完全一样的样品品评员也会认为它们会有所不同。例如，装在皇冠盖瓶子里的酒一般比较便宜，品评员对用这种瓶子装的酒往往比用软木塞瓶装的酒给出更低分。较晚提供的样品被划分在口味较重的一档中，因为品评员知道为了减小疲劳，组织者总是会将口味较淡的样品放在前面进行鉴评。避免这种情况发生的措施是，避免留下相关的线索，鉴评小组的时间安排要有规律，但提供样品的顺序或方法要经常变化。

4．逻辑误差

逻辑误差常发生在当有两个或两个以上特征的样品在品评员的脑海中相互联系时。越黑的啤酒口味越重，颜色越深的蛋黄酱越不新鲜，知道这些类似的知识会导致品评员更改他的结论，而忽视他自身的感觉。逻辑误差必须通过保持样品的一致性以及通过用不同颜色的玻璃和光线等的掩饰作用减少所产生的差异。有些特定的逻辑误差不能被掩饰但可以通过其他途径来避免。例如，比较苦的啤酒一般由于啤酒花的香气而给更高分。组织者可以尝试着训练品评员，为了提高苦味通过偶然混杂一些啤酒花含量低但含有单宁成分的样品来打破他们的逻辑联想。

5. 光圈效应

当需要评估样品的一种以上属性时，品评员对每种属性的评分会彼此影响，即光圈效应。对不同风味和总体可接受性同时评定时所产生的结果与每一种属性分别评定时所产生的结果是不同的。例如，在对苹果汁的消费测试中，品评员不仅要按自己对苹果汁的整体喜好程度来评分，还要对其他的一些属性进行评分。当一种产品受到欢迎时，其各个方面：甜度、酸度、新鲜度、风味和口感同样也被划分到较高的级别中。相反，若产品不受欢迎，则它的大多数属性的级别都会较低。当任何特定的变化对产品的评定结果都很重要时，避免光圈效应的方法就是我们可以提供几组独立的样品用来评估那种属性。

6. 呈送样品的顺序

呈送样品的顺序至少可能产生以下 5 种误差。

（1）对比效应　在评定劣质样品前，先呈送优质样品会导致劣质样品的等级降低（与单独评定相比）；相反情况也成立，优质样品呈送在劣质样品之后，它的等级将会被划分得更高。

（2）组群效应　一个好的样品在一组劣质产品中会降低它的等级，反之亦然。

（3）集中趋势误差　在呈送样品的过程中，位于中心附近的样品会比那些在末端的更受欢迎。因此，在三点实验（从 3 种样品中挑选出其中一个不同于其他两个样品的方法）中，位于中间的样品更容易被挑选出来。

（4）模式效应　品评员将会利用一切可用的线索很快地侦测出呈送顺序的任何模式。

（5）时间误差/位置偏差　品评员对样品的态度经历了一系列的变化，从对第一个样品的期待、渴望，到对最后一个样品的厌倦、漠然。第一个样品在通常情况下都是格外地受欢迎（或被拒绝）。一个短时间的测试会对第一个样品产生偏爱，而长时间的测试则会对最后一个样品产生偏差。

所有这些效应如果运用一个平均的、随机的呈送顺序就会减小。“平均”意味着每一种可能的组合呈送的次数相同，即品评组内的每一个样品在每个位置应该出现相同的次数。如果需要呈送数量大的样品，应运用平均的不完全分组设计方案。“随机”意味着根据机会出现的规律来选择组合出现的次序。在实践时，随机数的获得是通过从袋子里随机取出样品卡，或者通过编辑随机数据来

实现的。

7. 相互抵制

由于一个品评员的反应会受到其他品评员的影响，所以，品评员应被分到独立的小间里，防止他的判断被其他人脸上的表情所影响，也不允许口头表达对样品的意见。进行测试的地方应避免噪声和其他事物的影响，应与准备区分开。

8. 缺少主动

品评员的努力程度会决定是否能辨别出一些细微的差异，或是对自己的感觉进行适当的描述，或是给出准确的分数，这些对鉴定的结果都极为重要。鉴评小组的组长应该创造一个舒适的环境使组员顺利工作，一个有工作兴趣的组员总是更有效率。主动性在测试中能起到很大的效用，因此，可以通过给出结果报告来维持品评员的兴趣。并且，应使品评员觉得鉴评是一项重要的工作，这样，可以使鉴评工作更有效率、精确地完成。

9. 极端与中庸

一些品评员习惯于使用评分标准中的两个极端来评判，这样会对测试结果有更大的影响。而另一些则习惯用评分标准中的中间部分来评判，这样就缩小了样品中的差异。为了获得更为准确的、有意义的结果，鉴评小组的组长应该每次监控新的品评员的评分结果，以样板（已经评估过的样品）给予指导。

三、提高品评结果准确性的方法

1. 装杯试验

为了使感官品评具有客观性，必须注明其试验条件，确保再检的可能性。例如，在嗅觉试验中，起码是必须注明下列条件。

（1）品评员　人数、选择方法、训练、经验的程度、年龄、性别。

（2）试样　调制方法、温度、提示量。

（3）容器　形状、容量、色彩、材质。

（4）环境　室温、湿度、换气、照明、单室法还是圆桌法。

（5）方法　方法的种类、有无标准品种、反复次数。

（6）判断　判断的内容、尺度、有无预备知识。

2. 采用统计方法

尽管统计方法非常有效，并且开发出各种方法，但是使用统计方法也不能完全避免受假象的蒙蔽。可以推算出其准确率，并将其控制在十分小的范围内。

3. 品评人选

基本条件有以下几条。

（1）能够进行正确测定　要排除有利害关系的人和对感官品评有偏见的人，选择有公正思想和有协助检查积极性的人。

（2）精度好　对于分析型感官品评，选择感觉灵敏的人，并进行训练。不过在嗜好型感官品评中，由于其目的是了解消费者的嗜好实情，因而选择并训练精度高的人是不必要的。

（3）稳定　在长时间内连续进行检查时，需要保持其检查标准不变，不能发生忽严忽松的现象。

（4）科学的计划　从人与试样间产生相互作用的原因来说，在人的方面，是由于年龄、性别、教育、生活、习惯、体质、气质等因人而异。另外，在样品方面，像黄酒有种类、糖度、颜色、酒精度等因素要进行选择区分，因为存在着判断的多种因素。像这样，人与样品的相互作用通过科学的分组和分层来解决。

四、感官品评的应用及分类

感官品评法在近几十年已经发展成为一门科学，目前已广泛地应用于生产实践中，在原材料和半成品的质量检查，产品检验，新产品开发，在国际、国内的产品质量评比竞赛等方面，与理化分析法相配合，用于指导生产、改善工艺，使产品更加完善。感官品评在黄酒企业中的应用及分类见表1－2。

表1－2　感官品评在黄酒企业中的应用及分类

项目	分析型	偏爱型	项目	分析型	偏爱型
市场调查	—	消费者个人爱好	加工过程管理	原辅材料、半成品检查	—
新产品开发	最佳工艺、配方保存条件	—	产品质量检验	批次间，与外厂产品比较	消费者接受程度
确定生产规范	确定各工序要求	—	品评小组	人员培训	—

第三节　中国黄酒品评历史

早在3000年前，《周礼·天宫》记载："辨三酒之物，一曰事酒，二曰昔酒，三曰清酒"。已经把酒区分为三类。公元前353年，《庄子·肤箧篇》记载："鲁酒薄而邯郸围"。当时楚宣王会盟诸侯，鲁恭公所送的酒薄，宣王大怒，发兵攻打鲁国，魏惠王乘机攻打赵国，包围了邯郸。说明品酒能力已较强，竟因酒薄而发动战争。到了南宋，以品评区分酒质优劣，已成为制度化了。据吴自牧在《梦梁录》中记载："临安府点检所管辖城内外诸酒库（酿造黄酒的作坊），每岁清明前开煮……择日开沽呈样……至期侵晨，各库排列整肃，前往州府校坊，伺候点呈。首以丈余高白布写'某库选到有名高手酒匠，酝造一色上等醱辣无比高酒，呈中第一'"。从这段文字看，酿造黄酒的各个酒库，到清明节前，煮酒

(杀菌）成品时，把酒样呈到“点检所”，经过品尝检查后，排列质量名次。还要组织游行，称为“诸库迎煮”。南宋时区别黄酒的质量，不仅以浓厚与淡薄为标准，还注意黄酒的风格。罗大经在《鹤林玉露》中的一篇《酒有和劲》中说：“小槽珍珠太森严，兵厨玉友专甘醇”，这里的“小槽”“珍珠”“兵厨”“玉友”都是当时的酒名，而“森严”“甘醇”表示两种不同风格的酒。

黄酒的品评、鉴赏水平到清代发展到历史最高峰。袁枚《随园食单》中说“绍兴酒如清官廉吏，不参一毫假，而其味方真，又如名士耆英长留人间，阅尽世故而其质愈厚”。显然袁枚的品评、鉴赏水平很高，“参一毫假”都能分辨出来，把绍兴酒的风格比作“清官廉吏”“名士耆英”。不但经得起时间的考验，还能使“其质愈厚”。当代科学分析证明，随着贮酒年份的增加，非糖固形物也随之增加，“其质愈厚”是符合科学论断的。清代成书的《调鼎集》，对绍兴酒的品质做了全面概括：“味甘、色清、气香、力醇之上品，唯称绍兴酒为第一”。清代的《养小录》，提出了黄酒的评判标准是：“清冽为上，苦次之，酸次之，臭又次之，甜斯下矣”。

在国外，大大小小的酒类品尝会很多，小到一个小产区二三十家厂举办的，大到国际性的。目前，了解较多的是法国波尔多的国际葡萄酒品评会和比利时布鲁塞尔国际质量评选协会举行的世界评优大会下的世界葡萄酒、烈酒评选会。特别是布鲁塞尔的评酒会，在 2004 年第五届评酒会上首次将中国的黄酒列入了评酒会的评比种类，同时这也标志着中国黄酒开始面对国际间的激烈竞争并准备踏出国门迎接世界的挑战。

新中国成立后，于 1952 年举行了第一届全国评酒会，评出全国八大名酒，黄酒类一种，是浙江绍兴酒厂的鉴湖长春绍兴加饭酒。于 1963 年举办了第二届全国评酒会，评出 18 种名酒，27 种优质酒，黄酒名酒为绍兴加饭酒、福建沉缸酒；黄酒优质酒为：福建老酒、金华寿生酒、苏州醇香酒、大连黄酒、即墨老酒。

于 1979 年举行了第三届全国评酒会。第三届评酒会在我国评酒历史中具有里程碑意义。第一，准备充分，1978 年年末，原轻工业部在湖南长沙召开了全国名酒会议，调查了名酒质量状况和发展动向。接着又在北京昌平召开了工作会议，制订了评酒办法，起草了品评打分标准。第二，选拔评酒员，各省、市、自治区按评酒办法和标准，进行培训和考试，成绩优秀者推荐参加全国评酒委员考试。1979 年 4 月全国评酒委员考试在湖北省襄樊市举行，黄酒组有 12 人考试合格，由原轻工业部聘为全国评酒委员。第三，选拔参评酒，各省、市、自治区经过评比后，推荐参加全国评酒产品，样品必须由轻工、商业、卫生部门会同抽样，贴加盖公章的封条，方可作为参加全国评酒会的正式酒样。第四，有科学严密的评酒办法，如分类别、类型评酒，百分制打分，酒样密码编号，淘汰制评选等。由于第三届评酒会公正、科学、规范，以后全国的、省市自治区级评酒活动都参照执行。从此我国评酒活动走上规范化道路。评出国家名酒 18 种，国家优质酒47种，其中黄酒名酒为绍兴加饭酒和福建沉缸酒，国家优质酒有11种，分别为即墨老酒、绍兴善酿酒、无锡惠泉酒、福建老酒、广东兴宁珍珠红酒、福建连江元红酒、辽宁大连黄酒、绍兴元红酒、福建南平苜莉青酒、江西九江封缸酒和江苏丹阳封缸酒。

第四届全国评酒会按酒种分别组织，黄酒于1983年7月举行，评出国家金质奖二个，分别为塔牌绍兴加饭酒和福建沉缸酒，银质奖分别为上海金枫特加饭、鼓山牌福建老酒、古越龙山绍兴元红酒、大连黄酒和丹阳牌封缸酒。

第四节　黄酒的风味物质分析方法进展

众所周知，香气是判断一种食品是否好闻，是否受消费者欢迎的一个决定性因素。但是，食品的香气非常复杂，化合物数量成百上千，这些化合物中每一个物质对香气的贡献千差万别，有些微量或痕量化合物对香气的贡献可能要大于那些浓度较高的化合物。在一个特定的样品中，找出对香气贡献最大的化合物成为风味研究者所关注的焦点。

风味是影响黄酒感官质量的重要因素。对黄酒风味的感知过程中，挥发性香气物质起着非常关键的作用。没有香气，对黄酒风味的判断和鉴别会变得比较困难。了解黄酒风味物质的成分和组成，就要对黄酒风味物质进行成分分析。但是在对黄酒风味分析的过程中，从黄酒这样一种复杂的基质中，鉴定和分析挥发性风味成分（香气成分）是一项特别困难的工作。其中一个最主要的原因就是实验仪器无法和人的嗅觉系统一样灵敏。有研究人员通过计算得出，仅仅8个潜在的香气化合物的分子就能触发1个嗅觉神经元细胞，只需40个香气化合物分子就能产生对该香气化合物的感官鉴定。而在酒类风味的研究分析中，由于香气化合物的浓度极低，实验设备和仪器无法直接对其进行分析，这就需要把香气化合物从食品中提取、分离和浓缩后，才能进行仪器分析。随着科技的迅速发展，尤其精密分析仪器的出现，使风味的研究方法不断得到改进和完善。从气相色谱（GC）、液相色谱（LC）发展到气质联用仪（GC－MS）、液质联用仪（LC－MS），以及最为先进的挥发性风味成分分析方法（GC－O），目前已基本建立了一套比较完整的研究程序和分析鉴定方法。

一般在食品香气分析上GC－MS可以说是最为常用的一种分析仪器，但是GC－MS也有其检测的局限，不是所有成分都能在GC－MS上检测出来，更何况还有一个香气成分的数据库是否齐全的问题。气相色谱－嗅觉法（GC－O）是一种目前国际上最为先进的可以检测出GC－MS所不能检测出来，但是往往会影响到整个食品香气或香型的关键成分的风味分析方法。

气相色谱－嗅觉法（GC－O）是于1964年由Fuller等人发明，不过当时由于感官鉴定人员直接闻干燥的流出物使得方法的重现性不佳。此后，于1971年

Dravnieks 和 O'Donnell 对该技术进行了改进，增加了湿润的空气以减少嗅觉器官的干燥感，他们的设计理念沿用至今。现在，气相色谱 - 嗅觉法（GC - O）已经广泛应用于饮料酒的香气成分分析，结构图示见图 1 - 1。

该技术所涉及的仪器主要有两部分：气相色谱和嗅觉探测器。在闻香技术中，人的鼻子就相当于一个气相色谱的检测器。样品在进入气相后，经过色谱柱分离，分成两部分流出，一部分到 FID 检测器，另一部分到嗅探器，嗅探器配有加湿系统以增加气体湿度。从 GC 中流出的每一个化合物的香气被训练有素的闻香师或香味研究工作者记录下来，得到样品的香气谱图。当香气谱图与 GC - FID 或 GC - MS 谱图是相匹配时，就有可能鉴定出有效的香气化合物。

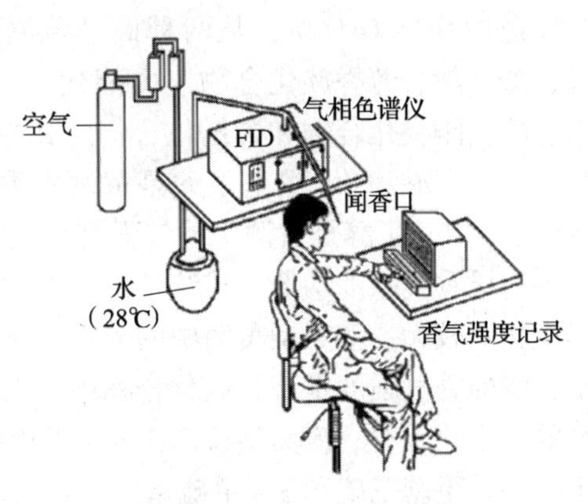

图 1 - 1　GC - O 结构图示

（1）稀释分析法　是将样品梯度稀释至阈值，得到表征香气物质重要性的数值。该类中具有代表性的方法是 Charm 分析方法和香气萃取稀释分析法（AEDA）。稀释法操作起来相对简便，而且连续嗅闻同一萃取样品的稀释物使得最终结果较为有效。但是这类方法存在两个缺点，首先非常耗时，其次会把在最高稀释度闻到的物质想当然地认为是最重要的香气物质，事实上嗅觉响应高和有重要贡献还是有所区别的。

（2）频度法　将能够闻到某物质气味的感官鉴定人员人数记作为该物质的香气强度。该方法克服了感官鉴定人员人数少带来的误差，不需要使用阈值。不过此方法亦有缺陷，尽管响应频度和感觉强度两者存在良好的相关性，但直接获得的并不是真正的强度。

（3）后强度法　当某一物质的色谱峰出完后再记录下香气强度，这种方法的应用范围并不广，这与感官鉴定人员间的结果差异较大有关。

（4）时间强度法　感官鉴定人员需要同时记录物质的出峰时间和香气强度，最常用的是 Osme 技术。Osme 一词来源于希腊语，意思为“闻香”。该方法是萃取获得的样品，不经稀释，直接进行 GC - O 分析，将几个感官品尝人员记录到的香气强度进行平均，即为香气强度值。时间强度法是在色谱分离过程中同时记录感知到的香气化合物的强度，以此评估各个香气化合物的贡献大小。该方法以记录得到的香气化合物的强度（Osme value）为基础。经过训练的闻香人员在闻香口直接记录感知到的香气化合物强度和持续时间，并且描述该香气化合物的香气特征。同时，计算机记录持续时间的图谱，以帮助闻香人员判别香气化合物的出现位置。在此实验中，需要一组人员用于鉴定香气物质强度和浓度之间的联系。香气化合物的最大强度和峰面积都与该香气化合物的浓度有非常重要的关系。

黄酒风味分析实例如下：

通过 GC－O 分析，从两种商品黄酒中共鉴定到了 63 个香气化合物，包括醇、酸、酯、芳香族化合物、内酯化合物、酚类化合物、呋喃类化合物、硫化物、醛及酮类化合物和含氮化合物。其中，清爽型黄酒中共鉴定到了 53 种香气化合物。丁酸和 3－甲基丁酸是黄酒中香气强度最大的两种脂肪酸。2－甲基丁醇和 3－甲基丁醇是黄酒中香气强度最大的醇类化合物。清爽型黄酒的脂肪酸和醇类物质香气强度均低于传统黄酒。酯类化合物中，乙酸乙酯和丁酸乙酯的香气强度相对较大。清爽型黄酒中的芳香族化合物数量最多，其中苯甲醛、苯乙醛和苯乙醇的香气强度是芳香族化合物中最大的。糠醛是呋喃类化合物中香气强度最高的一个化合物。清爽型黄酒中 γ－壬内酯的香气强度非常大。黄酒中的硫化物主要是二甲基三硫和 3－甲硫基丙醇，后者在清爽型黄酒中香气强度较高。两种黄酒中的含氮化合物主要是烷基吡嗪，但是香气强度都较弱。黄酒中的醛类和酮类香气化合物非常少，香气强度也较弱。

黄酒香气成分 GC－MS 图和 GC－O 闻香记录图见图 1－2。

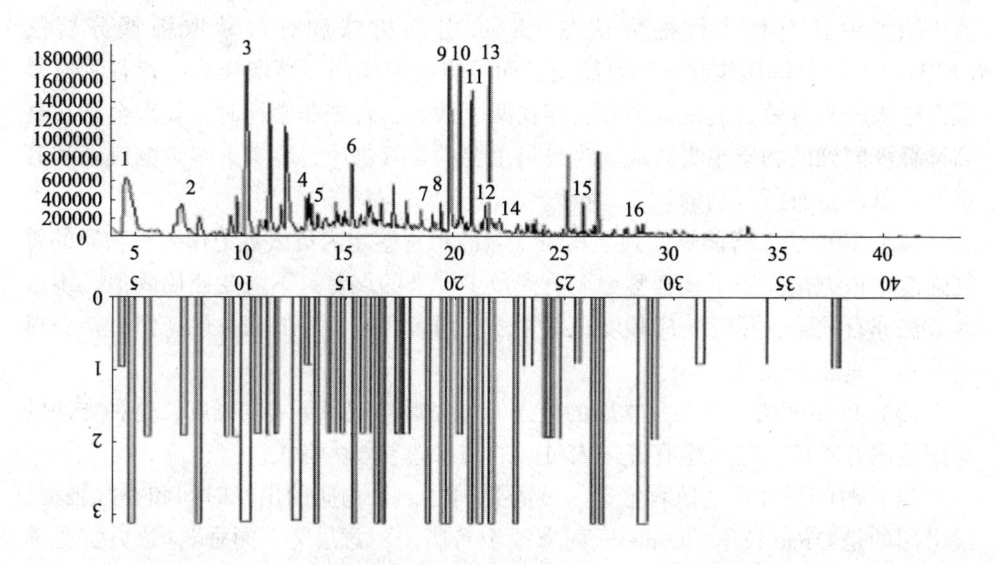

图 1－2　黄酒香气成分 GC－MS 图和 GC－O 闻香记录图

1—异丁醇　2—未知　3—1－己醇　4—乙酸　5—苯甲醛
6—苯乙醛　7—3－甲基丁酸　8—己酸

如果以此为基础，测出黄酒中所有的风味物质，画出黄酒自己的风味轮，这对于提高黄酒感官质量将带来积极意义，遗憾的是，到目前为止，由于黄酒的原料、工艺呈现多样化，以及黄酒科研还较弱，黄酒风味轮的研究还在起步阶段。啤酒的风味轮见图 1－3。

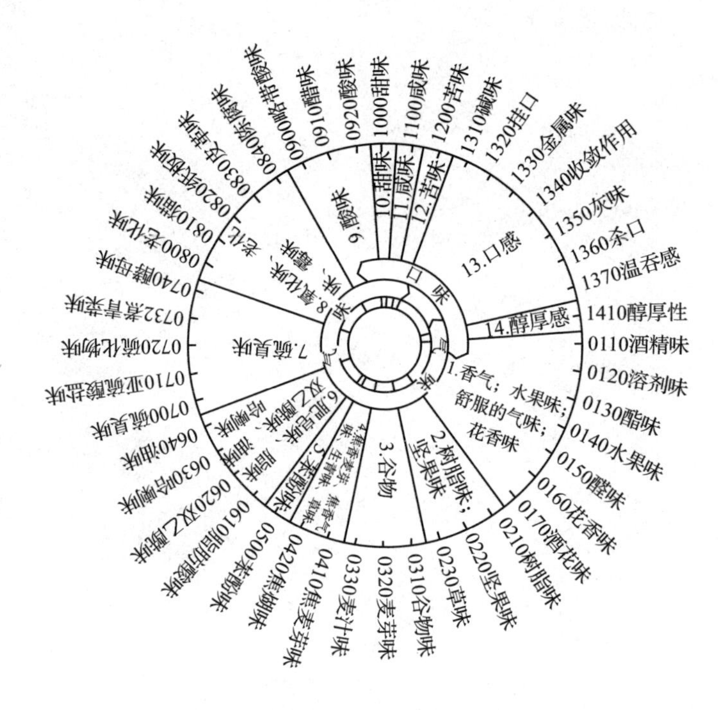

图1－3　啤酒风味轮

思考题

1. 什么是感官品评？
2. 感官品评缺点如何理解？
3. 如何提高感官品评的准确度？
4. 感官品评对黄酒品评有什么作用？
5. 感官品评的新进展有哪些？

第二章 人的嗅觉器官和嗅觉实践

学习目标和要求

1. 了解人的嗅觉系统。
2. 掌握嗅觉的本质和特征。
3. 理解气味的分类、产生的机理、影响及相互影响。
4. 理解气味与分子官能团之间的关系。
5. 掌握口味与嗅觉的关系。
6. 掌握阈值、觉察阈值、识别阈值、差别阈值、气味强度、稳定性和相对气味强度的定义和相关性。

嗅觉是人的自然本能，是一种基本感觉。人的嗅觉器官是鼻腔（图 2－1）。嗅觉是有气味的物质气体分子或溶液随着空气或在口腔内挥发而进入鼻腔，刺激鼻腔嗅觉神经，并在中枢神经引起的感觉。嗅觉比视觉原始，比味觉复杂。在人类没有进化到直立状态之前，原始人主要依靠嗅觉、味觉和触觉来判断周围环境。随着人类转变成直立姿态，视觉和听觉成为最重要的感觉，而嗅觉等退至次要地位。尽管现在嗅觉已不是最重要的感觉，但嗅觉的敏感性还是比味觉敏感性高很多。

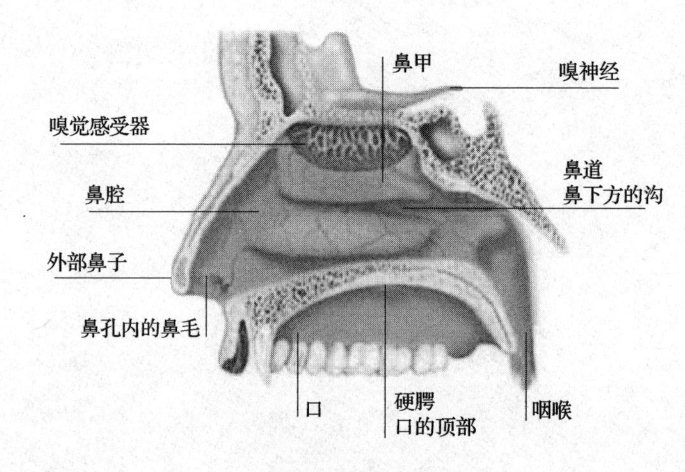

图 2－1　嗅觉器官解剖图

第一节　人的嗅觉系统

一、鼻的嗅觉通道

嗅觉区域由鼻通道上部的两小片组织构成（图 2－2）。挥发性物质直接（顺

流）或者间接（回流，从咽喉后部）通过鼻孔抵达嗅觉上皮细胞。通过回流感受到的气味，对于黄酒的风味来说尤为重要。

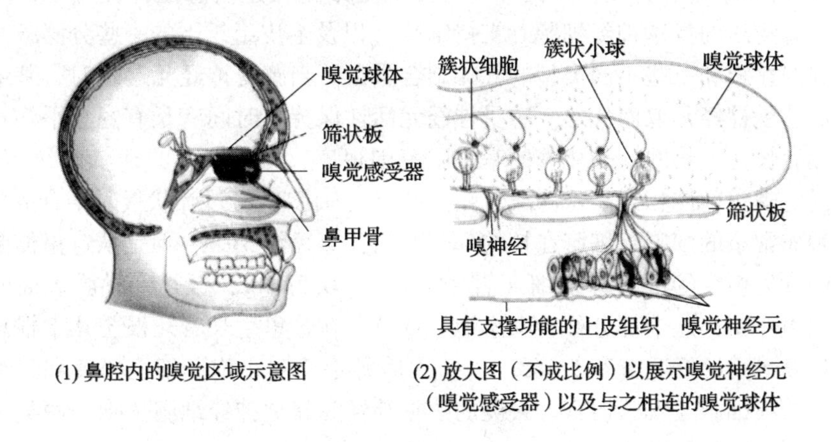

(1) 鼻腔内的嗅觉区域示意图

(2) 放大图（不成比例）以展示嗅觉神经元（嗅觉感受器）以及与之相连的嗅觉球体

图 2－2　嗅觉系统

嗅觉通道被中央隔膜平分成了左右部分。上述提到的两小片组织中任意一片上的感受器将信号传递给嗅觉球体（直接与大脑基部相连）上的响应部位。实验表明，右脑的气味分辨能力比左脑强，由此可以解释右鼻孔分辨气味的能力较强的原因。

每个嗅觉通道进一步被鼻甲骨细分成 3 个通路，这就增加了嗅觉通道中的上皮组织与吸入空气的接触。一些嵴状的骨头使吸入的空气气流紊乱，清洁空气并使其升温，但它们也阻碍了空气流入嗅觉区域。据估测，正常呼吸过程中，吸入的空气只有 5% ～10% 通过嗅觉小片组织。即使是高流速的空气吸入，这个比例也只能提高到 20% 。虽然，高流速的空气吸入可以增强对气味的感知，但持续时间、数量以及用力吸气的间隔显然都不能对已感知到的气味的强弱产生影响。因此推荐短时间内快速地用力吸气，以增强气味感受，避免气味适应。

芳香物质分子中只有一小部分可以到达嗅觉小片组织并被附着在上皮组织上的黏液吸收。而这一小部分中只有部分分子可以在黏液中扩散，到达嗅觉感受神经元的响应位点上。一些动物的鼻黏液里聚集着大量的细胞色素氧化酶，这些酶可以催化一系列的反应，使得气味物质的亲水性增加，或促进它们从嗅觉上皮组织表面的黏液中脱离出来。这个黏液层大约每 10min 更换一次。

二、鼻的嗅觉器官的构造及功能

1. 感受细胞

对人类来说，接受气味的部分是位于鼻腔前庭部分的嗅黏膜（又称嗅觉上皮组织，图 2 - 3)。嗅觉上皮组织是一层很薄的组织，面积大约为 2.5cm^2，包被在鼻膈膜的每个面上，在这里密集排列着一种称为嗅细胞的感受细胞。每一个部分包括大约 1000 万个感受神经元并与支撑的基细胞相连。感受神经元是一类用于响应芳香物质的特殊神经细胞。支持细胞（以及上皮组织下的一些分泌腺）产生出特殊的黏液和一些不同类型的气味结合蛋白。当感受神经元退化时，基细胞就分化成感受神经元取而代之。感受神经元活性保持的时间有长有短，平均 60 天，不过也有长达 1 年的。分化着的基细胞范围很广，可以从脑的开口处（筛状板）延伸到与嗅觉球体相连。这些非髓鞘的凸起（轴突）经过筛状板时结合成束。这是一种非常小的细胞，细胞在核的部分略粗，直径约 5μm，但是从这里伸向黏膜表面的称为树突的部分却很细（直径为 0.1 ~ 0.2μm），至达到黏膜表面时，终端又稍微变粗，这个部分称为嗅小泡（OV），在这里生长着几根至几十根总是在进行自发运动的纤毛（称为嗅纤毛）。由嗅纤毛、嗅小泡、细胞树突和嗅细胞体等组成的嗅细胞是嗅感器官。人类的嗅觉神经和味觉神经细胞是唯一两类可以有规律地再生的神经细胞。

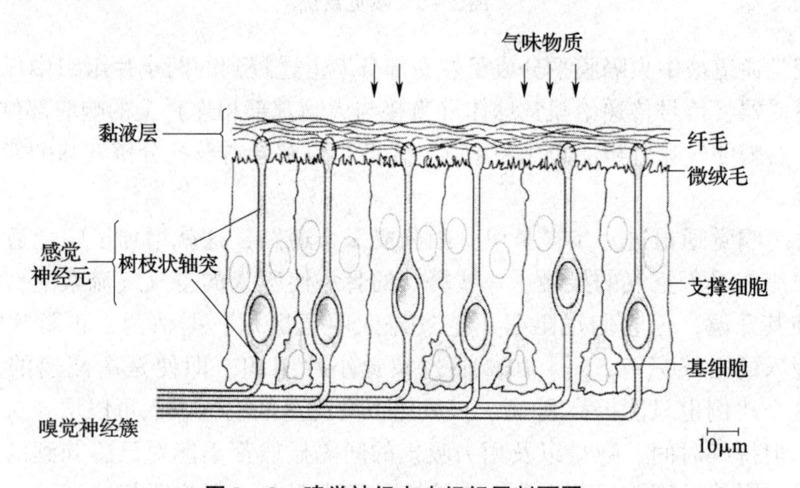

图 2 - 3　嗅觉神经上皮组织层剖面图

嗅细胞的数量非常多，人类鼻腔每侧有 2000 万个，兔子每侧有 5000 万个，从这种细胞长出的纤毛是细胞数量的 10 倍左右。人们知道，水池底部生长的水草是伸向水面的，当水面降低时，水草便在水面下曲折，横向生长。在嗅黏膜黏液层的嗅细胞上生长的纤毛在这点上很像池底生长的水草，最初向黏液表面伸延，及至接近表面时，便曲折朝横向发展。因此，进入鼻腔的气味分子必须首先溶于黏液中才能到达嗅细胞。这些分子一进入黏液便和无数伸延着、振动着的纤毛相遇，不接触纤毛直接到达嗅小泡是很困难的，因此，气味分子被嗅纤毛吸附可以说是产生嗅觉的最初过程，通过这一过程，气味分子特有的化学信息才能变换成嗅神经的电信号。

嗅觉神经细胞具有普通的细胞结构。因此，感知到的气味质量——那些唯一

可以被感知到的气味物质的特征，与感受神经元具有特殊的细胞结构没有相关性。人们认为对气味的识别发生在感受细胞表面延伸的枝杈（纤毛）［图2－4(1)］。感受细胞形成所谓的嗅小结［图2－4（2)］，从它的位置突出一个21～22μm长的发丝状纤毛。这些纤毛使感受细胞膜上的气味结合蛋白和气味分子的接触面积增加。

(1) 人类鼻黏膜表面　　(2) 鼻腔树枝状突起和纤毛

图2－4　电子扫描显微镜拍摄的嗅觉神经细胞

一般认为，气味的质量取决于感受神经细胞对芳香物质响应的灵敏度。灵敏度反映了嗅觉上皮组织产生一类特殊蛋白家族（气味结合或者G－蛋白）的能力。虽可以产生上千种特殊的G－蛋白，但只有一种是所有类型的感受细胞都可以合成的。嗅觉感受基因组是哺乳动物最广为人知的基因家族，它涵盖了人类基因组1%～2%数量的基因。这类蛋白拥有7个作用区域，每个区域都横跨细胞膜。

这些蛋白在嗅觉纤毛上的存在使得它们能够和气味物质结合形成感受蛋白－气味物质复合体。每个气味蛋白具有数个可变化的区域，每一个区域都可以结合一种不同的气味分子。因此，一个感受蛋白（以及它们相连的神经细胞）可以结合几种气味物质。同样的大多数气味分子也可能激活不只一种蛋白受体(图2－5，图2－6)。气味物质的识别似乎依赖于特定的受体细胞上几个受体蛋白被激活位点的专一性结合，这就类似于在钢琴上弹奏和弦。不同物质浓度也会激活不同的感受蛋白，这就可以解释为什么某种物质可被感知的芳香特征会因其浓度的不同而发生改变。嗅觉受体G－蛋白与气味物质之间的作用引起了细胞内钙离子的流入，这是大多数神经刺激作用后的典型结果。嗅觉响应进一步的复杂性来自于抑制后的回流，这种神经感受的调控可以解释为什么无法从单一成分的感受来预测气味混合后的表现。

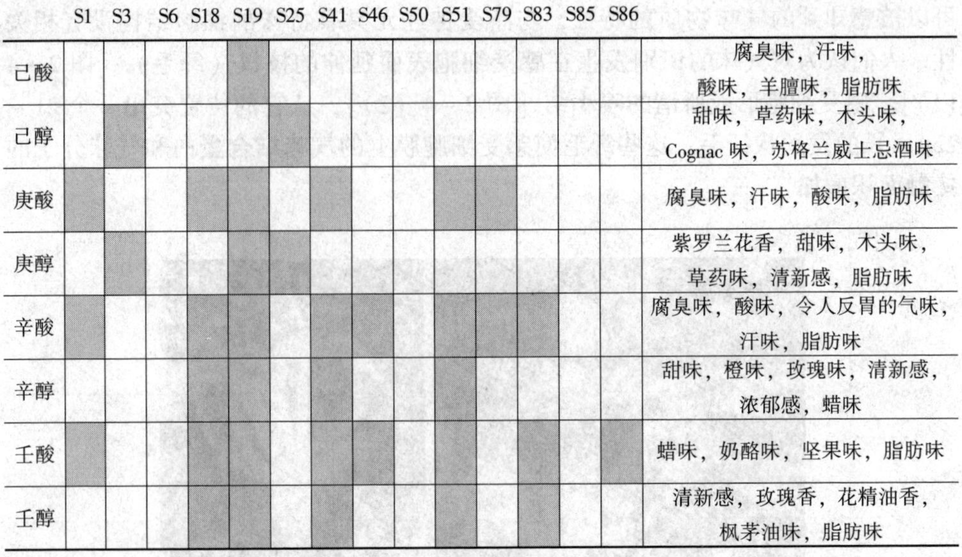

	S1	S3	S6	S18	S19	S25	S41	S46	S50	S51	S79	S83	S85	S86	
己酸															腐臭味，汗味，酸味，羊膻味，脂肪味
己醇															甜味，草药味，木头味，Cognac 味，苏格兰威士忌酒味
庚酸															腐臭味，汗味，酸味，脂肪味
庚醇															紫罗兰花香，甜味，木头味，草药味，清新感，脂肪味
辛酸															腐臭味，酸味，令人反胃的气味，汗味，脂肪味
辛醇															甜味，橙味，玫瑰味，清新感，浓郁感，蜡味
壬酸															蜡味，奶酪味，坚果味，脂肪味
壬醇															清新感，玫瑰香，花精油香，枫茅油味，脂肪味

图 2－5　香气物质受体结合基团的比较

其中两两具有相似的结构却拥有不同的气味。脂肪酸和醇具有相同的碳链却与不同的嗅觉受体结合（**S1－S86**），因此在气味上具有比较明显的差异。右边所示是可以感受到的气味特征。

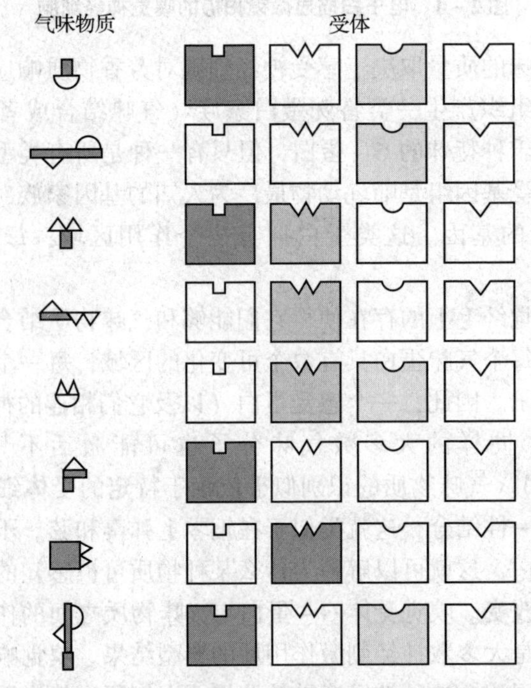

图 2－6　气味物质与感受体结合的位点模型

图中受体颜色与左边气味物质识别位点颜色一致。不同的气味物质依靠与受体不同的结合位点被鉴别。然而，一个气味受体作为同样的结构组成与多种气味物质的结合位点相结合。给出的是大部分可能与嗅觉受体结合的气味物质的位点模型，并没有完全包含种类繁多的气味物质位点。

有证据表明，对气味物质敏感度相似的细胞在嗅觉上皮组织中有着独特的空间分布。基细胞选择性产生的一些特殊细胞副产物，如一种或者几种选择性的G－蛋白，有助于增加同一种气味物质再次感受的敏感性。基细胞受到刺激后，一个电子推动力迅速地沿感受神经的细丝突起（轴突）移动到嗅觉球体。嗅觉感受细胞是唯一直接与前脑形成突触而无须通过丘脑的感受神经细胞。在嗅觉球体中，一簇簇的感受轴突聚集在一个被称为簇状的球状区域中。每个簇状球被大约25000个感受神经元包围。与特殊的簇状球相连接的轴突来自于感受相同气味物质的嗅觉感受细胞。通过簇状球，轴突与嗅觉球体中的一个或多个类型的神经细胞形成突触。

嗅觉球体是大脑的一小部分，呈双面的浅裂状，用于收集和编辑鼻腔感受细胞所感受到的信息。刺激从这里通过侧部的嗅觉区域传送到视丘下部以及边缘系统的其他中心，随后，信号传递到丘脑以及大脑的高级中心，尤其是前眶额皮质部位。大脑的味觉、嗅觉和视觉中心的神经在前眶额皮质部皮层汇集在一起（图2－7），有学说认为这个部位就是所谓风味混合感知的初始部位。

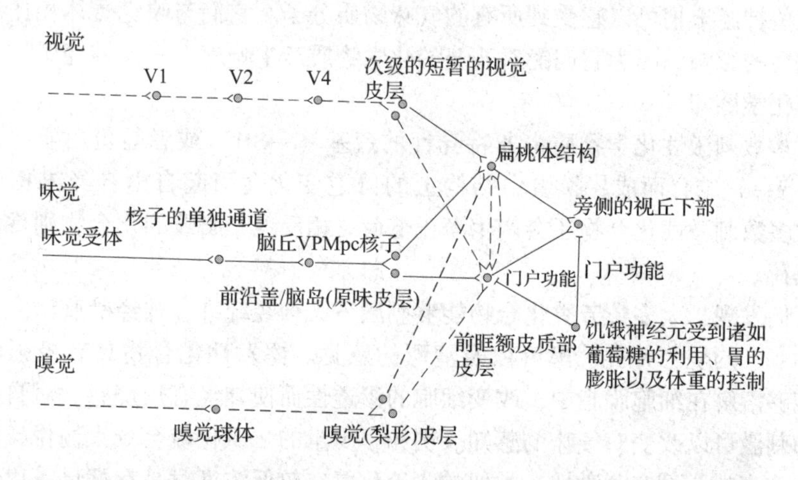

图2－7　灵长类动物的味觉途径示意说明此类动物的嗅觉和视觉途径是如何交汇的

图中的门户功能说明视觉皮层以及旁侧丘下部的味觉神经元对于刺激的响应是通过饥饿来调节的。

学术上认为对一些芳香成分的甜度感知来自于前眶额皮质部皮层部位。Stevenson等提出与甜味相关的气味物质对增强糖的甜度感觉的效果最好。同样这些芳香物质也对降低柠檬酸的酸度有极大的作用。图2－8说明了草莓气味对甜度的影响。

2. 黏液分泌细胞

嗅细胞及其周围的支持细胞都分泌黏液，然而这是两种不同的细胞。在嗅细胞和支持细胞群中还到处散布着一种称为嗅腺的分泌腺。嗅上皮是由嗅细胞和支持细胞并列组成的，上面覆有从上述两种细胞分泌出来的黏液。

嗅上皮表面的黏液覆层厚约 100μm，内有无数嗅纤毛和微小的绒毛，所以认为黏液具有保护这些微细组织的作用。另外，由于嗅细胞或支持细胞必须在 Na^{+}、K^{+}、Ca^{2+}、Cl^{-} 等离子存在的前提下才能发挥作用，所以黏液还具有供给上述离子的作用。实际上，当人们患萎缩性鼻炎时，就是因为嗅上皮表面处于干燥状态才使嗅觉丧失的，因此可以看出，黏液的作用是很重要的。

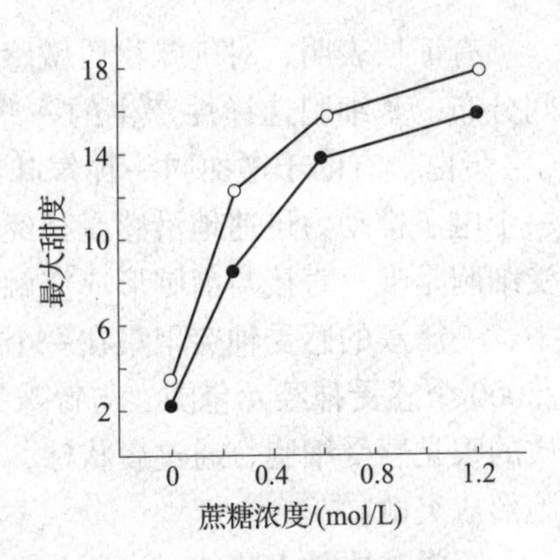

图 2-8　芳香物质存在与否对甜度感知的影响

●—香味物质不存在

○—存在草莓香气

3. 支配嗅觉的其他神经

不同于嗅觉受体的集中分布，三叉神经的自由神经末梢分散在整个鼻的上皮组织(除了嗅觉小片外)。这些神经末梢对大部分的辛辣刺激化合物感受浓度很低。浓度较高时，这些神经末梢可以感受到所有的气味物质分子。它们与嗅觉受体相比不容易受适应性的影响，因为它们能对普遍的化学物质产生响应，三叉神经感知被称为是普遍化学感知。

大多数刺激性化学物质由非特异性的巯基（—SH）或者与蛋白质的二硫键（—S—S—）结合而成。膜蛋白结构上的可逆变化会引起自由神经末梢的灼烧感，大多数刺激性化合物还会产生净正电荷。相反地，腐败的化合物则常常带有净负电荷。

人们发现，大多数芳香化合物能够刺激三叉神经纤维，神经受刺激之后会引起诸如刺、灼烧、针扎、酥麻以及清醒的感觉。挥发性化合物具有极强的疏水性，能够溶解在细胞膜脂中，改变细胞的渗透性而使神经有灼烧感。对自由神经末梢的刺激可以改变对气味的感知。例如，少量的二氧化硫会令人愉悦，但是如果浓度太高就会具有刺激性。类似的，硫化氢在较低浓度时具有酵母香以及果香(约 1μg/L)，但是一旦浓度增加，腐烂的臭鸡蛋气味就会扑鼻而来。

另外，分布有舌咽神经和迷走神经的咽头区域也有微弱的感受气味的功能。

4. 嗅觉中枢

嗅觉的第一中枢是嗅球。神经纤维由此出发，止于前嗅核、嗅结节、第二中枢的前梨状等处。在第二中枢部分，人们对于前梨状皮质和扁桃核进行了认真研究。由此出发的神经纤维分为两个系统。一个系统经视床下部止于眼窝前头皮质的外侧后部。这个系统在从嗅球出发上行的过程中，神经细胞应嗅的气味数目逐渐减少，所以认为这个系统的功能是识别气味。另一系统经视床的背内侧核止于眼窝前头皮质的中央后部，由于这个系统完全没有发现存在上述倾向，因此，认为它的功能可能是进行综合判断或鉴赏。

三、嗅觉的特征

1．敏锐

人的嗅觉比味觉要敏锐得多。在进行感官品评时，捕捉样品的特征和分辨样品的差别常常是靠闻味而不是靠口尝。一个好的品酒师凭鼻子闻气味就能准确地判断出该酒的类型、产地、年代等，这不能不说是人嗅觉的灵敏性较高。50mL空气中有 2.2×10^{-12}g 乙硫醇或 5×10^{-8}g 麝香或 2.88×10^{-4}g 乙醇时，人的鼻子都能准确地感受到。人们知道某些动物对于气味的感觉是非常敏锐的，就连现代进步的化学仪器都赶不上动物的鼻子。

2．易疲劳、适应和习惯

“入芝兰之室，久而不闻其香”。这是因为人的嗅觉产生了疲劳，对芝兰的香气变得迟钝起来。但这种疲劳只是对某一种气味而言，对其他气味的灵敏性并没有丧失。“入鲍鱼之肆，久而不闻其臭”，是指人的嗅觉已适应了恶臭的环境，处于一种不灵敏的状态，当人的感受气味的细胞发生疲劳时，嗅中枢系统由于气味的刺激陷入负反馈状态，感觉到抑制，气味感消失。同样，当注意力不是完全集中在对气味的感受时，也会感受不到气味。时间长些便对气味形成习惯。由于疲劳、适应和习惯这 3 种现象是共同发挥作用的，因此很难彼此区别。在进行品评时，必须聚精会神，特别是第一印象的结果往往是十分重要的。在闻完第一个样品后，应该休息一会儿或闻一杯清洁的水，疲劳恢复后再进行下一个样品的品评。

3．个体差别大

嗅觉的个体差异相当大，稍加调查就会发现嗅觉敏锐的人和嗅觉迟钝的人之间的差别。而且即使嗅觉敏锐的人也是因气味而异，并不是对所有气味敏锐，有时对其他气味敏锐，但对某种气味却非常迟钝，嗅觉迟钝极端的情况便是嗅盲。

4．受各种因素影响大

嗅感物质的阈值受身体状况、心理状态、实际经验等人的主观因素的影响尤为明显。当人的身体疲劳、营养不良、生病时可能会发生嗅觉减退或过敏现象，如人患萎缩性鼻炎时，嗅黏膜上缺乏黏液，嗅细胞不能正常工作造成嗅觉减退。心情好时，敏感性高，辨别能力强。

5．阈值的变动

环境变化对人的嗅觉灵敏程度影响较大。在 20～50 岁时，人的嗅觉处于最佳状态，进入老年阶段后嗅觉已丧失或大部分丧失。人们对日常生活中熟悉的气味，能说出名称的气味比较敏感和容易记忆。有人用两组样品做实验：一组是某些有气味的化学药品，如嘌呤、丁醇、丙酮等；另一组是日常生活中常接触到的物质，如巧克力、香蕉。试验人员对第一组 22 种气味只能分辨出 6 种，面对第二组 36 种气体全部能识别。在品评人员进行嗅觉训练时，当闻不熟悉的气味时，应当立即反馈，告诉他们这种气味的名称，这样做有利于嗅觉灵敏度的提高。人们在感冒时会觉得香烟气味不像平常那样，并且可以证明在评价咖啡、食物香味方面嗅觉也起着很大作用。当身体疲倦或营养不良时，都会引起嗅觉功能降低。许多女性对于激素和嗅觉间的密切关系都有所体会，女性在月经期、妊娠期或更年期都会发生嗅觉减退或过敏的现象。这点说明女性激素对嗅觉的影响较男性更为强烈。另外，女性在妊娠期间，对于气味爱好的改变更是人们很熟悉的事。

在嗅觉敏锐度的测试中发现性别会带来一些微小的差异，通常情况下女性更为敏感，具有较强的气味鉴别能力。对于气味类型的鉴别来说性别（或者经历）也同样会带来差异。通常女性识别花香和食物香味的能力要强于男性，而男性识别石油味的能力更强。另外，女性的嗅觉识别力在不断变化中，这可能跟周期性的激素变化有关。

年龄同样会影响嗅觉敏锐度，这表现为觉察阈值、识别阈值和差别阈值的升高。对于气味的短暂性记忆也会有所下降，这可能归因于升高的阈值和找回口感标志上有较大的困难。例如，在20~50岁时，人的嗅觉处于最佳状态，20~70岁人的鉴别能力下降大约50%。不过，在每个年龄段里的个体之间也存在着较大的差别。

感受神经元的再生能力下降可以解释许多与年龄相关的嗅觉缺失问题。而嗅觉球体与脑嗅觉表皮联系的神经性衰退可能是个更加重要的因素。大脑的嗅觉区域常常较其他部分更早退化，这就解释了为什么嗅觉常常是与年龄相关的化学感受缺失的第一个。另外，很明显认知能力随着年龄在下降。在记忆力上表现得更加明显，如对气味名称的学习。尽管对于黄酒的鉴赏能力可能随着年龄下降，但经验和精力集中可以补偿感觉上的缺失。鼻腔和鼻窦炎症能够加速这种退化，造成长期的嗅觉敏锐感的缺失。短期影响可能是分泌腺分泌黏液增多所致。炎症会阻碍空气进入到嗅觉部位（图2-9）并扩散到感受神经元。

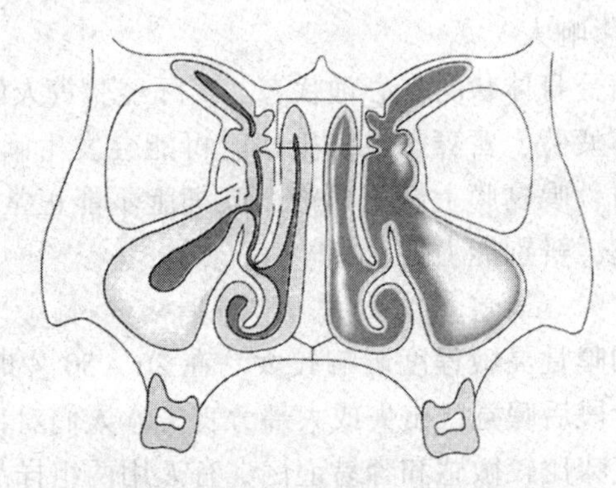

图2-9 鼻腔和鼻窦（冠状）示意图

左侧是典型的慢性鼻炎，表示空气由于鼻息肉拥塞而被阻碍，不能抵达嗅觉上皮组织。右侧表示空气流可正常通过。

嗅觉能力的下降还可能与一些重要疾病有关，如小儿麻痹、脑膜炎以及骨髓炎。嗅觉神经的破坏会导致嗅觉的彻底丧失。另外，一些遗传性疾病会引起非显著特征的嗅觉缺失症，如 Kallmann 综合征。一些医疗处理和药物也会影响嗅觉，如可卡因会破坏嗅觉上皮组织。

一般认为饥饿可以提高嗅觉的敏锐度，饱腹感则会使其下降，这是个可逆的过程。关于饥饿和干渴均使嗅觉球体和大脑皮层的普通活跃度有所增加的研究报道支持了这一观点。

吸烟会导致短期以及长期的嗅觉能力受损害。因此，在品酒室里是不允许吸烟的。然而，吸烟并不能阻碍一些人成为优秀的黄酒酿造师和品酒师。

另一个改变嗅觉感知度的原因是嗅觉适应。它是嗅觉受体受刺激暂时性丢失、大脑感知暂时下降或两者一起作用的结果。一般来说，气味越浓烈，嗅觉适应持续的时间也就越长。

由于嗅觉适应发生得很快（通常几秒之内），因此对于黄酒芳香性的感受变化也很快。黄酒品评者常常被建议缩短闻黄酒的时间。正常的嗅觉敏锐性通常需要 0.5 ~ 1min 来恢复。

淡薄的气味混合物对于降低感觉阈值的相加效应已引起人们的注意。在这种情况下，这些气味化合物必须是不同类的。在黄酒中这是相当重要的，因为有太多的化合物低于它们被期望的觉察阈值。同样重要却很少被觉察到的是气味的掩盖作用（因为一种气味物质的存在而对另一种气味物质的感受下降），以及交叉嗅觉适应（因为提前感受一种气味物质而对另一种气味物质的感受下降）。目前尚不清楚这些现象能否说明气味成分的数量增加会导致气味鉴别力的迅速下降。

对于嗅觉好恶的原因我们还知之甚少。不过，阈值的强度似乎并不是最为重要的原因。嗅觉好恶在 6 ~ 12 岁趋于形成，而当人的年龄增加，则会有非常显著的好恶变化。随着年龄的增加对于黄酒的偏爱也有显著变化。然而，这些变化可能更多地与经验有关而并非仅仅归因于年龄本身。

尽管环境条件明显地影响人们对气味做出享受方面的响应，遗传上的差异也不容忽视。例如，根据对雄甾酮的不同响应，一般可以把人分成 3 类：第一类人群在低浓度雄甾酮存在下就能感受到，并感到极其难闻（类似尿骚味）；第二类人群对雄甾酮不是很反感，常常认为那是种檀香的气味；而第三类人群则根本感受不到雄甾酮，所以没有任何反应。双胞胎研究也提出了感知上遗传因素的作用，同卵双生表现出来的是相似的感知响应，而异卵双生在感知上则常常是不同的。激素（或者遗传学上的）因素的影响也常常表现在女性中可感知雄甾酮的人数比例高过男性。

心理因素对气味识别也有很大的影响。学术上的威望以及黄酒的来源都会使个人产生偏见。来自于品酒师，特别是那些业界有威望的品酒师的意见，常常会对其他人产生严重的影响。如果这些心理上的影响能够增强对黄酒的正确评价，固然是件好事。然而，对于黄酒品评来讲，它们没有任何帮助。

6. 消除、隐蔽和变调

完全消除恶臭是非常困难的，虽然在理论上认为从化学上把某种气味完全抵消的气味物质是存在的，但是要想发现这种物质却极为困难。一般情况下，即使A气味被消除了，B气味却仍然残存。另外从感觉的角度来看，人们在分别感受了A、B气味之后经过大脑的融合，结果变成无味的现象也是存在的。这种现象和颜色中的“补色”相同。这样的两种气味之间存在一种应该称之为“补味”的关系，要想找出这样的气味也是很困难的。

因为消除气味很难取得效果，所以只好采用别的办法。例如，用其他强烈气味掩蔽某种气味，或使某种气味和其他气味混合后性质发生改变（即所谓变调），变成更令人喜爱的气味等都是常用的方法。香水就是变调法的代表。

四、嗅觉的其他情况

1. 嗅盲和遗传

嗅盲是指有正常的嗅觉，只是对特定的气味感觉不到的现象。

迄今为止，Amoore试验所发现的嗅盲气味有8种，见表2－1。在这8种气味中，对于气味表现为汗臭的异戊酸无嗅感的人占2%，对硫酸无嗅感的人占0.1%。如果对每个嗅盲的人都如此进行研究，也许会和三原色一样找出基本味，Amoore曾和许多人合作研究62种气味，据他推测，基本味可能有20～30种。

表2－1　Amoore发现的嗅盲气味

序号	嗅盲气味	气味特征	序号	嗅盲气味	气味特征
1	异戊酸	腋窝味	5	异丁醛	麦芽气味
2	1－二氢吡咯	精液味	6	ω－十五烷内酯	麝香味
3	三甲胺	鱼味	7	1－香芹酮	薄荷味
4	5－雄（甾）－16烯－3－酮	尿味	8	1，8－桉树脑	樟脑味

有人认为嗅觉的敏感性与遗传因素有关，嗅盲与色盲一样，常常是劣性伴性遗传，有的人则认为嗅觉的差别主要是环境因素所致。Hubert曾对97对成年孪生兄弟进行嗅觉试验，这97对中有51对是单卵双生（有相同基因），其余为异卵双生。实验结果表明这两组试验者的嗅觉灵敏程度并无显著差别。

2. 嗅觉的异常

（1）嗅觉过敏　据报道，马钱子碱中毒时，嗅觉的感受性比原来提高了2～3倍。

（2）嗅觉异常　系指感到味的异常的性质。有报道说是由于药品产生了异常，另外嗅觉中枢障碍也发生嗅觉异常。

（3）嗅觉减退　是由三叉神经麻痹而引起的，另外，还有由吗啡等药物产生的例子。

（4）嗅觉脱失　疾病、负伤而气道闭塞时，由于疾病或药物使嗅黏膜失去功能时，以及嗅觉中枢神经有障碍时发生。有时是吸烟中毒或者闻了硫化氢或苯酚的强烈气味而发生的。

第二节　嗅觉的识别

一、气味的定义及分类

气味没有明确的定义，一般是指嗅觉所感到的味道。气味的种类非常之多。有机化学者认为，在200万种有机化合物中，五分之一都有气味。因此，可以认为有气味的物质大约有40万种。由于没有发出完全相同气味的不同物质，所以气味也有40万种左右。

由于气味没有确切的定义，而且很难定量测定，所以气味的分类比较混乱。不同的研究学者都从各自的角度对气味进行了分类。无论是在亚洲，还是在西欧，自古至今大家都在尝试对气味进行分类。从1960年起，开始应用多变量解析法的研究，许多著名学者试着对如此众多的气味进行分类。从Amoore开始，到植物分类的Linne、荷兰心理学家Zwaarde Maker、Henning、Croker和Henderson等学者，以及日本的见原益轩、加富均三等人，这些人的分类方法见表2-2。下面分别介绍一下影响较大的Amoore和Henning的分类法情况。

表2-2　　　　气味的分类

A	B	C	D	E
醚臭	—	果实香	酸性	果实香
樟脑臭	芳香	树脂香	—	脂香
麝香	愉快气味	—	—	—
花香	花香	花香	花香	花香
薄荷味	—	—	—	—
刺激臭	—	焦香	焦香	焦香
腐败臭	酸臭	腐败臭	—	—
—	蒜臭	—	—	—
—	山羊臭	—	癸酸样臭	—
—	催呕臭	癸酸样臭	—	—
—	—	催呕臭	—	药臭
—	—	—	—	醋味
—	—	—	—	腥味

1. Amoore 的分类法

现代，在对气味进行分类的学者中，以 Amoore 最为有名。他的分类方法与上述学者相比颇有独到之处，上述几位学者都是从生活中比较常见的气味入手，而他是根据有关书籍的记载任意选出 616 种物质，将表现气味的词汇搜集在一起制成直方图。结果发现：樟脑臭、刺激臭、醚臭、花香、薄荷臭、麝香气味、腐败臭七个词汇的应用显然比其他表现气味的词汇多，因此认为这七种气味是“原味”的可能性很大。

后来又把用这些词汇所表现的物质制成分子模型，在比较它们的外形时发现，具有相同气味的分子在外形上有很大的共同性。于是他把这些气味分子以及接受这些分子的嗅觉细胞的感受模制成凹形的（正如同键孔），当气体分子像键一般插入形状适合的凹形感受部位（即插入相应的键孔）时，便会刺激感受部位，从而感受嗅觉，见表 2－2。

对于那些不属于上述七种“原味”中任何一种的气味，则看成几种气味分子同时插入相应的凹形感受部位，产生刺激后所形成的复合气味。这可以说是根据气味物质分子的外形和大小进行分类的初次尝试。实际上在对许多分子模型进行外形和气味性质之间的相关研究时发现，它们之间存在很高的相关性。

2. Henning 的三棱体法

Henning（1916）的分类法也是非常著名的，他曾提出过气味的三棱体概念，通过研究各种气味的相似性和差异性归纳出六种气味类别（表 2－3），这六种基本气味像图 2－10 那样分别占据三棱体的六个角，他相信所有气味都是由这六种基本气味以不同比例混合而成，因此每种气味在三棱体中有各自的位置。气味三棱体见图 2－10。

表 2－3　Henning 的基本气味

基本味	举例	基本味	举例
香料气	大茴香、肉桂、胡椒、大黄	树脂气	香酯、松节油
花香气	紫罗兰、茉莉	腐烂气	硫化氢
水果气	乙酸乙酯、橙皮油、柠檬油	焦臭气	焦油、吡啶

二、气味的产生

食品的气味是通过嗅觉来实现的。带有挥发性物质的微粒悬浮于空气中，经过鼻孔，刺激嗅觉神经，传入大脑产生嗅觉。从嗅气味到产生嗅觉，这整个过程经过 0.2～0.3s。

嗅的第一个过程中，必须有气味分子首先与鼻黏膜接触。所以带有挥发性的物质才能产生气味。有科学家指出一般相对分子质量在34～300的分子才能产生气味，但也有例外，如NH_3，必须有气味分子首先与鼻黏膜接触。关于这一点目前还没有确切的解释，主要有以下几种学说。

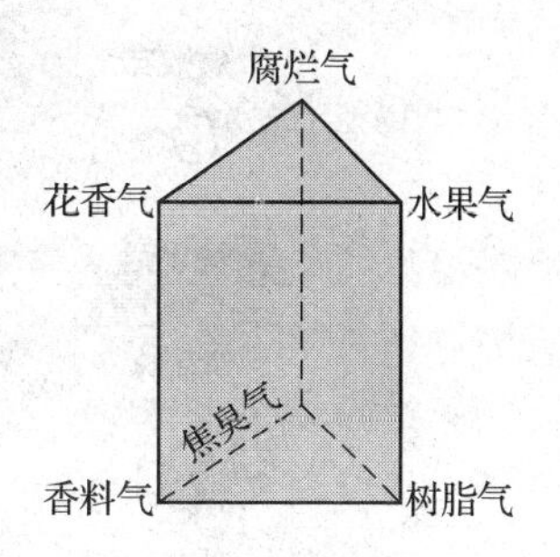

图2-10　气味三棱体

1. 振动学说

从发出气味的物质到感受到这种气味的人之间，距离远近不同，但是在这段距离中，气味的传播和光或声音一样，是通过振动的方式进行的，当气味对人的嗅觉上皮细胞造成刺激后，便使人产生嗅觉。

2. 化学学说

气味分子从产生气味的物质向四面八方飞散后，有的进入鼻腔，并和嗅细胞的感受膜之间发生化学反应，对嗅细胞造成刺激，从而使人产生嗅觉。但是，也有人认为，在这一过程中，不是化学反应，而是由吸附和解吸等物理化学反应引起的刺激，即所谓"相界学说"。提倡这类学说的人很多，立体结构学说也包括在此范畴之内。

3. 酶学说

该学说认为气味之间的差别是由气味物质对嗅觉感受器表面的酶系施加影响形成的。

4. 立体结构学说

立体结构学说也可称为"键和键孔学"，它认为气味之间的差别是由气味物质分子的外形和大小决定的。1951年由Mon-crieff首先提出这样的设想，后来（1962年）又经Amoore发展而成，该学说认为各种气味按分子外形和电荷的不同可以分为七种基本味，即樟脑味、醚臭、薄荷味、麝香、花香、刺激味（辛臭）、腐败味。除最后两种外，其他基本味分子到达嗅细胞后都分别嵌入感受膜上的特殊凹处（键孔）构成各种外形。目前而言，这是最新的学说。

以上各种学说只是从理论上进行研究，都没有经过实验证实，缺乏事实依据，但对于嗅觉的研究是积极的，期待有志之士参与此项目的研究工作。键与键孔学说示意见图2-11。

三、气味对人体的影响

1. 对呼吸器官的影响

当人们闻到芬芳的气味时，总会不自觉地深深吸一口气，当闻到某种可疑气味时，呼吸变得短而强，以便搞清楚它究竟是什么气味。与此相反，当闻到恶臭气味时，便会下意识地暂停呼吸，因此气味可以改变呼吸类型。但是仅仅因气味

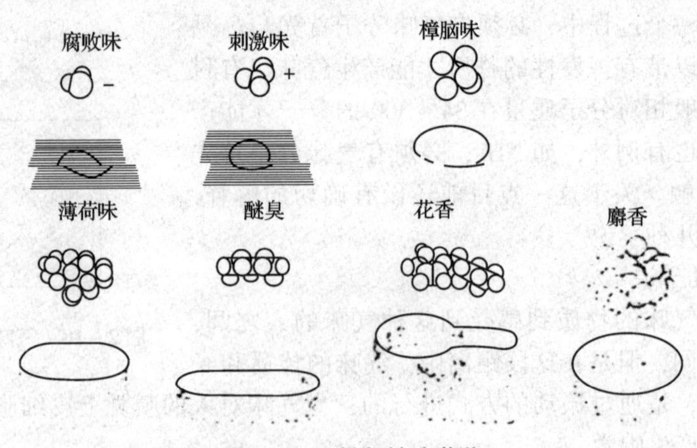

图 2－11　键与键孔学说

并不会引起呼吸障碍或窒息。这些情况都是由于组成气味的物质直接损伤了呼吸器官的黏膜才发生的。

2．对消化器官的影响

美味佳肴的气味能使人产生腹鸣以至饥饿感，腐败气味则会使食欲消失，甚至恶心、呕吐。前者是由于美好的气味促进了消化器官的运动和消化液的分泌，后者是因为胃肠活动受到了抑制。在动物饲养场，为了使动物发育迅速、肥壮，饲料量高于一般需要量。从动物实验来看，虽然是相同的饲料，但是如果在饲料中加上动物喜爱的气味，动物的食欲便会增加。而且如果用几种动物喜爱的气味，每天轮换加入饲料，动物摄食量比每天加同种气味更大。相反，饲料中如果加上动物厌恶的气味则摄食量减少。不过有的报道认为，这只是暂时现象，在长期观察中，并未发现因此发生营养不良情况。可能在这方面还存在气味种类和强度的问题。

3．对循环器官的影响

当人们闻到美好气味而不自觉地深呼吸时，会产生身心愉快、精神宁静感。美好气味可使血压下降，解除过度精神紧张。心脏冠状动脉狭窄症患者发病时，嗅用亚硝酸异戊酯后，立刻会使狭窄的冠状动脉扩张，使患者脱险。但是在这个过程中，气味的作用是次要的，吸入的气味分子由肺进入血液后，对冠状动脉产生影响的药理作用是主要的。

4．对皮肤的影响

气味会使皮肤电阻发生变化。气味越强，不快程度越高，电阻变化就越大。可以在手的皮肤上任选两点，分别放置 2 块小银板，经测定发现，2 板之间有微弱电流通过，人们把这 2 种电流变化增幅后加以观察，研究气味对皮肤的影响。人们把这种现象称为“电流性皮肤反射”（GSR）或“精神电流现象”。

5．对精神活动的影响

恶臭气味会使人产生头重、头疼、心情焦躁、丧失活动欲望等现象；相反，当人闻到美好气味时，立刻觉得神清气爽，这就是气味对人的精神活动产生的影

响。人在集中精力工作时，气味对精神的影响并不十分严重，但是当处于精神松弛（例如，下班后在家中休息时）状态时，影响就会增强。因此，住在工作场所附近的居民对于恶臭事件的控告要比工作场所的职工更为强烈。

四、气味的相互影响

（1）中和反应 两种不同性质的香味物质相混会失去各自单独香味的现象。

（2）抵消反应 两种不同性质的香味物质相混合后，各自独有的香味有减弱现象。

（3）掩盖反应 两种不同性质的香味物质相混合，只有一种香味物质呈现香味现象，另一种香味物质的香味全部被掩盖。

（4）间段反应 两种不同性质的香味物质，初嗅是混合的，继嗅是单一的，有分段感觉。

（5）加强反应 在一种香味物质中，添加了另一种香味物质，使原香味物质的香味有加强的感觉。如麦芽酚、异麦芽酚等都起到了这种作用。

（6）不同浓度的反应 香味物质浓度不同，使嗅觉有不同的反应。酪酸浓度变高时呈腐败的酯臭气，稀薄时具水果样香气；丙酮浓度高时有特异的丙酮臭，稀薄时呈果实样香气（表2-4）。

表2-4 味的转换

有害物质	浓时的气味	淡时的气味	有害物质	浓时的气味	淡时的气味
大茴香醚	似酒精味	大茴香的味	丁酸	腐脂味	果实香
香草醛	废纸样的味	香草味	丙酮	丙酮特有的味	似果实样
紫罗酮	树样或药草样味	紫罗兰香	氨茴酸甲酯	粗味	似橙子样味
吲哚	粪尿味	快感花香	甲酸乙酯	似蜂蜡样味	蜜酒的香味
n-萘胺	无不快味	粪尿味	*n*-丁酸乙酯	似黄油样味	菠萝的香味
苯基乙酸	无不快味	马粪味	多种酯	强的不新鲜的味	芳香、新鲜味

五、气味与分子官能团的关系

关于气味与分子官能团关系的研究很多，但仍然比较模糊。有研究表明，决定物质气味特征的因素与分子的一些官能团有一定的关系。

研究发现，大多数具有相似气味的物质，往往具有相似的分子结构，特别是分子结构中官能团的性质与气味的种类关系更为密切。

无机化合物中除 SO_2、NO_2、NH_3、H_2S 等气体有强烈的气味外，大部分均无气味。有机化合物有气味的甚多，这与其化学结构有密切关系，有气味的物质在分子中都有某些能形成气味的原子或原子团，这些原子在元素周期表中，从ⅣA

族到ⅦA族都有，其中P、As、Sb、S、F均是发恶臭的原子。

有机化合物分子中比较重要的能形成气味的官能团有：羟基（—OH）、苯基（苯环）、羧基（—COOH）、硝基（$—NO_3$）、醚基（R—O—R′）、亚硝基（$—NO_2$）、酯基（—COOR）、羰基（—C═O）、巯基（—SH）、内酯（R—COO—）、酰氨基（$—CONH_2$）、硫醇基（—SOH）等。

当相对分子质量较小时，官能团在整个分子结构中占较大的比例，官能团对分子的气味影响作用更为明显。具有链状的醇类、醛类、酮类和酯类等的同系化合物，在相对较低的分子质量范围内，官能团的性质决定了分子的气味强弱程度，此时它们的气味强烈，挥发性强。随着碳原子的增加，碳链增长，它们的香气种类逐渐由果实型气味向清香型再向脂肪型气味过渡，且香气的持久性增加。中等长度碳链（5～8个碳）的化合物有清香气味；当碳链进一步增加时，脂肪臭的气味随之增加；当碳链达到15～20个碳时，却又变得气味微弱，甚至无气味。

六、不同气味的形成

1．原味感受部位说

这种学说认为，受到气味刺激后，呈兴奋状态的感受细胞和嗅黏膜的部位因气味不同而异，气味的差别就是这样形成的。这和气味分子的感受原理并无抵触。这种学说观点认为，在嗅细胞感受膜上的气味分子的感受部位就是感受原味的部位，其数目仅由原味的数目来决定。

2．刺激类型说

至今，原味的存在还没有得到证实，甚至有人否定原味的存在，因此有人提出刺激类型说。这种学说认为，感受细胞发射的冲动类型因气体分子持有的信息而异，当冲动类型不同时便会产生不同的气味感觉。

七、嗅觉和味觉的关系

当挥发性物质的分子刺激嗅觉器官时，便会产生嗅觉。但是有不少挥发性物质也会使口腔内产生味觉，因此食品的嗅觉和味觉常常很难区分。

一般来说，究竟嗅觉和味觉哪一个对滋味的影响大些呢？可以在进餐时体验一下，在多数情况下，根据食物入口时所闻到的气味一嗅，可以立即判断出食物的种类、特征、好坏、嗜好与否等。咀嚼等口腔活动有助于对食物的判断，在官能试验中把各种食物放在口中咀嚼的动作是把挥发性物质送入鼻子的有效手段。相反，在鼻子堵塞不通时进食，即便能产生味觉，但是因为闻不到香气，也会感到食品滋味很不足。当然，在鼻子堵塞时，因为味觉并没有丧失，所以在某种程度上可以对食物做出识别和判断。

食物嗅觉和味觉的关系见表2－5。和嗅觉比起来，味觉要单纯些。在生物

学中把味分为甜、苦、酸、咸4类，并且把这称为基本味，但是在食品领域中除了基本味之外，还有一些习惯表示法可以用来表示食品的味道。

表2-5 呈嗅物质和呈味物质的特征

呈嗅物质	呈味物质	呈嗅物质	呈味物质
产生嗅觉（用鼻）	产生味觉（用舌）	低浓度存在	比较高浓度存在
挥发性	以不挥性为主	能使人感到丰富多彩的种种气味	主要是甜、苦、酸、咸味
一般极性低	极性高，溶于水		

八、香味形成机制的类型

香味形成机制的类型见表2-6。

表2-6 香味形成机制的类型

类型	说明	举例
生物合成	直接由生物合成形成的香味成分	以萜烯类或酯类化合物为母体的香味物质，如薄荷、柑橘、甜瓜、香蕉等
直接酶作用	酶对香味前体物质作用形成香味成分	蒜酶对亚砜作用形成洋葱香味
氧化作用（间接酶作用）	酶促生成氧化剂，对香味前体物质氧化生成香味成分	羰基及酸类化合物存在使香味加重，如红茶
高温分解作用	加热或烘烤处理使前体物质成为香味成分	由于存在吡嗪（如咖啡、巧克力）、呋喃（如面包）等而使香味明显化
化学反应	醇酸反应等	乙酸与乙醇酯化反应生成乙酸乙酯

第三节 气味阈值和识别方法

一、气味阈值

气味阈值是指在同空白试验做比较时，人们对某一物质的气味能感觉到的最低含量称为该物质的气味阈值。分为感觉阈值（或称觉察阈值或绝对阈值）、识别阈值和差别阈值。

气味感觉阈值是虽然不知是什么性质的气味，但可以感觉到有气味的最小浓度，用它可以检测品评员的鼻子的灵敏性。

气味识别阈值是可以感觉到是什么气味的最小浓度。一般气味识别阈值总是高于气味感觉阈值。检测品评员的嗅觉经验。

气味差别阈值是指感官所能感受到的刺激的最小变化量，检测品评员的浓度

变化区分能力。

某人对某物质的气味阈值越低，表明某人对某物质的嗅觉灵敏度越高。

但是，由于人的嗅觉灵敏度不同，气味阈值应根据大多数人的感觉而定。

人的嗅觉是非常灵敏的，即使空气中只有极其轻微的有味气体，也能引起嗅觉细胞兴奋。众所周知，气相色谱仪有极高的灵敏度，是检验食品香味成分的重要仪器。用气相色谱仪测定丙烷，其灵敏度比人高出约 1.7 万倍，测定正己烷高出 10 倍，但对某些物质（例如异戊醛、正己醛）来说，人的嗅觉比气相色谱嗅还灵敏，人对正己醛的感知灵敏度，相当于气相色谱的 10 倍，50L 空气里，乙硫醇的含量只有 2×10^{-12}g，人就能嗅出来，家里煮萝卜时的硫醇味，红薯患有黑斑病的番薯酮味，在极稀薄的情况下人们就可嗅到。空气中只要含有 3×10^{-12} g 的麝香，人就可以嗅出，而用仪器测定相当困难，重要的是气相色谱仪只能测定单体成分，而对两种以上香味成分的复合体就无能为力了。

但人的嗅觉比起某些动物来就相差甚远，狗的嗅觉比人灵敏 100 万倍。但在不同的化学成分上也有着极大的差异，有个别成分，狗对气味的灵敏度可能比人还低。又如雌蚕蛾的腹部能放出特别的香气以引诱雄蛾，一只雄蛾只要闻到万分之一毫克的这种香气，就可以从距离雌蛾 11km 的地方飞来，就是因为雄蛾触角上有几万个感觉细胞的缘故。

嗅觉和其他感觉相似，也存在可辨认气味物质浓度范围和感觉气味浓度变化的敏感性问题。人类的嗅觉在察觉气味的能力上强于味觉，但对分辨气味物质浓度变化后气味相应变化的能力却不及味觉。由于嗅觉比味觉、视觉和听觉等感觉更易疲劳，而且持续时间比较长，影响嗅觉阈值测定的因素又比较多，因而准确测定嗅觉阈值比较困难。不同研究者所测得的嗅觉阈值差别也比较大。影响嗅觉阈值测定的因素包括：测定时所用气味物质的浓度；所采用的试验方法及试验时各项条件的控制；参加试验人员的身体状况和嗅觉分辨能力上的差别等。酒精饮料中各种气味成分的阈值单位见表 2 - 7。

表 2 - 7　酒精饮料中各种气味成分的阈值单位

香气成分	阈值/（mg/L）	香气成分	阈值/（mg/L）
乙酸乙酯	17.00	己醇	5.2
丙酸乙酯	4.00	辛醇	1.1
丁酸乙酯	0.15	癸醇	0.21
己酸乙酯	0.076	异丁醇	75.00
乳酸乙酯	14.00	正十二醇	1.00
辛酸乙酯	0.24	活性戊醇	32.00
癸酸乙酯	1.10	正十四醇	>5

二、气味强度和稳定性

判断该物质在食品气味中所起作用的数值称为气味强度（香气值）。气味强度是指气味物质的浓度和与其阈值的比值。气味强度在 1 以下说明嗅觉器官对这种物质的香气无感觉。

$$\text{气味强度}\ (u) = \frac{\text{气味物质的浓度}}{\text{阈值}} = \frac{F}{T}$$

气味强度一般认为主要与呈香物质的气体对嗅觉的刺激性大小有关，容易产生嗅觉反应的其气味强度大，反之则小。但在嗅觉辨别时，当人的意图与感情纠缠在一起时，往往会出现复杂情况，不少例子表明，有时即使气体的浓度低于一般人所感知的条件，也能进行较准确的辨别。呈香物质的气味强度不像化学的浓度那么直观，它受环境、人的心理和生理等诸多因素的影响，所以要以数字的形式定量表示呈香物质的气味强度不是一件容易的事。

气味的稳定性是指呈香物质在一定的环境条件下（如温度、湿度、压力、空气流通度、挥发面积等）在一定的介质或基质中的留存时间限度，即香气的留香能力或持久性。考察香气的持久性强弱，可用嗅觉评判的方法，特别是在食品中或是有其他香味物品共同存在时，嗅觉评判的方法更为适合。因为这时的香气是一个复杂的整体复合气味，如果用仪器测试其成分，很难得出一个满意的结果，而采用感官嗅辨，则比较简单、快速且效果较好。

有研究表明，气味的稳定性，大体上与呈香物质的平均相对分子质量的大小、体系的饱和蒸气压、物质的沸点（或熔点）、官能团结构、化学物质的黏度等因素有关。一般来说，呈香物质的沸点较高、饱和蒸气压较低、黏度较大、相对分子质量较大，其气味的稳定性较高；反之较弱。

气味的强度与气味的持久性是两个不同概念。气味的持久性用留香值表示，即指气味在空气中的滞留时间。

香气持久性强的物质不一定香气强度大。对于饮料酒勾兑师来说，一方面要设法勾兑出香气适宜并有一定香气强度的饮料酒，另一方面还应考虑如何保持饮料酒中香气的持久性。

三、相对气味强度

相对气味强度是反映气味物质随浓度变化其气味感相应变化的一个特征。由于气味物质察觉阈值非常低，因此很多自然状态存在的气味物质在稀释后，气味感觉不但没有减弱反而增强。这种气味感觉随气味物质浓度降低而增强的特性称为相对气味强度。各种气味物质的相对气味强度不同，除浓度会影响相对气味强度外，气味物质结构也会影响相对气味强度。

四、香气识别

各种气味就像学习语言那样可以被记忆。人们时时刻刻都可以感觉到气味的存在，但由于无意识或习惯性也就并不觉察它们。因此要设计专门的试验，有意识地加强记忆，以便识别各种气味。

香气识别是一项对品评人员的基本训练。训练的目的是使品评人员对各种气味有良好的识别能力和记忆能力，这对以后的品评工作至关重要。

1. 正常嗅气法

由于人的鼻腔内嗅觉敏感区很小，位于鼻腔的上方，正常呼吸时只有很少空气通过这一区域。所以在嗅味时，应将头稍低下，鼻子靠近被吸物质迅速吸气，收缩鼻孔，让气味自下而上进入鼻腔，气流在鼻道内产生涡流，气味分子与嗅膜接触机会增加，从而增强嗅感，见图2-12。在闻香时，要注意以下几点。

(1) 既要注意环境中的一些杂味，如烟味，但也不用过度关注，包括有时在杯子中由于另一个人品后留下的体味。因为一般在一段时间过后，人可以马上适应它们。

(2) 注意身体健康，保养鼻子，不乱吃药物等东西。

(3) 平素多品尝不同的食物或闻化妆品等，加强记忆。

(4) 对所闻到的香气，最好用平素熟悉的香气加以记忆，以便能辨别不同的香气。

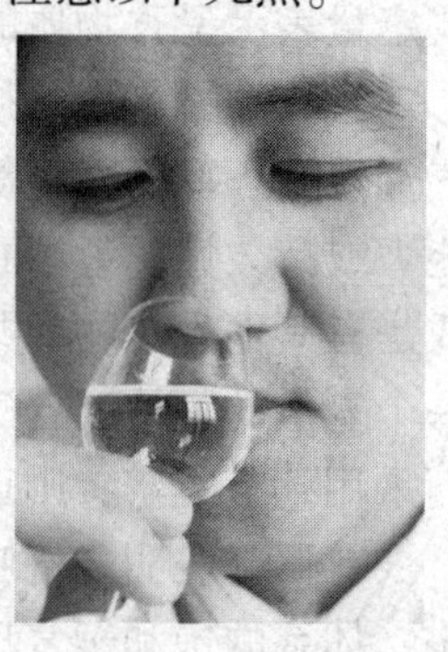

图2-12　正常嗅气法

(5) 放松心情，注意力集中。

(6) 注意顺效应和逆效应。

2. Von skramlik 嗅气法

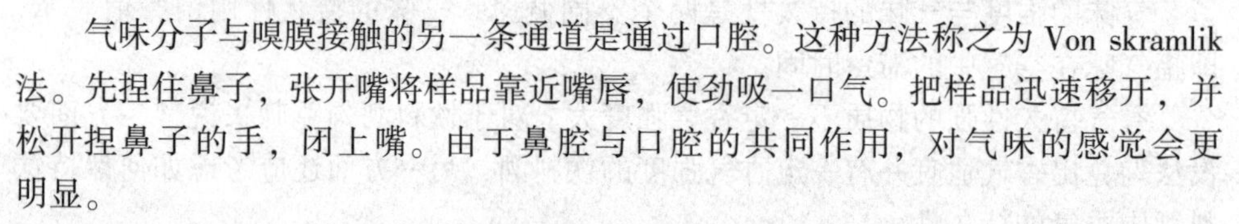

气味分子与嗅膜接触的另一条通道是通过口腔。这种方法称之为Von skramlik法。先捏住鼻子，张开嘴将样品靠近嘴唇，使劲吸一口气。把样品迅速移开，并松开捏鼻子的手，闭上嘴。由于鼻腔与口腔的共同作用，对气味的感觉会更明显。

通常对同一气味物质使用嗅闻不超过三次，否则会引起“适应”，使嗅敏感度下降。正常嗅气法并不适应所有气味，如一些挥发性强的特酸、特臭或含辛辣成分的物质等。

思考题

1. 什么是嗅觉？嗅觉的特征有哪些？
2. 气味有哪些相互影响？
3. 什么是香气阈值？
4. 如何理解气味强度的意义？

第三章

人的味觉器官和味觉实践

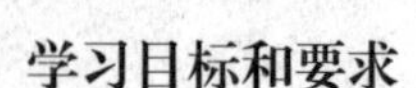

学习目标和要求

1. 了解味觉器官的组成结构。
2. 掌握味的分布及与味蕾的关系。
3. 了解高级品酒师敏感度高的原因。
4. 掌握味觉的定义、特征、分类。
5. 掌握基本味和味感的基本特征。
6. 理解影响味的因素和味之间的相互关系。
7. 理解不同口味的阈值含义。
8. 了解视觉、听觉等不同感觉。

味觉是人的基本感觉之一，对人类的进化和发展起着重要的作用。味觉一直是人类对食物进行辨别、挑选和决定是否予以接受的主要因素之一。同时，由于食品本身所具有的风味对相应味觉的刺激，使得人类在进食的时候产生相应的精神享受。味觉在食品感官评定上占有重要地位。

食品的味是多种多样的，食品入口后可溶成分溶于唾液或食品的液体中，通过味孔刺激舌头表面的味蕾，味细胞因呈味物质的刺激呈兴奋状态，再经味神经纤维达到大脑的味觉中枢，通过大脑的反应产生味觉。

口腔中有两套化学感应器分别引起对味道和口感的感知。特殊的感应神经元聚集在味蕾的空腔里感知味道，特别是甜、酸、咸和苦味。丰富的神经末梢遍布在口腔中产生收敛感、触觉、黏度、灼烧感、温度、丰满感、刺痛和疼痛感等各种口感。这些口感和鼻腔中的嗅觉感知统称为风味。嗅觉感知来自于通过鼻腔（嗅闻）和口腔后部（回味）进入鼻通道的挥发性化合物。

味觉和嗅觉的感知是完全统一的，在感冒鼻塞的时候，人们不再敏感，因为有气味的东西不能到达嗅觉区域，食物也失去了平时的感官吸引力。对于一个酿酒师来说，平衡黄酒的口感是一项很艰巨的任务。高品质黄酒显著特点就是这些看似简单的感觉之间的协调平衡。过量的酸、收敛性、苦味等造成黄酒不平衡，往往是评酒师最先注意的缺陷。因此，尽管味觉是最初等的感觉，但它对于品尝黄酒质量是至关重要的。

与嗅觉不同，味觉和口感是对黄酒中主要的化学成分——糖、酸、酒精、氨基酸和酚类物质的感知。味觉刺激物通常以千分含量值发生作用，而气味物质的检测限可以低到万亿分之一。

第一节　人的味觉器官

一、味觉器官的构造

口是味觉器官，味觉感受器主要在舌和邻近的腭上面，感觉物质通过对味觉细胞产生刺激，通过神经传递产生味感，但这种刺激必须是水溶性的。由于舌面上各种感受味蕾的分布不同，进而对各种刺激的敏感也不同（图 3－1，图 3－2）。

人的舌头表面有许多突起物，称为味觉乳头（突）。根据乳头形状的不同，分为丝状乳头、菌（蕈）状乳头、叶状乳头和冠状乳头（图 3－2）。丝状乳头最小，主要分布在舌前部 2/3 的部位，数量最多。丝状乳头上无味蕾，因此与味觉反应无关，它们众多纤细的延伸部分赋予了舌头特有的粗糙质地。菌状乳头、叶状乳头及冠（轮）状乳头上均分布着味蕾。菌状乳头比较大，呈蘑菇状，主要分布在舌尖和舌侧部位。这些菌状乳头对于味觉非常重要，它们的密度直接关系到品尝的敏锐度。叶状乳头像山脊，主要分布在舌头的后边缘折叠之间的脊上。冠状乳头最大，直径 1.0～1.5mm，高约 2.0mm，呈 V 形分布在舌根部位。

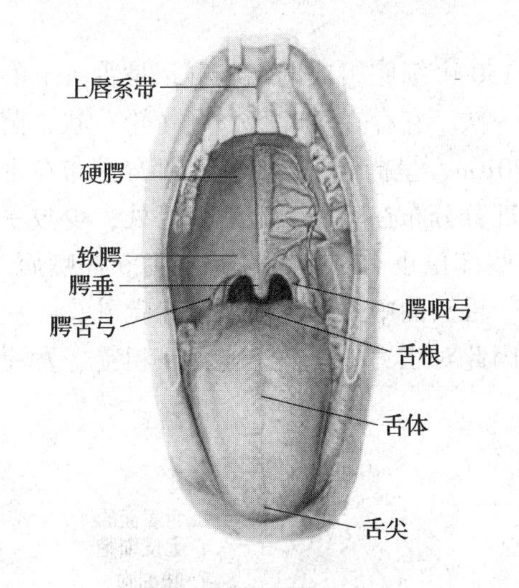

图 3－1　口腔结构图

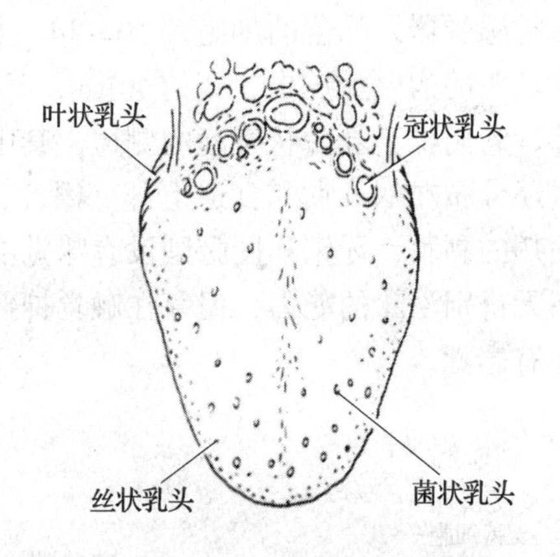

图 3－2　舌表面四种乳头及其分布

每个乳头上分布着味细胞。呈味物质入口后，一部分或大部分被吸附在味细胞上，结果味细胞发生电位变化。味觉细胞与味感神经相连，味细胞的电位变化，在味神经产生脉冲。有 4 种味神经脉冲分别容易对甜、苦、酸、咸做出反应。味觉神经纤维连成小束通入大脑味感中枢。味感中枢对这些信号进行综合分析，便产生各种味感（图 3－3）。

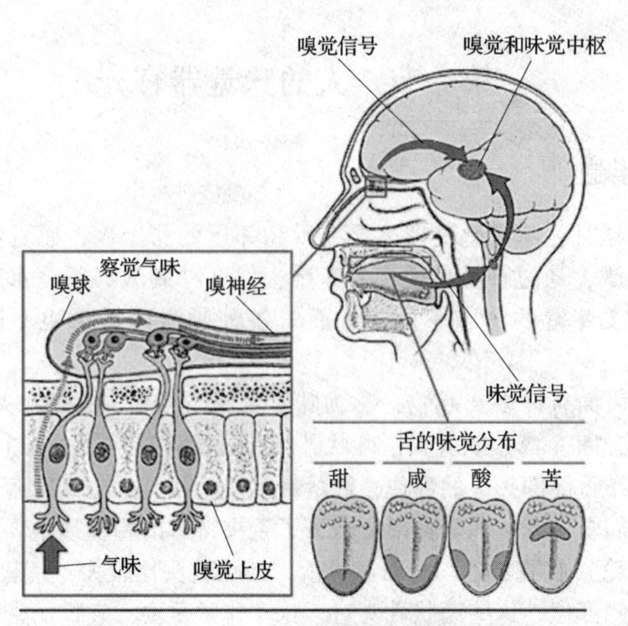

图 3-3　舌的味觉分布示意图

二、味蕾与味觉

味蕾（图 3-4，图 3-5）是由 30～150 个细胞组成的细胞群，是舌头上的味觉感受器，味蕾的细胞每 10～14d 更换一次。它存在于叶状、冠（轮）状、菌状乳头的沟壁上皮中，宽约 40μm，长约 70μm，呈椭圆形。味蕾大部分分布在舌部，它们位于乳头状突起的侧边，其中少部分分布在软腭、咽后壁等处，少数一些还分布在咽、喉和食道上部。因此，这些部位也有一定的味感能力。而嘴唇、面颊的黏膜、牙床和硬腭则没有味觉能力。舌头的中央和背面没有味觉乳头，从而无辨别滋味的能力，但存在触觉神经，因此对压力、冷热、光滑、粗糙、发涩等有感觉。

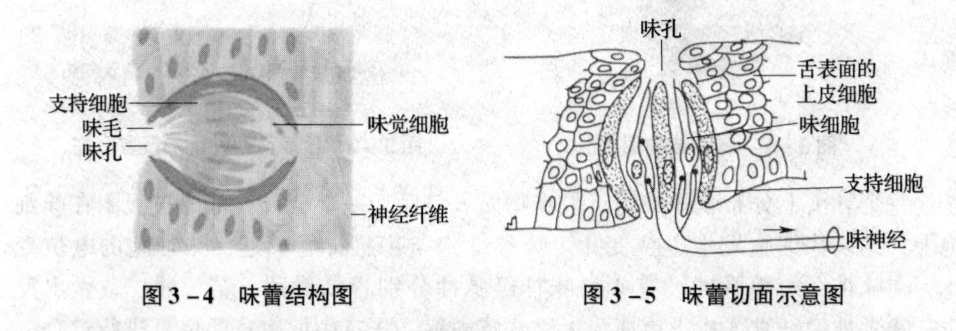

图 3-4　味蕾结构图　　图 3-5　味蕾切面示意图

溶于水中的呈味物质从味孔进入味蕾，刺激味细胞。成人舌上约有 1 万个味蕾，随着年龄增加逐渐向舌尖、舌缘及冠状乳头集中。到了老年，唾液分泌量也

相应减少，所以到50岁以后，人的味觉能力出现迅速减退的趋向。

舌头表面感觉味的范围很广，但对味的敏感度则因舌的部位不同而异。舌尖部位对甜味最敏感，舌缘部位对酸味和咸味敏感，而舌根对苦味最敏感。

味感分布位置不同，这与味觉乳头的形状有关：菌状乳头对甜味和咸味较敏感，叶状乳头对酸味较敏感，轮状乳头对苦味较敏感。有的乳头能感受两种以上的味觉，有的只能有一种味感，所以味觉的分布并无严格的界限。从味觉的敏锐和持久的时间来区分，舌的前后部分是明显的。味觉最敏感，反应迅速而细致，消失很快的是舌尖部，其次为前部，而舌的后部（包括软腭、喉头等）的味感则来得比较慢，但时间较持久，这也是人们吃有苦味的食物常感到留有后苦的原因。

三、味觉神经

味蕾中的味神经纤维是0.03～0.3μm无髓神经纤维，形成棒状的尾部与味细胞接触。把味的刺激传入脑的神经有很多，不同的部位信息传递的神经不同。舌前的2/3区域是鼓索神经（膝状神经节），为舌头前部的菌状乳突味蕾提供神经信号，而其他神经分支与软腭前部区域的味蕾相连。舌后部的1/3区域是舌咽神经的岩神神经节，为叶状和轮廓乳突，为扁桃腺、咽喉和上腭后部的味蕾提供服务。另外，迷走神经（头盖形神经X）的结状神经节与会厌、喉和食道上部区域的味蕾分支相连。实验证明，不同的味感物质在味蕾上有不同的结合部位，尤其是甜味、苦味和鲜味物质，其分子结构有严格的空间专一性，即舌头上不同的部位有不同的敏感性。

各个味细胞反应的味觉，由神经纤维分别通过延髓、中脑、视床等神经核送入中枢，来自味觉神经的信号先进入延髓的弧束核中，由此发出味觉第2次神经元，反方向交叉上行进入视床，来自视床的味觉第3次神经元进入大脑皮质的味觉区域。

延髓、中脑、视床等神经核还掌管反射活动，决定唾液的分泌和吐出等动作，即使没有大脑的指令，也会由延髓等的反射而引起相应的反应。

大脑皮质中的味觉中枢是非常重要的部位，如果因手术、患病或其他原因受到破坏，将导致味觉的全部丧失。

四、口味与唾液

口味的感觉与唾液有很大的关系。因为只有溶于水中的物质才能刺激味蕾，完全不溶于水的物质实际是无味的。呈味物质首先与舌表面接触，通过唾液的溶解作用后才产生味觉。所以味觉的强度、出现味觉的时间以及维持时间因呈味物质的水溶性不同而有差异。水溶性好的物质，味觉产生得快，消失得也快；水溶性差的物质，味觉产生得慢，消失得也慢，其味觉维持的时间也长。味觉传导见图3－6。

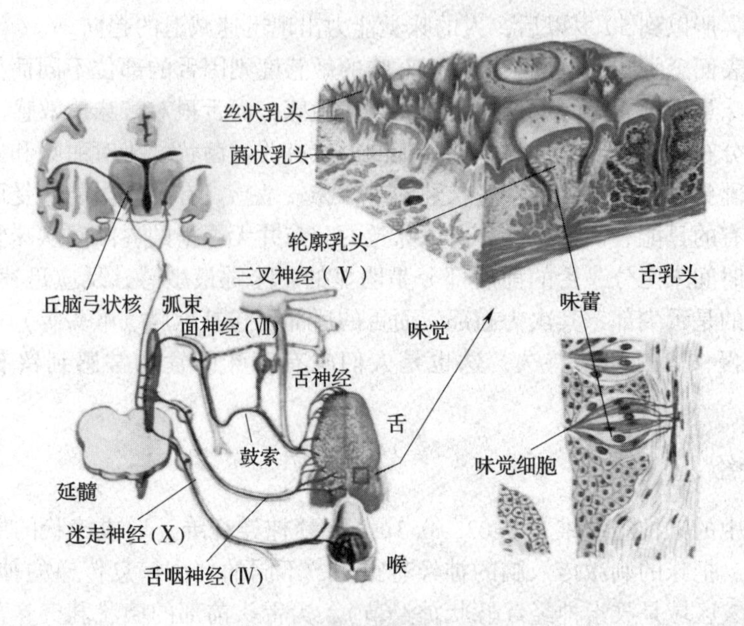

图 3-6 味觉传导示意图

人的唾液能分泌出多种酶，对呈味物质进行分解或溶解，使人能感受到不同的味道。人的唾液是由唾液腺分泌出来的，唾液腺由腮腺、颌下腺和舌下腺三大唾液腺和无数小唾液腺构成，其中大唾液腺分泌的唾液起着主导作用。唾液腺的活动与食物的种类有关。食物越是干燥，在单位时间内分泌的唾液量越多。此外，唾液的成分也与食物的种类有关。例如，对鸡蛋能分泌出较浓厚而富含酶的唾液，而对醋则能分泌出较稀薄的唾液，且含酶量较少。唾液不但能润湿和溶解呈味物质，同时还能起洗涤口腔、舌面，恢复味蕾味觉功能的作用。

食物在舌头和硬腭间被研磨最易使味蕾兴奋，因为味觉通过神经几乎以极限速度传递信息。人的味觉感受到滋味仅需 1.6 ~ 4.0ms，比触觉（2.4 ~ 8.9ms）、听觉（1.27 ~ 21.5ms）和视觉（13 ~ 46ms）都快得多。自由神经末梢是一种囊包着的末梢，分布在整个口腔内，也是一种能识别不同化学物质的微接受器。

五、高级品酒师味觉灵敏度高的原因

味觉敏感度与舌头上味孔的数量有关。一般的品酒师舌头前部每平方厘米拥有大约 70 个菌状乳突，而高级品酒师则拥有 100 个以上，稍微低级的品酒师只有大约 50 个。这组数据与味孔数量一致，普通品酒师、高级品酒师和低级品酒师每平方厘米分别拥有约 350、670 和 120 个味孔。高级品酒师的菌状乳突比较小，但比低级品酒师拥有更多的味孔。

高级品酒师，正如其名，味觉和触觉尤其灵敏，通常更喜好味道精细的食品。相反，低级品酒师对于多数呈味物质感觉相对迟钝，并且更喜好风味强烈的食物和饮料。味觉敏感度的遗传基础主要受一个单拷贝基因控制。高级品酒师的味觉基因是纯合型的（T T）（双功能基因拷贝）。普通品酒师是杂合型的（Tt），含有一个功能等位基因和一个非功能等位基因，而低级品酒师是双非功能等位基因组成的纯合型（tt）。环境因素或许可以说明基因表达的诸多变异性（乳突和味孔的数量）。然而，可能还有其他的遗传因素参与其中，因为女性的舌头常常含有更多的乳突和味蕾。

高级品酒师比大多数品酒师的味觉更加敏感，但他们是不是最好的品酒师还是一个有待进一步讨论的问题。因为对呈味物质特别敏感，他们可能不太喜欢偏酸、偏苦或偏甜的黄酒。那些对气味极其敏感的品酒师也一样。品酒师灵敏度的实用性主要依赖于品尝的目的。如果目的是得到比较科学的解析结果，那么对呈味物质和气味超级敏感的品酒师可能更好。然而，如果需要一些与普通消费者的接受度相关的数据，那么能够反映一般人类灵敏度标准的品酒师比较合适。目前，还没有明确的证据表明味觉敏感度与嗅觉灵敏度相关。

第二节　味觉和味觉识别

一、味觉的定义

人的基本口味感觉有四种，即酸、甜、苦、咸。由于品尝时香味成分和口味成分产生的嗅觉和口味共同给人以刺激，难以截然分开，因此黄酒品尝中常用风味一词对黄酒加以概括。口味则是指由味蕾感觉到的味觉。

人们在品酒时所说的味觉实际上是广义的味觉概念，它包括与黄酒的色、香、味等有关的人体感觉，与口腔和咽喉黏膜有关的触觉、痛觉和温度感觉的综合感觉。广义的黄酒味觉见表 3－1，由此表可以知道通常所说的味觉仅是一个狭义的概念，它仅指舌头味蕾感觉到的口味。

表 3－1　广义的黄酒味觉

黄酒的特性	感觉		
色泽	视觉	—	广义的味觉
香味	嗅觉		
口味	味觉（狭义）	风味	
口感	触觉		
冷暖	温度		

二、味觉的特征

1. 味觉的敏感度

人对呈味物质的味觉感受有不同的敏感度。一般来说，在研究对呈味物质的味觉感受时，常采用味觉阈值的概念来比较对味觉的敏感度。味觉阈值是口腔味觉器官（主要是舌）可以感觉到的特定味的最小浓度，是表示人对呈味物质的觉察敏感度的一个参数。应该说明的有以下几点。

（1）测定所得到的阈值数据是通过人的感官检验得到的，是人的群体感觉阈值的平均值，对每个人来说不是一个常数。

（2）在表示阈值浓度时，应指明测定时的条件。因为在不同条件下，人对呈味物质的敏感度会出现不同的变化，随之阈值将会发生变化。例如，某种呈味物质在不同温度下、不同介质体系中（水、酒精溶液、酸溶液等）都会呈现出不同的阈值变化。

（3）阈值是人的极限感知浓度，也是最低感知浓度。阈值越低，表示呈味物质越易被人察觉。

（4）某些情况下，有些呈味物质会呈现出多种味觉特征。例如，有些物质同时具有甜味和苦味，只是在不同浓度时分别表现出来。因此，在谈味觉阈值时，有必要说明是在何种条件下的阈值。

不同的味觉有着不同的极限阈值，表 3－2 列出了几种物质的味觉阈值。表 3－3 为舌不同部位的味觉阈值。

表 3－2　常温下部分物质在水溶液中的味觉阈值

物质名称	味觉特征	阈值浓度/%	物质名称	味觉特征	阈值浓度/%
砂糖	甜味	0.1	奎宁	苦味	0.00005
食盐	咸味	0.05	谷氨酸钠	鲜味	0.03
柠檬酸	酸味	0.0025			

表 3－3　各种味觉在舌不同部位的阈值

物质名称	味觉特征	舌尖阈值/%	舌边阈值/%	舌根阈值/%
食盐	咸味	0.25	0.24～0.25	0.38
蔗糖	甜味	0.49	0.72～0.76	0.79
盐酸	酸味	0.01	0.003～0.006	0.03
硫酸奎宁	苦味	0.00029	0.0002	0.00005

当人们描述呈味物质味觉大小时，一般用味值强度来表示。味值强度与呈味物质在体系中的浓度成正比，与它的极限阈值成反比。用公式表示为：

$$F = \frac{C}{L}$$

式中　F——该呈味物质的味值强度

C——该呈味物质在体系中的浓度，g/100mL 或%

L——该呈味物质在体系中的极限阈值（即味觉阈值），g/100mL 或%

由上式可知，某种呈味物质的味觉阈值一定，当它在体系中的浓度越高，则味值强度越大，即对人的味觉感官刺激越大；反之则对人的味觉感官刺激就小；当它在体系中的浓度小于其极限阈值时，理论上不出现味觉反应。

2. 味觉的迟钝性

人的味觉容易出现疲劳，尤其是在经常饮酒抽烟或吃刺激性强的食物时，会加快味觉迟钝。味觉迟钝是味觉器官的吸收系统受长时间刺激或强刺激，味蕾被吸附的胶体物质堵塞所致。但味觉的迟钝也容易恢复，只要经适当的休息，让被吸附的胶体物质缓慢地从味蕾细孔中清洗出来，味觉也就基本恢复了。

三、味觉的分类

自古以来对味觉所进行的分类如下。

在亚洲，中国把味觉分为甜、苦、咸、酸、辣 5 种味道。印度把味觉分为甜、苦、咸、酸、辣、淡 6 种味道（佛教）。

在欧洲，味觉分为甜、苦、咸、酸、收敛、碱。

关于味觉的分类，有将味觉分为酸、甜、苦、辣、咸五味的，也有将味觉分为酸、甜、苦、辣、咸、鲜和涩味的，还有再加上金属味的分法。但一般认为，基本味觉为酸、甜、苦、咸四种，其他味觉都可以看成是由这四种基本味觉构成的。关于四种基本味觉构成所有味觉的说法是否充分，现仍有争论，但它们确实能对大多数味觉体验给予比较充分的表述。

酸、甜、苦、咸作为味感中的四种基本味道，许多研究者都认为它们和色彩中的三原色相似，它们以不同的浓度和比例组合时就可形成自然界千差万别的各种味道。例如，无机盐溶液带有多种味道，这些味道都可以用蔗糖、氯化钠、酒石酸和奎宁以适当的浓度混合而复现出来。通过电生理反应实验和其他实验，现在已经证实四种基本味对味感受体产生不同的刺激，这些刺激分别由味感受体的不同部位或不同成分所接收，然后又由不同的神经纤维所传递。四种基本味被感受的程度和反应时间差别很大。表 3－4 为四种基本味的觉察阈值和差别阈值。四种基本味用电生理法测得的反应时间为 1.6～4.0ms。咸味反应时间最短，甜味和酸味次之，苦味反应时间最长。除四种基本味外，鲜味、辣味、碱味和金属味等也列入味觉之列。但是有些学者认为这些不是真正的味觉，而可能是触觉、痛觉或者是味觉与触觉、嗅觉融合在一起产生的综合反应。

表 3－4　　四种基本味的觉察阈值和差别阈值

呈味物质	觉察阈值		差别阈值	
	g/L	mol/L	g/L	mol/L
蔗糖	5.31	0.0155	2.71	0.008
氯化钠	0.81	0.014	0.34	0.0055
盐酸	0.02	0.0005	0.0009	0.000025
硫酸奎宁	0.003	0.0000039	0.00149	0.0000019

构成食品的主要成分是蛋白质、糖和脂肪。高分子蛋白除了少数以外都是无味的。肽的呈味界限从相对分子质量来看，为2000左右。糖类中以淀粉和纤维素为首的多糖类也是无味的。味的产生在于微量成分，微量成分种类极多，特别是热加工食品，据推测可能有成百上千种。这些微量成分大部分会对舌产生某种化学刺激，这是造成食品味道复杂的主要因素。

食品的甜味成分主要是葡萄糖、果糖等单糖或蔗糖、麦芽糖等二糖类物质，但它们的甜味间存在着微妙的细小差别，糖精除甜味外还有苦味。迄今为止，已知的甜味物质在500种以上。食品的甜味重在持续时间，而且甜味有种种不同的表现方式，例如“清甜”“浓甜”等。造成这些差异的原因在于甜味物质在唾液中的溶解度、到达味细胞的时间以及从味细胞解吸的时间。

苦味物质中这种持续时间的长短很显著。许多苦味物质分子内部有很强的疏水性部位，据推测这个部位和味细胞之间的疏水性相互作用的强度和苦味持续时间的长短有关。苦味物质的种类远比甜味物质多。现在已知的，以最苦的二甲马钱子碱（阈值 7×10^{-7} g/L）为首的苦味物质的数目简直数不胜数。但是从品质来看，苦味不像甜味和酸味那样富有变化。

酸味是氢离子（H^+）产生的。但是实际上 H^+ 并不是单独存在于食品中的，H^+ 必然和产生 H^+ 的酸以及分出 H^+ 之后余下的阴离子共轭碱同时存在。

因此人们实际感到的酸味是 H^+、AH、A^- 总和在一起的味道，醋酸和柠檬酸，二者酸味不同，便是这个道理。

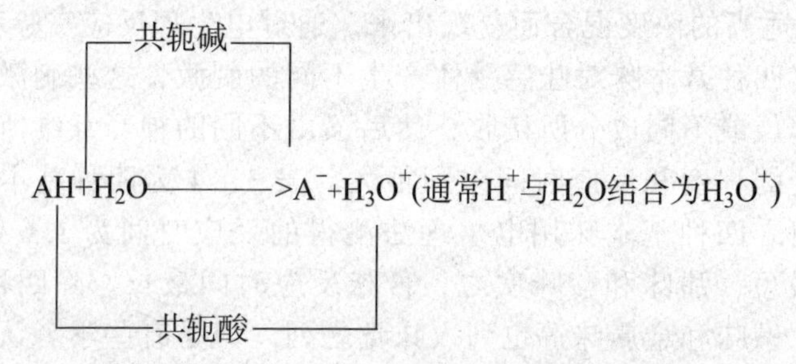

咸味可以认为是氯化钠（NaCl）的味道。当然 NaCl 在水中电离为 Na^+ 和 Cl^-，但是人们无法知道单独的 Na^+ 或单独的 Cl^- 是什么味道，因此人们应该

把食盐的咸味视为 Na^+ 和 Cl^- 二者的综合味道，其他呈咸味盐类也是如此。

“哈喇味”这种辣嗓子的味道和植物中的涩液有关。这种味道会使嗓子产生呛、辣感，在蛋白质中残存的花色素类成分是产生这种味道的原因之一。

人们认为：甜味是需要补充热量的信号；酸味是新陈代谢加速的信号；咸味是帮助保持体液平衡的信号；苦味是保护人体不受有害物质危害的信号；鲜味是蛋白质——主要营养源的信号。

四、四种基本味

1. 甜味

甜味是以蔗糖为代表的味。呈甜味的化合物除糖以外还有很多种类，范围很广。关于甜味物质的化学结构和甜味之间的规律还没有一致的看法。1967 年 Shakkenberger 等在总结前人理论的基础上提出甜味与化学结构之间关系的新学说即 AH－B 生甜团学说。

Shakkenberger 提出甜味物质分子内存在供氢基（AH）和受氢基（B，彼此间隔 0.25～0.4nm，平均间隔 0.3nm）。甜味受体中也同样有 AB 和 B，甜味刺激是因甜味物质和甜味受溶体之间产生氢键结合而引起的。AH 有—OH，—NH，$—NH_2$ 等；B 有—O—，═O，—Cl，—C ═C—COO 等。甜味物质和官能团如表 3－5 所示。

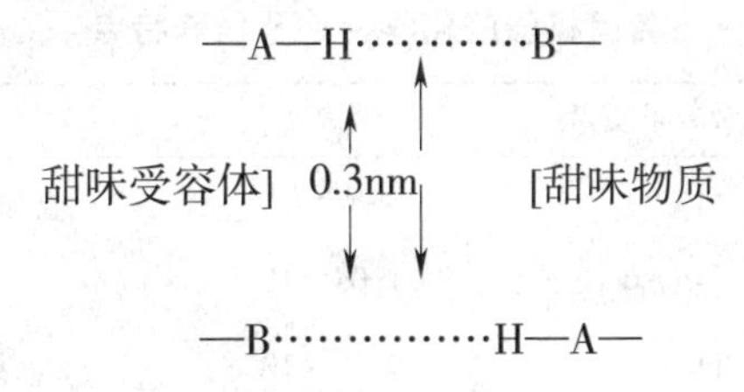

表 3－5　甜味物质和官能团

官能团	特征	例
醛基—CHO	这三种基互相具有化学的关联性	紫苏醛
肟—CN ═NOH	—	紫苏腈
腈—C≡N	—	—
硝基—NO_2	硝基在分子内有甜味或苦味	硝基苯
卤素—Cl	如有机化合物卤化则有甜味	氯仿、溴仿
氨基—NH_2	氨基酸（特别是 2－氨基酸）中有甜味	甜精
磺氨基—SO_2—NH—	分子本身有苦味，水解 出负离子，有甜味，后味微苦	糖精
氢氧基—OH	许多的糖类具有此基团	各种糖
其他	—	—

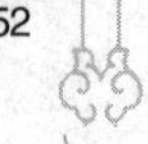

糖的相对甜度（比甜度）是以15%或10%蔗糖溶液在20℃时，甜度规定为1。由于比甜度的测定是依靠品评得到的统计值，因此报道结果不太一致。

甜度是一个相对值，为了分辨甜度的大小，以至其他味道的呈味效果可以用“阈值”进行判断。测定时由于个人情况不同，以及试验条件的差别，结果往往有一定出入，因此这种试验是多数人参与下进行的。以出现刺激反应为50%时，作为阈值的浓度数值，甜度即从阈值计算出来一组相对数字。

相对甜度除与甜味物质的种类有关，还与相对浓度、温度以及与其他物质的混合效应有关。例如在10%浓度时，转化糖的甜度与蔗糖大致相同，而当浓度大于10%时，转化糖较甜。相同浓度（15%或10%）的蔗糖溶液与果糖溶液，50℃以下时，果糖较甜，50℃时甜度相等，50℃以上时，蔗糖较甜。甜味与咸味有互相掩盖的作用，当糖与食盐同时存在时，它们的甜度和咸度互相减低。同样甜味与酸味也有相互减弱的效果。

2. 酸味

酸味是无机酸、有机酸及酸性盐特有的一种味，呈酸味的本体是氢离子。酸呈酸味来自各种酸的氢离子，但不是所有的酸都有酸味。

各种有机酸味质各不相同。例如，醋酸是挥发性酸，琥珀酸有鲜味和辣味，其他的酸则有不同的味质。表3-6为各有机酸的化学特性及呈味特点。

表3-6 各有机酸的化学特性及呈味特点

种类	相对分子质量	解离常数	呈味
柠檬酸	210.15	8.4×10^{-4}	温和而爽快的酸味，有新鲜感
D-酒石酸	150.09	1.04×10^{-3}	稍有涩味，酸味强烈
富马酸	116.08	9.50×10^{-4}	爽快，浓度大时有涩味
DL-苹果酸	134.09	3.76×10^{-4}	爽快的酸味，略带苦味
琥珀酸	118.09	8.71×10^{-5}	有鲜味
乳酸	90.08	1.26×10^{-4}	有涩味的温和酸味
L-抗坏血酸	176.13	7.94×10^{-3}	有温和而爽快的酸味
醋酸	60.05	1.75×10^{-3}	有刺激臭的酸味

这些酸味物质的味所以不相同，被认为是在溶液中与阳离子同时解离的阴离子不同所致。有机酸的酸味受构成分子的—OH和—COOH基团的位置或数量等的支配。酸味物质解离H^+，H^+刺激味觉神经后才感到酸味，但是表示氢离子浓度的pH与其感觉的酸味强度未必一致，或酸味强度相同而pH各不相同。表3-7为各种有机酸、无机酸的阈值，即能感觉到酸味的平均最低浓度。

表3－7　　有机酸、无机酸的阈值　　单位：%

物质名称	阈值（前田等人测定）	阈值	其他测定者
盐酸	0.0008	0.009	KahLenbery
磷酸	0.0019	0.006	Richt
柠檬酸	0.0019	0.006	Ponzo
酒石酸	0.0015	0.063	Corin
乳酸	0.0018	0.06	Corin
DL－苹果酸	0.0027	—	—
L－抗坏血酸	0.0076	—	Corin
富马酸	0.0013	0.035	—
醋酸	0.0013	—	KahLenbery
葡萄糖酸	0.0039	0.06	—
蚁酸	0.0009	—	Corin
丙二酸	0.0021	0.010	—
马来酸	0.0023	—	—
琥珀酸	0.0024	—	Corin
谷氨酸	0.0030	0.055	—
谷氨酸盐酸盐	0.0014	—	—
甜菜盐酸盐	0.0022	—	—

被认为可作食品添加剂的8种有机酸在食品中的浓度范围内的等价值（point of subjecyive equality，简称P. S. E.）见表3－8。等价值是指测定时感到相同酸度强度时的浓度。

表3－8　　8种有机酸的P. S. E.（酸味强度相等的浓度）

物质名	5个浓度的P. S. E. /%					以柠檬酸味100时的使用标准量
柠檬酸	0.0263 (0.125×10^{-2})	0.0525 (0.250×10^{-2})	0.1050 (0.500×10^{-2})	0.2100 (1×10^{-2})	0.420 (2×10^{-2})	100
酒石酸	0.0186 (0.124×10^{-2})	0.0368 (0.245×10^{-2})	0.0728 (0.485×10^{-2})	0.1440 (0.960×10^{-2})	0.2849 (1.897×10^{-2})	68～71
富马酸	0.0146 (0.125×10^{-2})	0.0289 (0.249×10^{-2})	0.0575 (0.496×10^{-2})	0.1144 (0.985×10^{-2})	0.2273 (1.957×10^{-2})	54～56
苹果酸	0.0206 (0.153×10^{-2})	0.0403 (0.301×10^{-2})	0.0792 (0.590×10^{-2})	0.1554 (1.159×10^{-2})	0.3049 (2.273×10^{-2})	73～78

续表

物质名	5 个浓度的 P. S. E. /%					以柠檬酸味100时的使用标准量
琥珀酸	0.0226 (0.191×10^{-2})	0.0455 (0.385×10^{-2})	0.0919 (0.778×10^{-2})	0.1853 (1.570×10^{-2})	0.3740 (3.167×10^{-2})	86～89
乳酸	0.0289 (0.321×10^{-2})	0.0570 (0.627×10^{-2})	0.1140 (1.267×10^{-2})	0.2231 (2.561×10^{-2})	0.4509 (5.177×10^{-2})	104～110
醋酸	0.0188 (0.313×10^{-2})	0.0394 (0.656×10^{-2})	0.0827 (1.374×10^{-2})	0.1734 (2.885×10^{-2})	0.3635 (6.047×10^{-2})	72～87
葡萄糖酸	0.0740 (0.377×10^{-2})	0.1552 (0.791×10^{-2})	0.3255 (1.660×10^{-2})	0.6827 (3.497×10^{-2})	1.4320 (7.297×10^{-2})	282～341

1965 年 Amerine 发现各种不同的酸的强度顺序如下：苹果酸 > 酒石酸 > 柠檬酸 > 乳酸。当 pH 相同时，酸度顺序为：苹果酸 > 乳酸 > 柠檬酸 > 酒石酸。

3. 苦味

有苦味的物质种类繁多，多半是药品。与食品有关的苦味物质主要有可可碱（存在于可可豆中的一种生物碱），柑橘中的黄烷酮如柚皮苷、新橙皮苷，啤酒中的异葎草酮和蛇麻酮类物质，蛋白质水解产物肽等。

类黄酮酚类物质是酒中的苦味化合物，单体单宁（儿茶酸）比聚合单宁（缩合单宁）更苦。在富含单宁的黄酒中，单宁的苦味与其收敛性往往很难分清，或者苦味可能被收敛性掩盖。在成熟的过程中，单宁形成聚合沉淀往往使黄酒变得更加柔和（收敛性变弱）。聚合和沉淀这两个过程都可以减弱黄酒的苦味和收敛性，但是，如果较小的酚类物质保留在酒里，或者大分子单宁水解为单体，那么随着成熟苦味会增加。

一些糖苷类、萜烯类化合物和生物碱有时候也可能引起苦感，尤其是黄酒中的生物碱和糖苷类物质等。

苦味物质的显著特征是其苦味阈值极低，即使很少量也能为舌头感觉到，因为不少苦味物质是对动物体有害的物质。苦味可以提醒动物不要吃进有害毒物，起到保护自己的作用。即便是无机盐，根据不同浓度，也有的会明显地感到苦味。在有机化合物中，复杂的含氮化合物有着呈苦味的物质。特别是与苦味关系很密切的原子团中，有以下物质：

$$(NO_2) <, \ —N=N—, \ —SH—, \ —S—S—, \ —CS—$$

呈苦味的化合物的阈值由表 3－9 示出。

表 3-9　主要苦味物质和阈值

物质	分子式	相对分子质量	阈值/（mol/L）
硫酸奎宁	$(C_{20}H_{24}N_2O_2)_2 \cdot H_2SO_4$	749.90	0.000006
盐酸奎宁	$C_{20}H_{24}N_2O_2 \cdot HCl$	360.67	0.00003
盐酸马钱子碱	$C_{21}H_{22}N_2O_2 \cdot HCl$	370.75	0.0000016
烟碱	$C_5NH_4C_4H_7NCH_3$	161.07	0.000019
咖啡碱	$C_8H_{10}N_4O_2$	194.12	0.0007
苯基硫脲	$C_6H_5NHCSNH_2$	152.15	—
尿素	$CO(NH_2)_2$	60.1	0.12
硫酸镁	$MgSO_4 \cdot 7H_2O$	246.37	0.0016

4. 咸味

咸味是“盐咸味”，食盐溶液根据不同的浓度而使人感到不同的味（表 3-10）。可把 0.2% ~1.0% 的食盐溶液所呈现的味规定为咸味，但是一般的场所，特别是欧美，有时总称它的味为接近于它的相应盐类的味。

表 3-10　不同浓度的 NaCl 和 KCl 呈味情况

浓度/（mol/L）	NaCl	KCl	浓度/（mol/L）	NaCl	KCl
0.009	弱甜味	甜味	0.05	咸味	苦和盐味
0.010	弱甜味	强甜味	0.1	咸味	苦和盐味
0.02	甜味	甜和苦味	0.2	盐咸味	盐味、苦味、咸味
0.03	甜味	苦味	1.0	盐咸味	盐味、苦味、咸味
0.04	甜或伴有咸味	苦味			

咸味是盐类的特性，阳、阴离子双方都对咸味的质地和刺激效果有影响。盐 M^+A^- 中的正离子 M^+ 是定味基，助味基 A^- 是硬酸性负离子。M^+ 主要是碱金属和铵离子，其次是碱土金属离子。除食盐的稀水溶液有甜味，较浓时有纯咸味外，其他钠盐以及氯化物虽有咸味但不纯正，夹有他味，如稍酸、颇苦等。可能是大多数盐都能和一种以上的味受体结合。若以氯化钠的咸味为 1.00 作比较标准来品味，其他盐的相对咸度如表 3-11 所示。从表上可看出，正、负离子半径都小的盐有咸味；半径都大的盐呈苦味；介于中间的咸苦。若从一价离子的理化性质来考察，可认为凡是离子半径小，极化率低，水合度高，由硬酸、硬碱组成的盐是咸的；而离子半径大，极化率高，水合度低，由软酸、软碱组成的盐则呈苦味。二价离子盐和高价盐可咸、可苦、或不咸、不苦，很难预测。表 3-12 是用摩尔浓度表示单纯盐类的阈值。

表 3－11　　　一些无机盐的相对咸度* 及咸苦变化趋向

离子半径/×0.1nm 离子极化率/ $\times10^{-24}$cm	软 硬 性	1.36 F^-　硬 0.81	1.81 Cl^-　硬 2.98	1.95 Br^-　中 4.24	2.16 I^-　软 6.45	1.94 SO_4^{2-}　硬 4.8	1.30 HCO_3^-　硬 4.0	1.22 NO_3^-　硬 3.7
0.61 Li^+ 0.03	硬	稍甜	0.44 咸，** （0.91）	咸 0.79	咸 0.57	（0.71）	—	咸 0.23
0.96 Na^+ 0.25	硬	咸	1.00 咸 （1.00）	咸 0.91	咸 0.77	咸 1.25 苦（0.82）	咸 0.21	0.17 咸 （0.86）
1.33 K^+ 1.00	硬	咸	1.36 咸 （0.02）	咸 1.66 苦	咸 0.54 苦	咸 0.26 苦	咸 0.23 苦涩	咸 0.14 苦
1.48 Rb^+ 1.8	软	咸 苦	咸 苦	很苦	很苦	—	—	—
1.66 Cs^+ 2.4	软	苦	很苦	很苦	很苦	—	—	—
1.44 NH_4^+ 1.65	中	—	咸 2.83 （0.06） 辣	咸 1.83 苦	咸 2.44 苦	咸 1.26 苦	咸	咸 1.03 辣
0.65 Mg^{2+} 0.07	硬	—	咸（0.36）	咸 0.20	—	咸 0.01 苦	—	—
0.99 Ca^{2+} 0.60	硬	—	1.23 咸 （0.0）	—	—	淡	淡	—

注：*以 NaCl 的咸度为 1.00 作为标准口味。

** 括号内数字是另以神经反应大小作比较。

表 3－12　　　氯化盐类的阈值

分子式	相对分子质量	阈值/（mol/L）	分子式	相对分子质量	阈值/（mol/L）
LiCl	42.4	0.25	$CaCl_2$	110.99	0.015
NH_4Cl	53.5	0.004	NaF	42.00	0.01
NaCl	58.5	0.01	NaBr	102.91	0.005
KCl	74.6	0.03	NaI	149.92	0.028
NiCl	94.14	0.017			

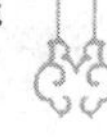

五、味觉理论

关于味觉的产生，许多学者都从不同的角度提出过自己的理论。限于实验技术和缺乏统一的标准，至今仍没有一个经实验证实的完整的味觉理论。有人曾提出过味觉理论应以下列条件为基础而建立：

味感觉体对味觉刺激会迅速产生反应；

呈味物质应为可溶解状态；

能够刺激味感受体的物质种类繁多；

呈味物质不会对味感受体产生生理性反应而使味细胞迅速退化；

味感受体接受刺激后发生的反应能维持一段时间。

按上述条件的限制，味觉理论主要有以下几种。

1. 伯德罗（Beidler）理论

伯德罗提出味觉的产生是呈味物质的刺激在味感受体上达到热力学平衡的过程。这个过程非常快而且是可逆的。呈味物质的阳离子和阴离子都参与该过程。不同的化合物能达到不同的饱和水平。按照伯德罗的理论，在这个热力学平衡过程中，呈味物质会受到味感受体的特定构型及味感神经纤维上神经去电荷形式的影响。因此，不同呈味物质在味神经去电荷形式上的不同会引起脉冲数的变化以及所刺激的味神经纤维在去电荷时间上的差别，从而在大脑中形成不同的味觉。

2. 酶理论

这种理论首先指出味神经纤维附近酶活动性的变化，可导致影响味传导神经脉冲的离子发生相应变化。呈味物质与味感受体接触后，呈味物质会抑制某些酶的活性，而另一些酶则不受影响。不同的呈味物质对酶活性的抑制作用不相同，因而传导神经传递的脉冲形式也不同，由此区分出不同的味道。

酶理论的一个突出特点是能够解释为什么化学组成相差很大的物质却有类似的味道。但是酶理论对另外一些问题则无法给予合理解释。比如，味觉反应程度与温度关系不太大，而酶促反应却与温度关系极大。酶理论否定了味神经纤维与特定味感之间的关系，但所观察到的味神经纤维的作用与上述结论不符。

3. 其他理论

福伦斯（Frings）借助光谱理论建立起“味谱”概念。按照这个理论，基本味是“味谱”上几个最熟悉的点。所有的味道在“味谱”上都有相应的位置。福伦斯的理论还对不同部位味感受体在灵敏性上的差别进行了解释。按照这种理论，呈味物质带有两类产生刺激的分子：极性和非极性。味道由呈味物质刺激的有效性和呈味物质对味感受体的穿透性及吸附性所决定。参与味觉反应的感受体数量随其对刺激的敏感性而变化，味感受体对呈味物质穿透性和吸附性的敏感程度也是不尽相同。这种理论的缺陷是不能解释为什么一种物质能同时带有两种不同的味道。

除上述理论外，还有其他一些解释味觉产生的理论。如味电偶理论、分解反应理论等。这些理论都需要进一步证实和完善。

六、影响味觉的因素

1. 物理因素

温度对味觉的影响表现在味阈值的变化上。感觉不同味道所需要的最适感觉温度有明显差别。人的味觉与刺激的温度有关，一般刺激味温度在10~40℃感觉较好，最敏感的温度接近舌温15~30℃，低温下会麻痹，高温易使味觉疲劳。把常温下的感度和0℃时的感度做以比较，见表3-13。最敏锐的试样温度，据说是20~21℃。在道拉乌德（1936）的试验中，试样温度和味感的敏锐性见表3-14（比较温度为21℃、35℃）。但不少物质对味觉的刺激会随温度变化发生不规则的变化，这种变化在一定温度范围内是有规律的。

表3-13　试样温度和味觉的感度

物质	常温下的刺激阈值	0℃时的刺激阈值	常温和0℃时刺激阈值比
食盐	0.5%	0.25%	2/1
蔗糖	0.1%	0.4%	1/4
柠檬酸	0.0025%	0.003%	1/1.2
盐酸奎宁	0.0001%	0.0003%	1/3

表3-14　试样温度和味觉的敏锐性

物质	味觉的敏锐性	物质	味觉的敏锐性
食盐	21℃时最敏锐	乳酸	35~21℃无变化
蔗糖	35℃时最敏锐	硫酸奎宁	21℃时最敏锐
乳糖	35℃时最敏锐		

甜味：阈值随温度升高而降低，在37℃时达到最高点。温度再升高，敏感度反而降低。不同的甜味呈味剂对温度反应不一，如相同浓度的糖溶液，5℃时果糖甜于蔗糖，60℃时蔗糖甜于果糖。

酸味：0~40℃，酸味强度几乎不变。

苦味：一般情况下，苦味的敏感度随温度升高而降低，如单宁，而生物碱却相反。这可能是跟单宁和生物碱的苦味分别由不同感受器感知有关。

咸味：敏感度随温度升高而降低。

酒精味：低温时发甜，高温时有刺激痛感。

像这样，各种原味根据不同的试样温度对舌的刺激是不一样的。因此感官检查如果不考虑温度的影响，就不能得出正确判断。

另一个重要的影响味觉的物理化学因素是pH。它既可以通过影响盐和酸的解离起到直接作用，又可以通过影响蛋白形状和生物活性起到间接的作用。味觉神经上的受体蛋白结构的改变能够很大程度上影响味觉反应。

2. 化学因素

呈味物质不仅直接刺激感受器神经，还会影响其他味觉刺激物的感知。例如，不同糖的混合物会抵制对甜味的感知强度，高糖浓度下表现尤其明显。此外，一组呈味物质会影响其他呈味物质的感知，如糖会降低对苦味、收敛性和酸味的感知。这些相互作用会影响感知的响应时间、持续时间和最大感知度。尽管酒精可以抵制感觉的敏感性，但它可以增强糖的甜味和类黄酮的苦涩味，降低一些酸的收敛性和酸味。

呈味物质也可以影响其他的感知。特别有趣的是糖对芳香化合物挥发性的影响，在很低的浓度下（1%），果糖可以抑制乙醛的挥发，降低其检测量，增强乙烷醋酸盐和酒精的挥发性。溶解性和挥发性之间平衡的改变可能就是这些影响引起的。

呈味物质往往拥有不止一种感官品质。例如，单宁可以呈现苦味或收敛性，还能呈现芳香性；葡萄糖可以呈甜味或轻微的辣味；酸表现酸味的同时又呈现收敛性；钾盐既咸又苦，酒精除可以带来强烈的灼烧感外，还带来一些甜味。在混合物里，这些味道在很大程度上影响整体味觉的感知。对一种混合物的感知强度通常反应里面所含主要成分的强度，而不是单个成分强度的总和，这些相互作用的起因是复杂多样的。

黄酒在口腔中化学性质的变化导致呈味物质之间的相互作用更加复杂。黄酒刺激唾液的分泌，而唾液会稀释黄酒改变黄酒化学性质。唾液中富含脯氨酸的蛋白占总唾液蛋白的70%左右，因此，唾液可以和单宁有效结合，从而影响收敛性，并减少与苦味感觉神经作用的单宁分子数量。因为一天中唾液的化学性质一直都在改变，并且个体之间也不一样，所以很难明确预知唾液对味觉的作用。

3. 生物因素

（1）身体患疾病或缺乏营养　身体患某些疾病或发生异常时，会导致失味、味觉迟钝或变味。这些由于疾病而引起的味觉变化有些是暂时性的，待病恢复后味觉可以恢复正常，有些则是永久性的变化。若用钴源或X射线对舌头两侧进行照射，7d后舌头对酸味以外的其他基本味的敏感性均降低，大约两个月后味觉才能恢复正常。恢复期的长短与照射强度和时间有一定关系。

在体内缺乏维生素A时，会显现对苦味的厌恶甚至拒绝食用带有苦味的食物，若这种维生素A缺乏症持续下去，则对咸味也拒绝接受。通过注射补充维生素A以后，对咸味的喜好性可恢复，但对苦味的喜好性却不再恢复。

长期的慢性口腔和牙齿疾病会产生一种经久不衰的品味，使辨别低浓度的味道更加困难。这就可以解释为什么拥有自然牙齿的老人比用假牙的老人的检测阈值低。灵敏度的消失也降低了混合物里呈味物质的辨别鉴定能力。

（2）饥饿和睡眠的影响　人处在饥饿状态下会提高味觉敏感性。有实验证明：四种基本味的敏感性在上午11∶30达到最高。在进食后1h内敏感性明显下降，降低的程度与所饮用食物的热量值有关。人在进食前味觉敏感性很高，证明味觉敏感性与体内生理需求密切相关。而进食后味觉敏感性下降，一方面是所饮用食物满足了生理需求；另一方面则是饮食过程造成，味感受体产生疲劳导致味敏感性降低。饥饿对味觉敏感性有一定影响，但是对于喜好性却几乎没有影响。

缺乏睡眠对咸味和甜味阈值不会产生影响，但是能明显提高对酸味的阈值。

（3）年龄和性别　年龄对味觉敏感性是有影响的。一方面是年龄增长到一定程度后，舌乳头上的味蕾数目会减少。在30岁时舌乳头上平均味蕾数为9000～10000个，可是到70岁以上时舌乳头上平均味蕾数减为一半；另一方面，老年人自身所患的疾病也会阻碍对味道感觉的敏感性。

性别对味觉的影响有两种不同看法。一些研究者认为在感觉基本味的敏感性上无性别差别。另一些研究者则指出性别对苦味敏感性没有影响，而对咸味和甜味，女性要比男性敏感，对酸味则是男性比女性敏感。

（4）此外，多种多样的日用化学品也能破坏味觉的感知。一个常见的破坏味觉感知的例子就是月桂基磺酸钠，它是一种常见的牙膏成分。

尽管退化的遗传特性导致特定的味觉消失，但微妙的个体味觉灵敏度的差异更加普遍。这些差异可以很好地解释在品尝不同的黄酒时其优缺点通常表现不同的原因。灵敏度也可以随时改变。研究发现人在几天之内对苯硫脲（苦味）的灵敏度的变化范围大于100倍。

因为过度与味觉刺激物接触而引起的短期灵敏度丧失被称之为适应。在合适的浓度下，对味觉刺激物能够完全适应。相应地，品酒师通常被建议在品尝不同样品间隙用水或白面包清洁上腭。

交叉适应性是指对一种化合物的适应性影响到对其他物质的感知灵敏度。一些适应作用比较容易理解。例如，在品尝过苦味或酸味溶剂后再喝水时有明显的甜味。然而，一些适应现象却没有那么简单。

4. 心理因素

颜色影响对食物的评价，同样也影响味觉感知。大部分的研究表明这些影响是相互联系的，但也有人研究的结果与之相反。

一些芳香化合物也能引起对味觉的感知。例如，一些乙酯和呋喃通常被描述为拥有甜味，不管这种结果来自于味蕾对会厌后部的刺激，还是甜味感知的增强，或者是大脑前眶额皮质里味觉和味觉输入的综合作用都还有待研究。一般来说，添加到食物或饮料中的芳香物表现出更多的是风味而不是气味的感知。

文化和家庭的教育也会影响到感觉的感知，或者至少会影响到喜好的发展。例如，经常提到的烹饪和当地黄酒之间的搭配关系是习惯的体现，这也是在一个迷人的地方度假的乐趣之一。

七、味觉之间的相互关系

1. 中和作用

两种不同性质的呈味物质混合时，由于化学的作用，各自失去原来独立味感的现象称为中和。如在酸味高的呈味物质中适量加入碱性物质，则其酸味降低，甚至出现咸的味觉。如绍兴黄酒在压榨前加石灰，其中一个功能之一就是起到了中和作用。

2. 抵消作用

两种不同性质的呈味物质混合时，它们各自的原味均被削弱的现象称为抵消。如奎宁和蔗糖溶液不如等浓度的单独蔗糖溶液甜（即蔗糖在两种溶液中的浓度相同）；也不如等浓度的单独奎宁溶液苦。

3. 抑制作用

两种不同性质的呈味物质混合时，两者之中的一种味觉全部消失，而另一种味觉仍然存在的现象称为抑制。如浓度不太高的酸类呈味物质中的酸味可以被适当高浓度的糖的甜味几乎全部抑制（或称掩盖）住。

4. 加成作用

两种具有相同或相似味觉的呈味物质混合时，它们混合物的味觉强度成倍增加的现象称为加成。如酸味物质、甜味物质都不同程度地存在这种现象。鲜味物质也有这种现象，谷氨酸单钠加上某种核苷酸，则鲜味会成倍增加。

5. 增加感觉

不同味觉的呈味物质混合，使某种呈味物质的味觉强度比原来独自的味觉强度增强的现象称为增加感觉。如在蔗糖中加入少量的食盐，此时的甜味要比纯蔗糖还甜。尝过鲜味物质数分钟后，再尝甜味、咸味、酸味、苦味物质，试验证明，对于甜、咸味的敏感度不变，而对酸味和苦味的敏感度增加，这种现象称为继时增加感觉。

6. 变味现象

随着一种呈味物质在口腔内停留时间的延长，会感到与最初的味觉有不同的感觉，这种现象称为变味。如硫酸镁开始尝时是苦味，25～30s 后出现甜味。

7. 融合现象

融合现象是指几种不同味觉的呈味物质相互混合，融合成一个统一的复合味觉，而原来的几种不同味觉的物质不能单独显示其原有的味觉。融合过程中，可能出现化学变化，也可能出现物理变化。例如成品白酒呈现的味觉就是各种不同的呈味物质融合后呈现的味觉。

总之，不同味觉特征的物质相互混合后，会产生许多不同的相互作用，但使原始味觉发生变化。认识和掌握这些变化的规律，对实际应用是很有意义的。

八、四种基本味之外的口味

食品除了有甜、酸、咸、苦四种基本味外，还有触觉、温觉、痒觉、压觉、收敛味以及复合感觉等各种感觉。这些感觉，一般与四种基本味共同称为口味，承担着食品味觉的重要部分。

1. 鲜味

所谓鲜味就是L－谷氨酸钠（MSG）和5′－肌苷酸钠（IMP）的味道。日本人对于鲜味非常敏感，从MSG和IMP都由日本人发现便可看出。欧美人没有恰当的词来表示鲜味，而把谷氨酸钠称为“高效增味剂”。鲜味物质的结构式及其阈值见表3－15。

表3－15 鲜味物质的结构式及其阈值

鲜味物质	结构式	阈值/%
L－谷氨酸	$HOOC(CH_2)_2CH(NH_2)COOH$	0.03
L－天冬氨酸	$HOOCCH_2CH(NH_2)COOH$	0.16
DL－α－氨基二酸	$HOOC(CH_2)_2CH(NH_2)COOH$	0.25
DL－苏－3－羟基谷氨酸	$HOOC(CH_2)CH(OH)CH(NH_2)COOH$	0.03
L－次亚基硫酸－α－氨基丁酸	$HO_2S(CH_2)_2CH(NH_2)COOH$	0.015
口蘑氨酸		0.005
鹅膏氨酸		0.005
茶氨酸	$H_4C_2NHCO(CH_2)_2CH(NH_2)COOH$	0.15
琥珀酸	$HOOC(CH_2)_2COOH$	0.055
5′－肌苷酸二钠（次黄嘌呤核苷酸二钠）	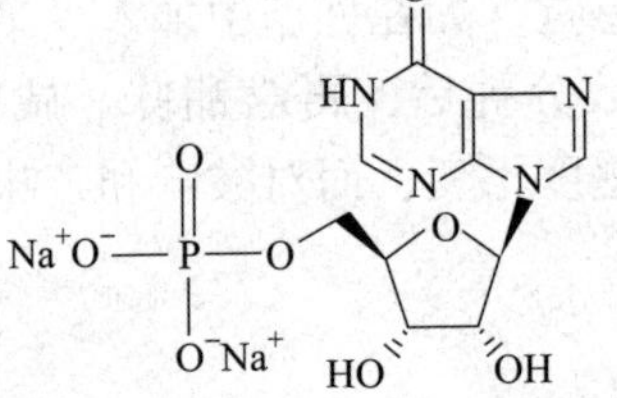	0.025（5′－肌苷酸）
5′－鸟苷酸二钠（鸟嘌呤核苷酸二钠）	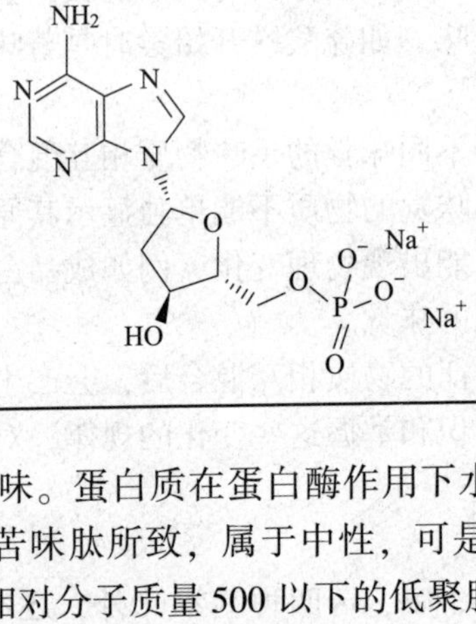	0.0125（5′－鸟苷酸）

肽也具有近似MSG的鲜味。蛋白质在蛋白酶作用下水解后逐渐呈味，一般以苦味为主，这是由于生成苦味肽所致，属于中性，可是在水解物的酸性组分中，存在鲜味肽，大部分是相对分子质量500以下的低聚肽，这些酸性低聚肽有

遮蔽苦味的能力，使食品味道变得更加柔和。谷氨酸单钠、其他氨基酸盐或核苷酸产生鲜味，可作为某些物质的强化剂或增效剂，如与浓度不高的氯化钠溶液作用时，产生类似于蛋白质的“肉汤味”。

（1）谷氨酸型鲜味剂　属脂肪族化合物，在结构上有空间专一性要求，若超出其专一性范围，将会改变或失去味感。它们的定味基是两端带负电的功能团，如—COOH、—SO_3H、—SH、$-\overset{\overset{\displaystyle O}{\|}}{C}-$ 等；助味基是具有一定亲水性的基团，如—OH 等；凡与谷氨酸羧基端连接有亲水性氨基酸的二肽、三肽也有鲜味，若与疏水性氨基相接则将产生苦味。

实际上所有的氨基酸都不只是有一种味感。如：

L－Glu：鲜 21.5%，酸 64.2%，咸 2.2%，甜 0.8%，苦 5.0%。

L－MSG：鲜 71.4%，酸 3.4%，咸 13.5%，甜 9.8%，苦 1.7%。

L－Try：鲜 1.2%，酸 5.6%，咸 0.6%，甜 1.4 %，苦 87.6%。

MSG 的鲜味与溶液的 pH 有关。在 pH 等于 6.0 时，其鲜味最强；pH 再减小，则鲜味下降；而在 pH 大于 7.0 时，不显鲜味。因此有人推测，其鲜味的产生是由于—COO^-与—NH_3^+ 两基团相互螯合而形成五元环结构所引起的。在强酸性条件下，—COO^- 生成—COOH，而在碱性条件下，—NH_3^+ 会形成—NH_2，均会使两基团间的作用减弱，故鲜味下降。

MSG 的味感还受温度影响。当长时间受热或加热到 120℃时，会发生分子内脱水而生成焦性谷氨酸（即羧基吡啶），就会失去鲜味。

（2）肌苷酸型鲜味剂　属于芳香杂环化合物，结构也有空间专一性要求。其定味基是亲水的核糖磷酸，助味基是芳香杂环上的疏水取代基。黄酒中的肌苷酸主要来自于核酸，由于黄酒长期酿造的工艺特点，决定了黄酒醪中许多的酵母随着时间的延长处于衰老或死亡，导致酵母细胞释放出核酸，因此，对黄酒的风味起到了增强作用。

有关这类鲜味剂结构的实验结果主要如下。

① 磷酸部分结构改变对鲜味的影响　主要表现在：

a. 5′－OPO(ONa)$_2$ 最鲜；5′－$OPO_3PO(ONa)_2$、2′，5′－或 3′，5′－二(OPO_3Na_2)$_2$ 较鲜；5′－OPO(OMe)ONa、5′－OPO(OEt)ONa、5′－OPO(NH_2)ONa 味淡。

b. 二［鸟（或肌）苷］$_2$－5′－焦磷酸酯 5′－OPO(ONa)OPO(ONa)O－5′、单肌苷磷酸内酯 3′－OPO(ONa)O－5′、多肌苷磷酸聚酯［－3′－OPO(ONa)O－5′－R－］$_n$ 味淡。

c. 磷酸被磺酸取代 5′－OSO_2Na 也味淡。

d. 无磷酸的肌苷味苦。

由此可见磷酸是必不可少的定味基。

② 核糖部分结构改变对鲜味的影响

a. 2′-去氧核糖-5′-磷酸（去氧肌苷酸）味鲜。

b. 2′, 3′-缩丙酮-5′-磷酸稍鲜。

c. N-（CH_2）$_5$-O-5′-磷酸味淡。

d. 无核糖的次黄苷味苦。

可见核糖骨架对这类鲜味剂的定味也不可缺少。

③ 杂环部分结构改变对鲜味的影响

a. 杂环部分可以简化，嘌呤环用4-甲氨酰-5-氨基咪唑或咪啶环取代后仍有鲜味；但无杂环的磷酸核糖酯钠盐无鲜味。

b. 助味基作用的大小与其疏水性有关，就嘌呤环上2-位和6-位上的取代基来说，其作用的强弱也有一定次序。

（3）其他鲜味剂　琥珀酸及其钠盐均有鲜味。它们可用作调味料，如与其他鲜味剂合用，有助鲜效果。天冬氨酸及其一钠盐也显示出较好的鲜味，强度较MSG弱。它是竹笋等植物性食物中的主要鲜味物质。

2. 涩味（收敛性）

涩味，一般作为不快的味，在淡涩时，就接近于苦味，如果与其他味因素结合，就成为独特的风味。涩味被认为是苦味和收敛味的复合感觉。涩味的产生是由于涩味物质与黏膜上或唾液中的蛋白质生成了沉淀或聚合物而引起的。因此也有人认为涩味不是作用于味蕾产生的味感；而是由于触角神经末梢受到刺激而产生的。口腔黏膜蛋白质凝固，使舌头有一种收敛的感觉。涩味会使舌头产生麻木感。涩味的本质主要是单宁系物质，如茶叶中的儿茶酸、葡萄种子中的单宁、未成熟水果中的单宁以及没食子儿茶酸等单宁物质。对于茶、红葡萄酒来说，涩味是不可缺少的感官特征。

收敛性一般产生于富含脯氨酸的唾液，为蛋白和糖蛋白与酚类化合物的结合、沉淀。主要的酚类化合物包含类黄酮和非类黄酮物质单宁两类。单宁和蛋白之间主要的反应包括蛋白中—NH_2和—SH基团与单宁O-醌基团的反应。虽然蛋白和单宁之间还有其他反应，但是这些反应在葡萄酒里几乎没有什么意义。在单宁与蛋白结合时，蛋白的分子质量、形状和电性发生改变，产生沉淀。

影响收敛性的重要因素是pH。氢离子浓度影响蛋白的水合作用，并且影响酚类和蛋白的离子化。在过酸的葡萄酒里，低pH可以单独导致唾液糖蛋白的沉淀从而引起收敛性的感觉。单宁与富含脯氨酸的蛋白作用，使唾液黏性减少而摩擦增加。这两个因素都降低了唾液的润滑性。口腔上皮细胞表面蛋白和单宁结合物沉淀夺取细胞表面的水分，引起缺水的错觉。沉淀的唾液蛋白也能覆盖在牙齿上，产生与收敛性有关的特有的粗糙感。

单宁与细胞膜上糖蛋白和黏液上皮细胞磷脂的作用同其与唾液蛋白的作用相比，可能更重要。细胞膜的功能障碍，如甲基儿茶酚胺的分解，会影响对收敛性

的感知。此外，特定单宁成分与肾上腺素和去甲肾上腺素的关系能够刺激局部血管收缩，进而增强干燥、涩味感觉。连续接触单宁及相关唾液蛋白的降低，增强了收敛性的感知。

收敛性是在口腔里最慢显示出来的感觉。除了依靠存在的单宁的浓度和类型外，收敛性的感知需要 15s 才能达到最大强度，而感受其强度的减弱则需要更长的时间。涩味物质的阈值和味质见表 3－16。

表 3－16　涩味物质的阈值和味质

物质种类	涩味阈值/%	味质	有某种感觉涩度/%
单宁酸	0.057	涩	0.038
柿子单宁	0.038	涩	0.038
橘酸表儿茶酯	0.075	苦涩	0.038
橘酸表橘儿茶酯	0.075	苦涩	0.038
表橘儿茶酚	—	苦（甜）	0.075
表儿茶酚	—	苦（甜）	0.075
氧化铝	0.038	甜酸涩	0.038
硝酸铝	0.038	酸涩	0.019
硫酸锌	0.075	涩酸	0.038
氯化铬	0.038	甜涩	0.019
一氯乙酸	0.075	酸（甜）	0.019
三氯乙酸	0.075	酸涩	0.019
乙醇	4.0	灼热感	1.0
丙酮	4.0	灼热感	0.2

连续地取样品尝通常会增加收敛性反应的强度和持续时间。但是当黄酒跟食物一起食用时这种现象很少发生，主要是因为单宁与食品中所含蛋白之间的作用。然而，如果品酒时很快地品尝不同的样品而没有足够地清洁口腔，那么收敛性的增加会导致品尝序列误差。序列误差是由于物品取样顺序导致的感知差异。尽管单宁刺激唾液的分泌，但其产生量不足以限制收敛性感知的增强。

一个影响单宁引起收敛性更重要的因素是它的分子大小。聚合体可以增强收敛性，直到聚合体沉淀或者不再结合蛋白。个体单宁在这些反应中所起的特定作用还不清楚。这可能部分地由单宁的结构复杂性和在陈酿过程中它们结构的改变所导致。类黄酮和非类黄酮单体能够聚合（形成二聚体、三聚体和四聚体），也能与花色苷、乙醛、烯醇式丙酮酸衍生物以及各种糖类结合。

尽管黄酒的收敛性主要是由单宁和有机酸引起的，但是其他化合物可以增强收敛性，如钙离子浓度增加。

涩味物质主要由重金属盐、植物单宁、脱水性溶剂及矿酸（包括卤化醋酸）等组成。

3. 辣味

对于辣味，一般认为是呈味物质刺激口腔黏膜、鼻腔黏膜甚至皮肤引起的灼痛感觉。适当的辣味有增进食欲、促进消化的功能，在食品中已被广泛应用。芥末油、山俞果的成分配糖体黑芥子苷、通过芥子酶生成的异硫氰烯丙酯以及辣椒的成分辣椒素等是有名的呈辣味物质。

酒中的辣味主要是由于高酒精度、乙醛等在口腔中产生灼烧的感觉，尤其是在喉咙的后部。这种感觉来自于响应热的感受器的激活。

4. 麻味

麻味只能形容为苦味加上涩味的不快的味。

5. 金属味

金属味比较难描述，有时它可以呈现接近甜和酸的口味，有时呈现一种病理复杂性的幻觉味觉紊乱和烧嘴的感觉。一般食品出现金属味有两种情况：一种是当食品长时间接触金属时，其食品上就会带有金属味，如某些罐头。另一种是当有金属片接触舌头时产生的味感觉，有时也称为金属味。例如，唾液浸过的两种金属片，作为电极形成小电池，因为有微弱的电流通过，所以有时感觉有酸味，就是一例。

铁和铜离子都能引起金属味，但是也只有在一定的浓度下（分别大于20mg/L和2mg/L）才能够被察觉。单宁的存在会明显增强铜离子金属味的感知。

6. 腻味

K（钾）、Ca（钙）的盐类一般易产生腻味。在黄酒中，产生腻味的是甜味。一般是由于糖度过高、酸度过低使黄酒的味偏甜，并给人以腻厚感，饮后感到不爽。

7. 触觉

糊精、淀粉、蛋白质、纤维素、果胶、卵磷脂等高分子化合物能提高食品的黏性，并产生称之为重的、黏的、煳味等感觉。

8. 清凉味

清凉味是指某些化合物与神经或口腔组织接触时刺激了特殊受体而产生的清凉感觉。典型的清凉味是薄荷风味，包括留兰香和冬青油风味。很多化合物都能产生清凉感，常见的有L－薄荷醇、D－樟脑等。至于木糖醇等多羟基甜味剂所产生的轻微清凉感，通常被认为是由结晶的吸热溶解而产生的。

9. 碱味

碱味往往是在加工过程中形成的。例如为了防止蛋白饮料沉淀，就需加入$NaHCO_3$使其维持pH大于4.0，从而呈现碱味。它是羟基负离子的呈味属性，溶液中只要含有0.01%浓度的OH^-即会被感知。目前普遍认为碱味没有确定的感知区域，可能是刺激口腔神经末梢引起的。

10. 鼻腔、咽腔上的味

大部分嗅觉物质，在以气体状态进入鼻口时，都刺激鼻腔、咽腔内存在的味觉乳头，给予甜、酸等味觉。鼻咽腔的味感和舌头的味感，如果闭上鼻孔来品尝

是可以区别的。一般说来鼻咽腔的味感对香味的味感是灵敏的，所以说鼻咽腔的味作为味的分类是实用的。

苦扁桃油产生苦味，醋酸产生酸味，香草醛、茉莉、吟酿香（冷时）产生甜味，食盐水蒸气产生咸味。这些味，虽然味感不同，但是被认为是通常气味。

九、味觉的异常现象

1．味盲

福奥斯（1932 年）发现，对苯基硫尿烷，有的人能感觉到苦味，也有的人感觉不到苦味，这就是味盲的最初发现。

其后，豪普金斯发现，若物质中有—NH—C—S 基存在，有双重呈味反应（同一物质使有的人感觉苦味，使有的人感觉无味）。产生这种反应的物质称为味盲物质。

味盲与性别、年龄、血型等无关，与遗传有关，伴性劣性遗传。据说味盲从高加索人开始，白人美国人约占 30%，日本人、中国台湾人占 13%，北美印第安人占 6%。

2．先天性障碍

先天性障碍极少见。当有不能分辨酸味和咸味的人时，其原因多数是表现方法不明确。

3．病的障碍

病的障碍是指全部味觉丧失，多数是中枢性病，有半身不遂、面部麻痹、中耳炎等病时，多会发生舌头的半边障碍。

第三节　阈　　值

一、味觉阈值的定义

人对呈味物质的味觉灵敏度，可用数值来表示。人的味觉器官所能感受到的最低浓度称为阈值。根据对象不同，可分成觉察阈值、识别阈值和差别阈值。

1．觉察阈值

觉察阈值也称绝对阈值，或刺激阈值，指能感觉到的最低物质刺激量的浓度，能够辨别出其与对照有区别，但不知是何种物质。

2．识别阈值

识别阈值也称辨别阈值，指感官能认出并识别具体变化的刺激水平，或是表现出刺激特有的味觉或嗅觉所需要的最低水平。通常指能够正确辨别何种物质时的最低浓度。识别阈值通常要高于觉察阈值。如品评员品尝蔗糖含量持续增加的水溶液，在某个浓度感觉从“纯水的味道”转变到“非常淡的甜味”；随着蔗糖浓度的增加，进一步从“非常淡的甜味”转变到“适度的甜味”。其中第一次感官变化时蔗糖浓度达到觉察阈值，第二次感官变化时即为识别阈值。又如，稀释的 NaCl 并不总是咸的，在刚刚高于觉察阈值的较低浓度下，它是甜味的感觉。NaCl 表现出咸味时的浓度要高得多。因此，在由“甜味”转变到“咸味”的感官变化即为识别阈值。

3. 差别阈值

差别阈值是指感官所能感受到的刺激的最小变化量。通常，通过提供一个标准刺激，然后与变化的刺激相比较来测定。测定时，刺激量在标准刺激水平上下发生微小变化，刚好能感受到感官差异时刺激水平的差异值（或变化值）即是差别阈值。差别阈值不是一个恒定值，它会随一些因素而变化，尤其会随刺激量的变化而变化。通常，在刺激强度较低时差别阈值较大，并且每位品评员的差别阈值都不同。如 10%、11%、12%、13% 的酒精溶液相比较，能够辨别出 10% 与 13% 的酒精溶液有差别，并且能分出浓度的高低。则 3% 为 10% 酒精液的差别阈值。

4. 最大阈值

极限阈值是指刺激水平远远高于感官所能感受的刺激水平，或是物理刺激强度增加而反应没有进一步增加所涉及的区域，通常也可称为最大阈值。当某种物质增加到一定浓度后，其浓度虽然继续增加，但也无法分辨出浓度的差别。在这个水平之上，感官已感受不到强度的增加，且有痛苦的感觉。换句话说，感官反应达到了某一饱和水平，高于该水平不可能有进一步的刺激感觉，这是因为感受器或神经达到了最大反应或者某些物理过程限制了刺激物接近感受器。但是，实际上很少能达到该水平，除了一些非常甜的糖果和一些非常辣的辣椒酱可能达到该水平，食品或其他产品的饱和水平一般都大大高于普通的感觉水平。对于许多连续系统，其饱和水平由于一些新感觉的加入，如疼痛刺激或苦味刺激而变得模糊。例如糖精钠苦味的副味觉，在高水平时，苦味对某些个体会盖过甜味的感觉，浓度的进一步增加只增加了苦味，这一额外的感觉对甜味的感觉有一种抑制效应。所以，虽然反应的饱和似乎在生理学上是合理的，但复杂的感觉往往是由许多无法孤立的刺激所引起的。每个人的味觉灵敏程度是不同的，表 3－17 为某些呈味物质的平均阈值。

表 3－17　几种呈味物质的平均阈值

物质	味感	平均阈值/%	物质	味感	平均阈值/%
蔗糖	甜	0.3	奎宁	苦	0.00012
酒石酸	酸	0.015	食盐	咸	0.1
柠檬酸	酸	0.022	谷氨酸钠	鲜	0.3
咖啡碱	苦	0.0042			

二、阈值的适用原则

味觉器官的感度用刺激阈值来表示，精度用差别阈值来表示。一般的原则

如下。

（1）嗅觉的感度比味觉敏锐得多。如硫醇的味的刺激阈值是 4×10^{-8}mg/L 空气，奎宁的刺激阈值是 0.4mg/L 水。

（2）味觉的精度一般比嗅觉敏锐。例如，味的相对辨别阈值通常为 38%。即在有味的情况下，可以区分 10% 的溶液和 13.8% 以上的溶液。另一方面，葡萄糖甜味的相对差别阈值约为 10%。即在有味时，可以敏锐地将 10% 和 11% 的溶液区分开。

（3）一般说来，物质浓度有变化，差别阈值也有变化。例如，增大蔗糖浓度，差别阈值也增大。这种关系，在醇、酸中也是同样的。

（4）蔗糖的刺激阈值和差别阈值，有酸共存时增大，但与酸量的大小无关（pH2.5～3.4）。另外有醇共存时，蔗糖的差别阈值增大，醇浓度越大，其影响也越大。这是由于醇自身具有甜味，产生与蔗糖水协同的效果造成的。

（5）醇的刺激阈值和差别阈值，当有蔗糖共存时就变大，而且蔗糖量越多，其影响也越大。当有酸共存时，蔗糖的影响就减少。酸的存在不影响醇的刺激阈值。

（6）酸的刺激阈值，当有醇共存时变大，但不受蔗糖影响。酸的辨别阈值不受蔗糖和醇存在的影响，但是单宁的存在会使其增大。

第四节　四种基本味阈值测试

一、4 种基本味的识别

制备甜（蔗糖）、咸（氯化钠）、酸（柠檬酸）和苦（咖啡碱或奎宁）4 种呈味物质的 2 个或 3 个不同浓度的水溶液。按规定号码排列顺序（表 3－18）。然后，依次品尝各样品的味道。品尝时应注意品味技巧，样品应一点一点地啜入口内，并使其滑动接触舌的各个部位。样品不得吞咽，在品尝 2 个样品的中间应用 35℃的温水漱口去沫。

表 3－18　4 种基本味的识别

样品	基本味觉	呈味物质	试验溶液浓度/（g/L）	样品	基本味觉	呈味物质	试验溶液浓度/（g/L）
1	酸	柠檬酸	0.2	6	甜	蔗糖	6.0
2	甜	蔗糖	4.0	7	苦	咖啡碱	0.3
3	酸	柠檬酸	0.3	8	—	水	—
4	苦	咖啡碱	0.2	9	咸	NaCl	1.5
5	咸	NaCl	0.8	10	酸	柠檬酸	4.0

二、4种基本味的察觉阈值试验

味觉识别是味觉的定性认识，察觉阈值的试验才是味觉的定量认识。

制备呈味物质（蔗糖、氯化钠、柠檬酸或咖啡碱）的一系列浓度的水溶液（表3－19），然后，按浓度增加的顺序依次品尝，以确定这种味道的察觉阈值。

表3－19　4种基本味的察觉阈值　单位：g/L

编号	蔗糖	NaCl	柠檬酸	咖啡碱
1	0.1	0.1	0.00	0.00
2	0.5	0.2	0.05	0.03
3	1.0	0.4	0.10	0.04
4	2.0	0.6	0.13	0.05
5	3.0	0.8	0.15	0.06
6	4.0	1.0	0.18	0.08
7	5.0	1.3	0.20	0.10
8	6.0	1.5	0.25	0.15
9	8.0	1.8	0.30	0.20
10	10.0	2.0	0.35	0.30

注：下划线为平均阈值。

第五节　其他感觉

人和其他高等动物一样，在长期进化过程中，身体中形成了直接反映内外环境中各种刺激的特殊构造，这些构造称为感受器。感受器受到刺激时，就能引起清楚的感觉。因此，感受器又称为感觉器官。人的感觉可分为视觉、听觉、嗅觉、味觉、触觉、运动觉等，其中视觉、听觉、触觉、运动觉属于物理感觉，嗅觉、味觉属于化学感觉。而黄酒的品评主要靠视觉、嗅觉和味觉来完成。

一、视觉

1．视觉的生理特征及视觉形成

视觉是人们认识周围环境，建立客观事物第一印象的最直接和最简捷的途径，如外观、表面结构、颜色、形状。

视觉是眼球接受外界光线刺激后产生的感觉。眼球位于眼眶内，略呈球形，其后面通过视神经与脑相连。眼球的外壳包括巩膜（即眼白），巩膜前面一部分是透明的，称为角膜，绝大部分聚焦是在角膜上产生的，是起保护作用，即使眼球免遭损伤并保持眼球形状。中间一层是黑色素的脉络膜层。它充满血管，将营养和氧气输送到视网膜，它可以阻止多余光线对眼球的干扰。巩膜中心开口处便是瞳孔，处于晶状体前，瞳孔的大小可随照光强弱伸缩，光强时缩小，光弱时扩大，起着控制光线进入眼球的作用。晶状体是无色透明，具有弹性，呈双凸透镜状，可随睫状肌舒缩改变厚度，进行视觉调节，晶状体曲度的变化可使不同距离的物体反射出来的光线进入眼球后，聚集于视网膜，使视网膜上形成清晰的物像。视网膜由一个感光细胞薄层组成，上面的细胞分为两种类型：一种是锥形的，另一种是杆形的，其中有七百万个锥体细胞和一亿三千万个杆体细胞，不均匀地分布在视网膜上。这两类细胞的作用不同，杆形细胞作用相当于高灵敏度、粗颗粒的黑白底片，它在很暗的光照下还能起作用，但不能区别颜色，得到的像轮廓不够清晰；锥形细胞作用相当于灵敏度比较差、颗粒细的彩色底片，它在较强的光照下才能起作用，能区别颜色，得到的像细节较清晰。这些细胞与双极细胞和神经节细胞相接，通过视神经与大脑相连接。产生视觉的刺激物质是光波，但不是所有的光波都能被人所感受，只有波长在 400 ~ 750nm 范围内的光波才是人眼可接收光波。物体反射的光线，或者透过物体的光线照在角膜上，透过角膜到达晶状体，再透过玻璃体到达视网膜，大多数的光线落在视网膜中一个小凹陷处，中央凹上。视觉感受器、视杆和视锥细胞位于视网膜中。这些感受器含有光敏色素，当它受到光能刺激时会改变形状，引起视细胞的兴奋，产生冲动，冲动依次经双极细胞、节细胞和视神经传入脑，产生视觉，见图 3 –7。

2. 眼睛的分辨能力

眼睛分辨物体细节的能力与视网膜的结构（主要是其上面的感光单元的分布）有关，不同部分亦有很大的差别。在网膜中央靠近光轴的一个很小的区域（称为黄斑，直径约为 1.5mm）里，分辨能力最高。能分辨的最近两点对眼睛的张角，称为最小分辨角。在白昼的照明条件下，黄斑内的最小分辨角接近 1 度，趋向网膜边缘，分辨能力急剧下降。所以人的眼睛视场虽然很大，水平方向视场角约为 160 度，垂直方向约为 130 度，但其中只有中央视角 6 ~7 度的一个小范围内才能较清楚地看到物体的细节。

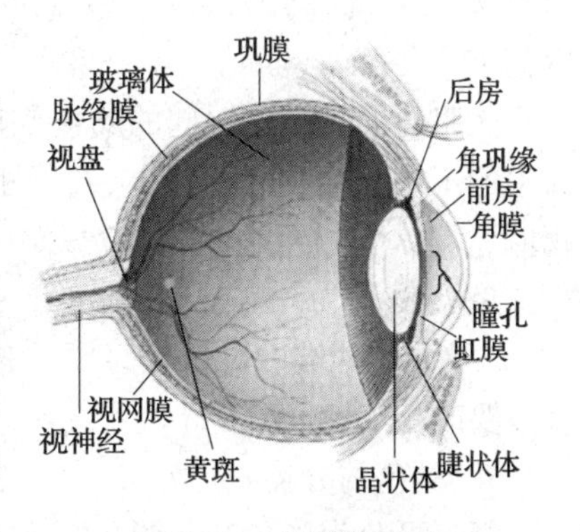

图 3 –7　眼球结构图

另外，眼睛的分辨能力与照明环境有很大的关系，在夜间照明条件比较差的时候，眼睛的分辨能力大大下降，最小分辨角可达 1 度以上。

人们大约可分辨出一百多种颜色。这种单波长的色光非常鲜艳，人们称为纯色。实际看到的色光大多数是由许多种波长的光组成的。例如太阳光就是由红光到蓝光的连续光谱组成的。

3. 视网膜的颜色区

对颜色的感觉是光的辐射能对视网膜上锥体细胞作用的结果，由于锥体细胞的分布不同，因而不同区域对颜色的感受能力也不同。

视网膜中央能分辨各种颜色，由中央向外围部分过渡，对颜色的分辨能力逐渐减弱，直到对颜色的感觉消失，见图3－8。

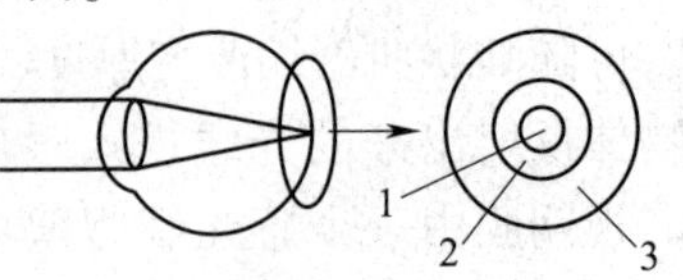

图3－8 视网膜的颜色区

1. 能分辨各种颜色
2. 能分辨黄蓝，对红绿色盲，能分辨明暗
3. 全色盲区，只能辨别明暗

观察小视场和大视场的颜色会有不同结果。

眼感受到的颜色，不只决定于客观的刺激，还取决于用眼的什么位置接受这个刺激。（例：当比较两种颜色时，视场的角值不应超过1.5度）。

4. 颜色辨认

颜色是外来的光刺激作用于人的视觉器官而产生的主观感觉。因而物体的颜色不仅取决于物体本身，还与光源、周围环境的颜色，以及观察者的视觉系统有关系。

一般来说可见光谱上的各种颜色随光强度的增加而有所变化（向红色或蓝色变化）。这种颜色随光强度而变化的现象，称为贝楚德－朴尔克效应。但在光谱上黄（527nm）、绿（503nm）、蓝（478nm）三点基本上不随光强度而变。

人眼对波长变化引起的颜色变化的辨认能力（颜色辨认的灵敏阈值），在光谱中的不同位置是不同的。人眼刚能辨认的颜色变化就称为颜色辨认的灵敏阈值。

最灵敏处为480nm（青）及600nm（橙黄）附近；最不灵敏处为540nm（绿）及光谱两端。灵敏处只要波长改变1nm，人眼就能感受到颜色的变化，而多数要改变1～2nm才行。

5. 颜色的分类

颜色可分为彩色和非彩色。

非彩色指白色、黑色和各种不同深浅的灰色。

彩色就是指黑白系列以外的各种颜色。

对于理想的完全反射的物体，其反射率为100%，称它为纯白；而对于理想的完全吸收的物体，其反射率为零，称它为纯黑。

白色、黑色和灰色物体对光谱各波段的反射和吸收是没有选择性的，称它们为中性色。

对光来说，非彩色的黑白变化相当于白光的亮度变化，即当白光的亮度非常

高时，人眼就感觉到是白色的；当光的亮度很低时，就感觉到发暗或发灰，无光时是黑色的。

6. 非彩色的特性

非彩色的特性可用明度表示：明度是指人眼对物体的明亮感觉。

影响的因素：辐射的强度大小（亮度的大小）。

一般亮度越大，我们感觉物体越明亮；但当亮度变化很小，人眼不能分辨明度的变化，可以说明度没变，但不能说亮度没变。因为亮度是有标准的物理单位，而明度是人眼的感觉。

在同样的亮度情况下，人们可能认为暗环境高反射率（例如在较暗环境中的白色书页）明度比亮环境较低反射率（例如在光亮环境中的黑墨）的物体明度高。

7. 彩色的特性

彩色有三种特性：明度、色调和饱和度。色调和饱和度又总称为色品（色度）。

（1）明度　是指色彩的明暗程度。每一种颜色在不同强弱的照明光线下都会产生明暗差别，我们知道，物体的各种颜色必须在光线的照射下才能显示出来。这是因为物体所呈现的颜色，取决于物体表面对光线中各种色光的吸收和反射性能。红布之所以呈现红色，是由于它只反射红光，吸收了红光之外的其余色光。白色的纸之所以呈现白光，是由于它将照射在它表面上的光的全部成分完全反射出来。如果物体表面将光线中各色光等量地吸收或全部吸收，物体的表面将呈现出灰色或黑色。同一物体由于照射在它表面的光的能量不同，反射出的能量也不相同，因此就产生了同一颜色的物体在不同能量光线的照射下呈现出明暗的差别。

（2）色调　就是指不同颜色之间质的差别，它们是可见光谱中不同波长的电磁波在视觉上的特有标志。

色彩所具有的最显著特征就是色调，也称色相。它是指各种颜色之间的差别。从表面现象来讲，例如一束平行的白光透过一个三棱镜时，这束白光因折射而被分散成一条彩色的光带，形成这条光带的红、橙、黄、绿、青、蓝、紫等颜色，就是不同的色调。从物理光学的角度上来讲，各种色调是由射入人眼中光线的光谱成分所决定的，色调即色相的形成取决于该光谱成分的波长。

物体的色调由照射光源的光谱和物体本身反射特性或者透射特性决定。例如蓝布在日光照射下，只反射蓝光而吸收其他成分。如果分别在红光、黄光或绿光的照射下，它会呈现黑色。红玻璃在日光照射下，只透射红光，所以是红色。

光源的色调取决于辐射的光谱组成和光谱能量分布及人眼所产生的感觉。

(3) 饱和度　是指构成颜色的纯度也就是彩色的纯洁性，色调深浅的程度。它表示颜色中所含彩色成分的比例。彩色比例越大，该色彩的饱和度越高，反之则饱和度越低。从实质上讲，饱和度的程度就是颜色与相同明度有消色的相差程度，所包含消色成分越多，颜色越不饱和。色彩饱和度与被摄物体的表面结构和光线照射情况有着直接的关系。同一颜色的物体，表面光滑的物体比表面粗糙的物体饱和度大；强光下比阴暗的光线下饱和度高。

可见光谱的各种单色光是最饱和的彩色。当光谱色（即单色光）掺入白光成分时，其彩色变浅，或者说饱和度下降。当掺入的白光成分多到一定限度时，在眼睛看来，它就不再是一种彩色光而成为白光了，或者说饱和度接近于零，白光的饱和度等于零。物体彩色的饱和度决定于其反射率（或透过率）对谱线的选择性，选择性越高，其饱和度就越高。也就是说物体色调的饱和度决定于该物体表面反射光谱辐射的选择性程度，物体对光谱某一较窄波段的反射率很高，而对其他波长的反射率很低或不反射，表明它有很高的光谱选择性，物体这一颜色的饱和度就高。

不同的色别在视觉上也有不同的饱和度，红色的饱和度最高，绿色的饱和度最低，其余的颜色饱和度适中。在照片中，高饱和度的色彩能使人产生强烈、艳丽亲切的感觉；饱和度低的色彩则易使人感到淡雅中包含着丰富。

8. 颜色的特性

亮度或明度是光作用于人眼时所引起的明亮程度的感觉，是指色彩明暗深浅的程度，也可称为色阶。亮度有两种特性：同一物体因受光不同会产生明度上的变化；强度相同的不同色光，亮度感不同。

饱和度指色彩纯粹的程度。淡色的饱和度比浓色要低一些；饱和度还和亮度有关，同一色调越亮或越暗越不纯。

色光的基色或原色为红（R）、绿（G）、蓝（B）三色，也称为光的三基色或三原色。三原色以不同的比例相混合，可成为各种色光，但原色却不能由其他色光混合而成。色光的混合是光量的增加，所以三原色相混合而成白光，而两种色光相混合而成白光，这两种色光互为补色。

光的物理性质由它的波长和能量来决定。波长决定了光的颜色，能量决定了光的强度。光映射到我们的眼睛时，波长不同决定了光的色相不同。波长相同能量不同，则决定了色彩明暗的不同。

色调与饱和度合称为色度（Chromaticity），它既说明彩色光的颜色类别，又说明颜色的深浅程度。色度再加上亮度，就能对颜色做完整的说明。

产生颜色的视觉感知是由于在可见光范围（400～750nm）内，某些波长比其他波长强度大的光线对视网膜的刺激而引起的。颜色可归于光谱分布的一种外观性质，而视觉的颜色感知是大脑对于由光线与物体相互作用后对其检测产生的视网膜刺激而引起的反应，见表3－20。

表 3-20　　吸收光的波长及所表现出的颜色

吸收光波长/nm	被吸收的颜色	表现出的颜色
400~435	紫	黄、绿
435~480	蓝	黄
480~490	绿蓝	橙
490~500	蓝绿	红
500~560	绿	紫、红
560~580	黄绿	紫
580~595	黄	蓝
595~605	橙	绿蓝
605~750	红	蓝绿

9. 视觉在食品感官品评中的作用

（1）便于挑选食品和判断食品的质量。食品的颜色比另外一些因素，诸如形状、质地等对食品的接受性和食品质量影响更大、更直接。

（2）食品的颜色和接触食品时环境的颜色显著增加或降低对食品的食欲。

（3）食品的颜色也决定其是否受人欢迎。备受喜爱的食品常常是因为这种食品带有使人愉快的颜色。没有吸引力的食品，颜色不受欢迎是一个重要因素。

（4）通过各种经验的积累，可以掌握不同食品应该具有的颜色，并据此判断食品所应具有的特性。

10. 黄酒视觉检查的内容

检查黄酒的“色”靠眼睛。检查的范围，包括色调（颜色）、色度（浓、淡）、澄清度（浊度）、光泽（亮度）、透明度、悬浮物、沉淀物、挂杯等。

二、触觉

通常被描述为触觉的一组感受，可以分为“触感”（触摸的感觉和皮肤上的感觉）和“动感”（深层压力的感觉）。这两种感觉在物理压力上有所不同。图 3-9 表示的是一些位于皮肤表面、表皮、真皮和皮下组织的神经末梢，这些神经末梢负责触感，即我们所说的触摸、压力、冷、热和痒。深层的压力是通过肌肉、腱和关节中的神经纤维感受到的，这些神经纤维的主要作用就是感受肌肉的拉伸和放松。和肌肉的机械运动有关的“动感”（重、硬、黏等）是通过施加在手、下颚、舌头上的肌肉的重力产生的，或者是由于对样品的处理、咀嚼等而产生的拉力（压迫、剪切、破裂）造成的。嘴唇、舌头、面部和手的敏感性要比身体其他部位更强，因此通过手和咀嚼经常能够感受到比较细微的颗粒大小、冷热和化学感应的差别。

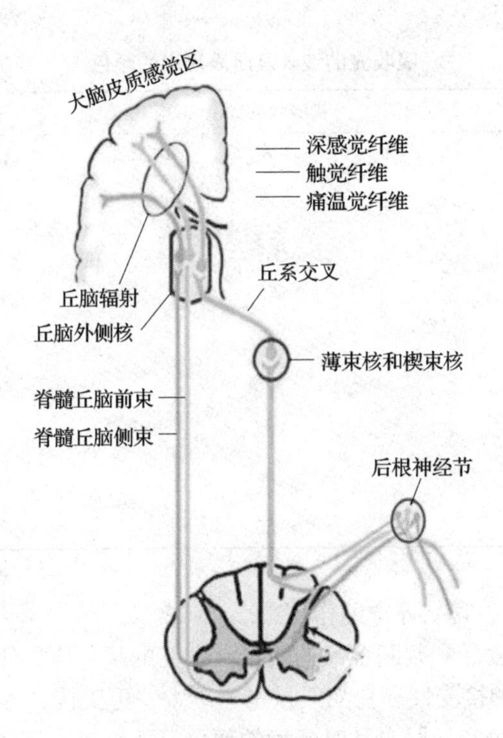

图 3－9 触觉神经示意图

1. 触觉感官特性

（1）大小和形状 口腔能够感受到食品组成的大小和形状。Tyle（1993）评定了悬浮颗粒的大小、形状和硬度对糖浆沙粒性口部知觉的影响。研究发现：柔软的、圆的，或者相对较硬的、扁的颗粒，大小到约 80μm，人们都感觉不到有沙粒。然而，当硬的、有棱角的颗粒为 11～22μm 时，人们就能感觉到口中有沙粒。

（2）口感 口感特征表现为触觉，通常其动态变化要比大多数其他口部触觉的质地特征更少。原始的质地剖面法只有单一与口感相关的特征——“黏度”。Szczesniak（1979）将口感分为 11 类：关于黏度的（稀的、稠的），关于软组织表面相关感觉的（光滑的、有果肉浆的），与 CO_2 饱和相关的（刺痛的、泡沫的、起泡性的），与主体相关的（水质的、重的、轻的），与化学相关的（收敛的、麻木的、冷的），与口腔外部相关的（附着的、脂肪的、油脂的），与舌头运动的阻力相关的（黏糊糊的、黏性的、软弱的、浆状的），与嘴部的后感觉相关的（干净的、逗留的），与生理的后感觉相关的（充满的、渴望的），与温度相关的（热的、冷的），与湿润情况相关的（湿的、干的）。Jowitt 定义了这些口感的许多术语。

（3）口腔中的相变化（溶化） 人们并没有对食品在口腔中的溶化行为以及与质地有关的变化进行扩展研究，由于在口腔中温度的增加，因此许多食品在

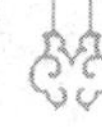

嘴中经历了一个相的变化过程，巧克力和冰淇淋就是很好的例子。Hyde 和 Witherly（1995）提出了一个“冰淇淋效应”。他们认为动态地对比是冰淇淋和其他产品高度美味的原因所在。

Lawless（1996）研究了一个简单的可可黄油模型食品系统，发现这个系统可以用于脂肪替代品的质地和溶化特性的研究。按描述分析和时间－强度测定到的评定溶化过程中的变化，与碳水化合物的多聚体对脂肪的替代水平有关。但是，Mela 等人（1994）已经发现，评定人员不能利用在口腔中的溶化程度来准确地预测溶化范围是 17～41℃的；水包油乳化液中的脂肪含量。

（4）手感　纤维或纸张的质地评定经常包括用手指对材料的触摸。这个领域中的许多工作都来自于纺织品艺术。感官评定在这个领域和食品领域一样，具有潜在的应用价值，如在黄酒发酵过程中为了检验黄酒发酵是否正常，常常用手捏发酵醪的脆黏程度判断发酵是否正常，这也是黄酒发酵过程中感官检验的常用方法之一。

Civille 和 Dus（1990）描述了与纤维和纸张相关的触觉性质，包括机械特性（强迫压缩、有弹力和坚硬）、几何特性（模糊的、有沙砾的）、湿度（油状的、湿润的）、耐热特性（温暖）以及非触觉性质（声音）。

2. 触觉识别阈值

对于食品质地的判断，主要靠口腔的触觉进行感觉。通常口腔的触觉可分为以舌头、口唇为主的皮肤触觉和牙齿触觉。皮肤触觉识别阈值主要有两点识别阈值、压觉阈值、痛觉阈值等。

（1）皮肤的识别阈值　皮肤的触觉敏感程度，常用两点识别阈值表示。所谓两点识别阈值，就是对皮肤或黏膜表面两点同时进行接触刺激，当距离缩小到开始辨认不出两点位置区别时的尺寸，即可以清楚分辨两点刺激的最小距离。显然这一距离越小，说明皮肤在该处的触觉越敏感。人的口腔及身体部位的两点识别阈值如表 3－21 所示。

表 3－21　人的口腔及身体部位的两点识别阈值

部位	纵向/mm	横向/mm	部位	纵向/mm	横向/mm
舌尖	0.80±0.55	0.68±0.38	颊黏膜	8.57±6.20	8.60±6.04
嘴唇	1.45±0.96	1.15±0.82	前额	12.50±4.26	9.10±2.73
上腭	2.40±1.31	2.24±1.14	前腕	19.00	42.00
舌表面	4.87±2.46	3.24±1.70	指尖	1.80	0.20
齿龈	4.13±1.90	4.20±2.00			

从表 3－21 可以看出，口腔前部感觉敏感。这也符合人的生理要求，因为这里是食品进入人体的第一关，需要敏感地判断这食物是否能吃，是否需不停咀嚼，这也是口唇、舌尖的基本功能。感官品尝实验，这些部位都是非常重要的检

查关口。

口腔中部因为承担着用力将食品压碎、嚼烂的任务，所以感觉迟钝一些。从生理上讲这也是合理的。口腔后部的软腭、咽喉部的黏膜感觉也比较敏锐，这是因为咀嚼过的食物在这里是否应该吞咽，要由它们判断。

口腔皮肤的敏感程度也可用压觉阈值或痛觉阈值来分析。压觉阈值的测定是，用一根细毛，压迫某部位，把开始感到疼痛时的压强称作这一部位的压觉阈值。痛觉阈值是用微电流刺激某部位，当觉得有不快感时的电流值。这两种阈值都同两点识别阈值一样，反映出口腔各部位的不同敏感程度。例如，口唇舌尖的压觉阈值只有10～30kPa，而两腮黏膜在120kPa左右。

（2）牙齿的感知功能　在多数情况下，对食品质地的判断是通过牙齿咀嚼过程感知的。因此，认识牙齿的感知机制，对研究食品的质地有重要意义。牙齿表面的珐琅质并没有感觉神经，但牙根周围包着具有很好弹性和伸缩性的齿龈膜，它被镶在牙床骨上。用牙齿咀嚼食品时，感觉是通过齿龈膜中的神经感知。因此，安装假牙的人，由于没有齿龈膜，所以比正常人的牙齿感觉迟钝得多。

（3）颗粒大小和形状的判断　在食品质地的感官评定中，试样组织颗粒的大小、分布、形状及均匀程度，也是很重要的感知项目。例如，某些食品从健康角度需要添加一些钙粉或纤维素成分。然而，这些成分如果颗粒较大又会造成粗糙的口感。为了解决这个问题，就需要把这些颗粒的大小粉碎到口腔的感知阈值以下。口腔对食品颗粒大小的判断，比用手摸复杂得多。在感知食品颗粒大小时，参与的口腔器官有：口唇与口唇、口唇与牙齿、牙齿与牙齿、牙齿与舌头、牙齿与颊、舌与口唇、舌与腭、舌与齿龈等。通过这些器官的张合、移动而感知。在与食品接触中，各器官组织的感觉阈值不同，接受食品刺激方式也不同。所以，很难把对颗粒尺寸的判断归结于某一部位的感知机构。一般在考虑颗粒大小的识别阈值时，需要从两方面分析：一是口腔可感知颗粒的最小尺寸；二是对不同大小颗粒的分辨能力。以金属箔做的口腔识别阈值实验表明，对感觉敏锐的人，可以感到牙间咬有金属箔的最小厚度为20～30μm。但有些感觉迟钝的人，这一厚度要增加到100μm。对不同粗细的条状物料，口腔的识别阈值为0.2～2mm。门齿附近比较敏感。有人用三角形、五角形、方形、长方形、圆形、椭圆形、十字形等小颗粒物料，对人口腔的形状感知能力做了测试，发现人口腔的形状识别能力较差。通常三角形和圆形尚能区分，多角形之间的区别往往分不清。

（4）口腔对食品中异物的识别能力　口腔识别食品中异物的能力很高。例如，吃饭时，食物中混有毛发、线头、灰尘等很小异物，往往都能感觉得到。那么一些果酱糕点类食品中，由于加工工艺的不当，产生的糖结晶或其他正常添加物的颗粒，就可能作为异物被感知，而影响对美味的评定。因此，异物的识别阈值对感官评定也很重要。Manly曾对10人评审组做了这样的异物识别阈值实验。

在布丁中混入碳酸钙粉末，当添加量增加到2.9%时，才有100%的评审成员感觉到了异物的存在。对安装假牙的人，这一比例要增加到9%以上。

三、三叉神经感觉

三叉神经为混合神经，是第5对脑神经，也是面部最粗大的神经，含有一般躯体感觉和特殊内脏运动两种纤维。支配脸部、口腔、鼻腔的感觉和咀嚼肌的运动，并将头部的感觉信息传送至大脑。三叉神经由眼支（第一支）、上颌支（第二支）和下颌支（第三支）汇合而成，分别支配眼裂以上、眼裂和口裂之间、口裂以下的感觉和咀嚼肌收缩。因此，也控制了食品感官品评（图3-10）。

除了味觉和嗅觉系统具有化学感觉外，鼻腔和口腔中以及整个身体还有一种更为普遍的化学敏感性。比如角膜对于化学刺激就很敏感，切洋葱时容易使人流泪就是证明。这种普遍的化学反应就是由三叉神经来调节的。

某些刺激物（如氨水、生姜、山葵、洋葱、辣椒、胡椒粉、薄荷醇等）会刺激三叉神经末端，使人在眼、鼻、嘴的黏膜处产生辣、热、冷、苦等感觉。人们一般很难从嗅觉或味觉中区分三叉神经感觉，在测定嗅觉试验中常会与三叉神经感觉混淆。三叉神经对于较温和的刺激物的反应（如糖果和小吃中蔗糖和盐浓度较高而引起的嘴部灼热感、胡椒粉或辣椒引起的热辣感）有助于人们对一种产品的接受。

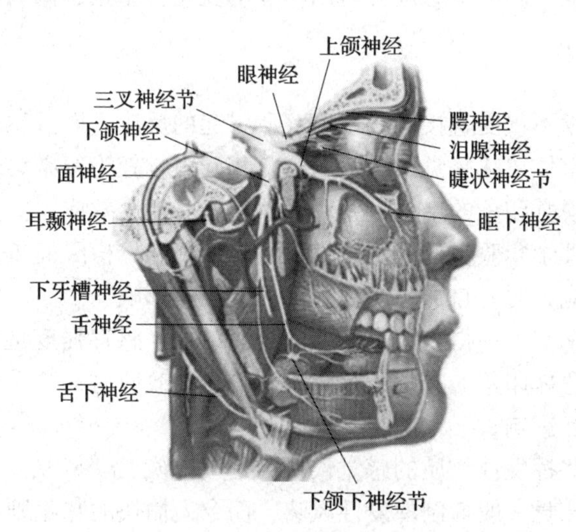

图3-10　头神经示意图

对大部分混合物来说，三叉神经感觉到的刺激物的浓度数量级比刺激嗅觉或味觉受体的物质浓度更高。三叉神经影响在某些情况下具有重要的实际意义：① 当其嗅觉或味觉阈值很高时，如蚁酸等短链化合物，或对于那些患有部分嗅觉缺失症的人；② 当其三叉神经感觉阈值很低时，如辣椒素。

四、听觉

听觉也是人类用作认识周围环境的重要感觉。听觉在黄酒感官评定中主要用于黄酒发酵过程中作为发酵是否正常的依据之一。

听觉是耳朵接受外界声波刺激后而产生的一种感觉。人类的耳朵分为内耳和外耳，内耳、外耳之间通过耳道相连接。外耳由耳廓构成；内耳则由耳膜、耳蜗、中耳、听觉神经和基膜等组成。外界的声波以振动的方式通过空气介质传送至外耳，再经耳道、耳膜、中耳、听小骨进入耳蜗，此时声波的振动已由耳膜转换成膜振动，这种振动在耳蜗内引起耳蜗液体相应运动进而导致耳蜗后基膜发生移动，基膜移动对听觉神经的刺激产生听觉脉冲信号，使这种信号传至大脑即感受到声音。

声波的振幅和频率是影响听觉的两个主要因素。声波振幅大小决定听觉所感受声音的强弱。振幅大则声音强，振幅小则声音弱。声波振幅通常用声压或声压级表示，即分贝（dB）。频率是指声波每秒振动的次数，它是决定音调的主要因素。正常人只能感受频率为 30～15000Hz 的声波；对其中 500～4000Hz 频率的声波最为敏感。频率变化时，所感受的音调相应变化。通常都把感受音调和音强的能力称为听力。和其他感觉一样，能产生听觉的最弱声信号定义为绝对听觉阈，而把辨别声信号变化的能力称为差别听觉阈。正常情况下，人耳的绝对听觉阈和差别听觉阈都很低，能够敏感地分辨出声音的变化及察觉出微弱的声音。

五、感官的相互作用

各种感官感觉不仅受直接刺激该感官所引起的反应，而且感官感觉之间还有相互作用。食品整体风味感觉中味觉与嗅觉相互影响较为复杂。烹饪技术认为风味感觉是味觉与嗅觉印象的结合，并伴随着质地和温度效应，甚至也受外观的影响。但在心理物理学实验室的控制条件下，将蔗糖和柠檬醛简单混合，表现出几乎完全相加的效应，对各自的强度评分很少或没有影响。

从心理物理学文献中得到一个重要的观察结果，感官强度是叠加的。设计关于产品风味强度总体印象的味觉和嗅觉刺激的总和效应时，几乎没有证据表明这两种模式间有相互影响。

人们会将一些挥发性物质的感觉误认为是“味觉”。

令人难受的味觉一般抑制挥发性风味，而令人愉快的味觉则使其增强。这一结果提出了几种可能性。一种解释是将这一作用看作是一种简单的光环效应。按照这一原理，光环效应意味着一种突出的、令人愉快的风味物质含量的增加会提高对其他愉快风味物质的得分。相反，令人讨厌的风味成分的增加会降低对愉快特性的强度得分。换句话说，一般的快感反应对于品质评分会产生相关性，甚至是那些生理学上没有关系的反应。这一原理的一个推论是品评员一般不可能在简单的强度判断中将快感反应的影响排除在外，特别是在评定真正的食品时。虽然在心理物理学环境中可能会采取一种非常独立的和分析的态度，但这在评定食品时却困难得多，特别是对于没有经验的品评员和消费者，食品仅仅是情绪刺激物。

口味和风味间的相互影响会随它们的不同组合而改变。这种相互影响可能取决于特定的风味物质和口味物质的结合，该模式由于这种情况而具有潜在的复杂性。相互间的影响会随对受试者的指令而改变。给予受试者的指令可能对于感官评分有影响，就像在许多感官方法中发生的一样。受试者接受指令做出的反应也会明显影响口味和气味的相互作用。

另两类相互影响的形式在食品中很重要：一是化学刺激与风味的相互影响；二是视觉外观的变化对风味评分的影响。然而，任何比较过跑气汽水和含碳酸气汽水的人都会认识到二氧化碳所赋予的麻刺感会改变一种产品的风味均衡，通常当碳酸化作用不存在时对产品风味会有损害。跑气的汽水通常太甜，脱气的香槟酒通常是很乏味的葡萄酒味。

任何位于鼻中或口中的风味化学物质可能有多重感官效应。食品的视觉和触觉印象对于正确评定和接受很关键。声音同样影响食品的整体感觉。

总之，人类的各种感官是相互作用、相互影响的。在食品感官鉴评实施过程中，应重视它们之间的相互影响对鉴评结果所产生的影响，以获得更加准确的鉴评结果。

思考题

1. 如何理解舌分布味的位置？
2. 味的基本味及以外味有哪些，有哪些特征？
3. 如何理解味之间的相互关系？
4. 阈值是什么？如何理解不同的阈值？
5. 视觉在黄酒色泽检验中的内容有哪些？

第四章 品评环境与品评

学习目标和要求

1. 了解品评室与环境条件要求。
2. 掌握品评杯、品评温度、品评顺序等条件。
3. 掌握影响品评人员品评准确性的主观因素。
4. 掌握品评人员的要求和筛选、培训要求。
5. 了解黄酒品评程序和要求。

感官品评方法经过数十年的实践和完善，已逐步发展成为一门科学，它与传统的品尝方法有许多不同之处。传统的品评中，参加品评的人员没有受过专门训练和经过严格挑选，他们往往从个人经验出发，品评的结果常带有主观性、片面性。参加品评的人员所具有的经验不同，个人灵敏程度差别甚大，因而得到的结果千差万别。传统的品评方法对进行品评的环境也没有规定，因此外界环境、品评人员的生理条件和心理因素都有可能直接影响品评结果的可靠性，这样得到的结果不能真实地代表该产品的质量。

现代的感官品评方法首先是用科学方法来训练和挑选品评人员，经过科学培训和挑选的品评人员，感觉灵敏，识别力强。他们品评的结果再现性好，能比较好地反映出测试样品的特点。现代感官分析方法还对进行品评的外界条件，包括场所、时间、温度、光线、品评所用的器具都有比较一致的标准和要求，对品评采用的方法和评语（打分）也规定了相应的标准，这样可以最大限度地减少主观因素和客观环境的影响，结果的可靠性较强。因此，对于感官品评试验，品评员、外部环境条件和样品制备是试验得以顺利进行并获得理想结果的三个必备要素。只有在控制得当的外部环境条件中，经过精心制备所试样品和参与试验的品评员的密切配合，才能取得可靠而且再现性强的品评结果。

此外还有很重要的一点就是用数理统计方法来处理感官品评所得的结果，使其更合理，能够比较真实地反映出产品的特征。

第一节　感官品评对环境条件的要求

在感官品评中，需要设定和管理品评条件，以便于尽可能地消除品评参与者心理和生理的变动因素，保证对样品品质的正确评价。

当使品评条件标准化时，需要十分理解和考虑这些情况，即仔细研究和理解其感官品评所使用感觉器的心理、生理的特质。另外，产品的感官品评条件和它被使用时的使用条件的区别，以及对每个产品的特性最适品评条件各有

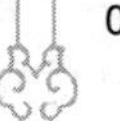

不同。

据试验证明，在隔音、恒温、恒湿的良好评酒环境下评酒，其正确率为71%以上，而在嘈杂和有振动声的条件下评酒，其正确率仅为55%左右，这个试验结果证明评酒环境对感官品评是有很大影响的。

一、感官品评室

感官品评室要求恒温、恒湿、隔音、光亮、空气新鲜，采用单室法还是圆桌法，以及品评室的大小，是由选用何种品评方法及品评员人数所决定的。感官品评室由两个基本部分组成：品评室和样品制备区。若条件允许，也可设置一些附属部分，如办公室、休息厅等。

1．简易的感官品评室

早期的感官品评室只有一把长椅或一个会议桌，样品摆在上面供6～10个人进行感官分析。为了避免感官品评员之间相互影响而导致品评员偏好或分心，引入了隔开的小间品评室。经过多年的发展，食品或酒类的品评室功能越来越齐全，这种简易的感官品评室逐渐退出了历史舞台，但有些单位会因经济原因或使用频率低而采用这种简易的感官品评室。在这种情况下，品评室内没有专门的品评小间，仅在圆桌或方桌上放置临时的活动隔板将品评人员隔开。按这种方式，普通实验室经过整理后也可暂时作为感官品评室。

2．功能齐全的现代化感官品评室

现今的感官品评室设计通常把两种设置结合起来，既有隔开的小间品评室，又有圆桌区域，并配备部分办公用品。品评员除了在小间内进行样品品评外，有时需要相互讨论并得出一致结论，这就需要一张圆桌，上面放上相关的材料，比如品评术语或评定标度标准等。隔开的小间品评室主要用来进行样品的差异化分析检验，也可以进行描述性分析；圆桌区域用来进行感官品评员的培训及样品的描述性分析。

品评室和样品制备室在感官品评室内的布置有各种类型。常见的形式是品评室和样品制备室布置在同一个大房间内，以品评小间的隔板将品评室和样品制备室分隔开。两种不同类型的现代化感官品评室的平面布置如图4－1、图4－2和图4－3所示。

（1）样品品评室　样品品评室是感官品评人员进行感官试验的场所，通常由多个隔开的品评小间构成（图4－4）。品评小间面积很小（1m×0.75m），只能容纳一名感官鉴定人员在内独自进行感官品评试验。品评小间内带有供品评人员使用的工作台和座椅，工作台上应配备漱口用的清水和吐液用的容器，最好配备固定的水龙头和漱口池。品评室越小，品评员越感“狭促”，有可能会影响注意力。另一方面，过分宽大的品评室会浪费空间。品评室彼此间应该用不透明的隔离物分隔开，隔离物应延伸出桌面边缘至少50cm，高于桌面1m，这是为了防止邻近品评室的品评员相互间影响注意力。品评室后面的走廊应该足够宽，以便于品评员能够方便地进出品评室。

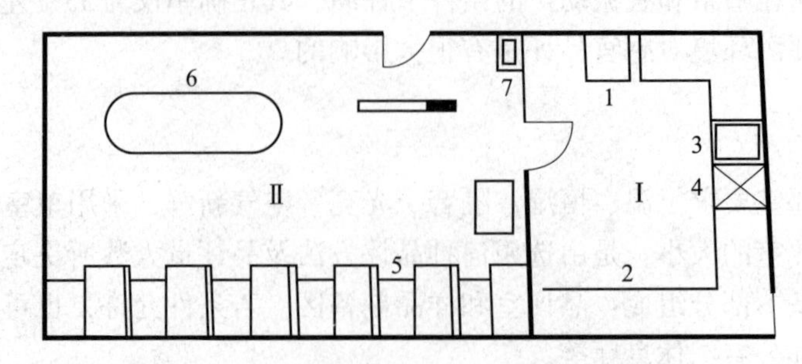

图4－1　食品感官品评室平面布置示意图

Ⅰ—样品制备室　Ⅱ—品评室　1—冰箱　2—贮藏柜　3—水槽
4—烘箱　5—评析小间　6—会议桌　7—洗手池

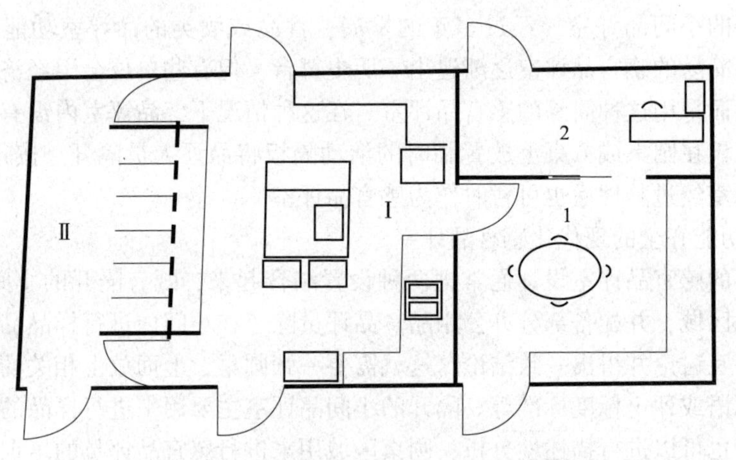

图4－2　食品感官品评室平面布置示意图

Ⅰ—样品制备室　Ⅱ—样品品评室　1—会议室　2—办公室

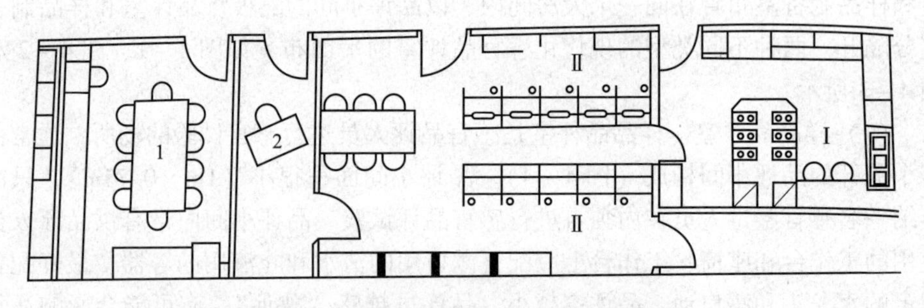

图4－3　食品感官品评室平面布置示意图

Ⅰ—样品制备室　Ⅱ—样品品评室　1—会议室　2—办公室

图4－4是一个典型的小间品评室，宽70～100cm，工作台面深46～75cm，高度一般与样品制备台的高度相同（通常为90cm）。为了减少两个小间品评室之间视觉及听觉之间的干扰，小间品评室之间的隔板宽度应超出工作台面深度45cm。在保证小间品评室空气流通及足够清洁的条件下，小间品评室应设置为完全私人的空间，即隔板从天花板延伸到地板完全隔开。虽然这样的设置有时会导致“幽闭恐惧症”，但感官品评员一般很快就能适应，避免观望旁边或对样品的质量大声评论。小间品评室后面可供自由走动的走廊至少应有122cm。

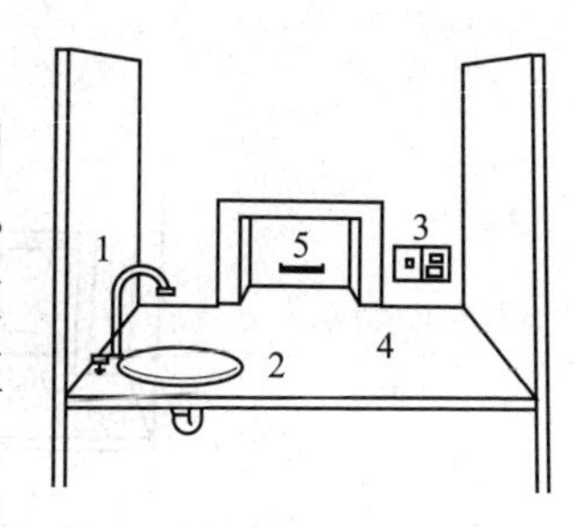

图4－4　品评小间的布局

1—自来水管　2—漱口盆
3—信号系统　4—工作台
5—活动窗口

不锈钢水槽及水龙头一般用于提供清水，用于漱口，此品评室主要用于液体的评定，而不适用于评定固体样品，以防堵塞管道。如果没有无味的自来水，则必须备过滤水。

小间品评室内安装的信号系统实际上是一套电路和开关，感官评定的负责人可了解品评员何时已做好评定准备或何时出现了问题。感官品评员按动小间品评室内的开关，则样品制备区相应的信号灯就会亮。也可在每个小间品评室安装计算机操作系统。

如果样品中包含无气味的组分，并可保持10～20min不变化，那么，可将所有样品制备好后一起送到各小间品评室。否则，样品制备区必须设置在小间品评室旁边，一旦品评员做好准备，马上将刚制备好的样品立即通过舱门递给品评员进行评定。品评室和样品制备室从不同的路径进入，而制备好的样品只能通过品评小间隔板上带活动门的窗口送入品评小间工作台。

有三种用来递送样品的服务窗口，见图4－5。滑动门（垂直或水平的）需要的空间最小，而面包盒式（上下翻转）和旋转式门能更有效地防止来自样品制备区样品的气味及视觉方面的提示而误导感官品评员。服务窗口应足够大，以适合样品盘和打分表的传递。但也应做到尽量小，尽可能减小评定小组对准备室或服务室的观察。窗口一般约45cm宽、40cm高，具体确切的尺寸应取决于评价场所使用的样品托盘的大小。服务窗口应该平滑地安装于桌面上，样品能较方便地被递进或递出品评室。

小间品评室及附近的建筑材料必须无味且易于清洗，贴面塑料及不锈钢是最常用的材料。

品评小间的工作情况见图4－6。

（2）样品制备室　样品制备室的环境条件除应满足品评室对样品制备的要求外，还应充分重视样品制备区的通风性能，以防止制备过程中样品的气味传入品评室，样品制备区应与品评室相邻，使感官品评人员进入品评室时不能通过样品

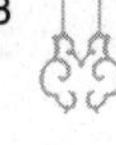

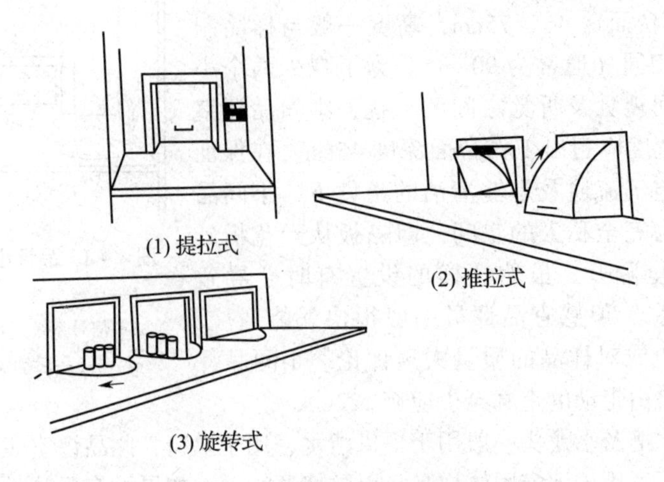

图4－5　品评小间活动窗口

图4－6　品评小间工作的情景

制备区，样品制备区内所使用的器皿、用具和设施都应无气味。

样品制备区是准备感官品评试验样品的场所。该区域应靠近品评室，但又要避免品评人员进入品评室时经过制备区看到所制备的各种样品和嗅到气味后产生的影响，也应该防止制备样品时的气味传入品评室。

根据需要样品制备室要配备一定的厨房用具，一般的样品制备室达到以下配备就可以了。

① 与小间品评室门相连的传送带，用来传送样品盘。

② 工作台、烘箱及样品准备空间等。

③ 冰箱及冷柜，用来保藏样品。

④ 存放玻璃器皿、样品盘等的贮藏库。

⑤ 垃圾处理设备、垃圾篓、水池等。

⑥ 大的垃圾箱，用来快速处理已评定过的样品。

3. 样品制备室的办公用品

进行感官评定时，必须有一位负责人能看到各个小间品评室的进行情况，因此，负责人在进行办公室设置时要考虑到这点。若将记录机、贮藏室、计算机及其他硬件（打印机、数字转换器等）放置在同一个区域内，则负责人就能更有效地利用时间。但传真机和打印机等设备之间要有足够的空间，以免相互干扰。

二、感官品评室的环境

1. 温度和湿度

在感官品评中，人与精密仪器一样，对环境是特别敏感的，所以要求环境恒温和恒湿。一般说来，室温达 25℃ 时，相对湿度应控制在 40% ~50% 为宜，室温达 18℃ 时，相对湿度应控制在 30% ~40%。

2. 采光和照明

光线的明暗决定视觉的灵敏性。整个感官品评室的办公亮度在 150 ~ 200lx，品评小间内的光线以 250 ~ 500lx 为宜。人工光线和太阳光线均可，通常感官品评室都采用自然光线和人工照明相结合的方式。如果是人工光线，以白色光线的散射光为宜，要求光线垂直照射到样品面上不产生阴影，避免在逆光、灯光晃动或闪烁的条件下工作。若黄酒出现浑浊时，朝着玻璃窗或灯光处观看，容易看出。若采用太阳光线时，不用直射光，而用散射光。

3. 外界干扰（噪声）

感官品评试验要求在安静、舒适的气氛下进行，分散感官品评人员注意力的干扰因素主要是外界噪声。噪声会产生听力障碍，血压上升，呼吸困难，唾液分泌减退，不快感、焦躁感，注意力下降，操作效率下降等生理的、心理的不良影响，品评室的环境最好是在 40 ~ 50dB 以下。

为避免噪声干扰，可将独立设置的感官品评室远离噪声源，如道路、噪声较大的机械等。若感官品评室设置在建筑物内，则应避开噪声较大的门厅、楼梯口、主要通道等。

在品评开始阶段，要注意在样品制备室内，不要发出洗杯、开瓶或小声说话等响声，以免分散品评员的注意力。

4. 换气

品评室内、外，不应放有烟、异味、臭气来源的物质。房间内要求清洁卫生，空气新鲜，无异味、怪味，所以在建筑上要有换气设备，定时排出室内有味气体，供给室外新鲜的空气。可通入经过滤的无味空气，适当保持正压，但不能使评酒员感觉到有风。

空调装置最好与其他试验室分开，另立系统，当空调装置系统清扫不充分时，洗净的杯子上会沾上尘埃的气味。因此，必要时最好对样品制备室和品评室进行换气。

5. 室内材料和物品

墙壁、地板、天花板、桌椅的材质及涂料必须无臭无味。桌子表面最好是白色的，墙壁、地板清洁，亮度适中。容易镇静的颜色一般为中灰色（反射率为40% ~50%）。地板用材最好是像乙烯树脂薄片等那样有耐水性、平滑的材料。万一试样漏到地面上，也容易消除。品评室为每个品评员准备一个清洁无味的痰盂或水桶，以备漱口之用。

三、品酒杯

品酒杯是品酒的主要工具，它的质量对酒样的色、香、味均有直接的影响。为了保证品酒的正确性，对品酒杯应有较严格的要求。

1. 品酒杯的质量要求

品酒杯多用无色透明、无花纹的高级玻璃杯、厚薄均匀、无气泡砂粒，以使酒的本色能够显现出来，要求加工质量完全一致，因此，即使同一工厂、同型产品，也要进行选择，方可用于品酒。

2. 杯型

酒采用郁金香型（其中杯口直的为卵型），由于它收缩的开口，对香气有集中作用，使被品的酒香气变浓。满杯容量约为60mL，评酒时装入30 ~40mL，不能倒太满，目的是能够使品酒师在嗅香时能转动杯内的酒，以聚集酒香。

品酒杯应专用于品酒，以免感染异杂味。每次品酒前要检查是否完好，要用无味、可以软化硬水和抗静电的洗涤粉彻底洗涤干净，主要用于洗涤可能附在玻璃杯上的油渍、单宁和色素。再用纯净凉水或蒸馏水清洗。洗后如仍有轻微的残余气味，可放在100℃恒温箱内干燥1h，或用洁净的丝绸擦拭，必至无味才能使用。洗净的品酒杯，应倒置于搪瓷盘内，搪瓷盘上放一块干净的毛巾，以防止尘埃落入杯中。如果是短期的储存，可以把杯子悬空倒置（方便取用，防止在杯身留下指印），但是这种放置方式在木制家具摆设的室内是不值得提倡的。如果玻璃杯需要立即干燥，也可以使用干净无味的尼龙布或纸擦干。

品酒时，所使用的其他容器，其洁净的要求与酒杯相同。

四、感官品评的时间

品酒最好时间是：上午9 ~11时，下午3 ~5时。

选定这样的品酒时间的理由是，每天早上，我们的头脑已获得充分的休息，感觉器官也已经过休息而恢复了精力，所以在这个时候，一般人都是具备最大限度的敏感性能。这个时间是避开了胃部过饱、过饿的时间。中午也有足够时间休息，以利品酒师消除疲劳、恢复精力。这个时间安排为品酒师获得正确的、可靠的嗅觉和味觉印象提供了条件。

五、感官品评时的样品要求

1. 样品的均一性

这是感官品评试验样品制备中最重要的因素。所谓均一性就是指制备的样品除所要评价的特性外，其他特性应完全相同。如黄酒样品要过夜存贮，避免机械振动或温度相同。

2. 样品温度

在食品感官品评试验中，样品的温度是一个值得考虑的因素，只有以恒定和适当的温度提供样品才能获得稳定的结果。温度对样品的影响除过冷、过热的刺激造成感官不适、感觉迟钝和日常饮食习惯限制温度变化外，还涉及温度升高后，挥发性气味物质挥发速度加快，影响其他的感觉。所以样品温度是味觉、嗅觉进行品评时最重要的条件。可事先制备好样品保存在恒温箱内，然后统一呈送保证样品温度恒定和均一。

在测定误差较大的感官品评中，从保证品质的观点出发，需要使消费条件下的特性状态与易检出的缺点条件下的特性状态对应起来，同时，根据易检出产品质量状态的条件来决定温度。

因此，在管理样品温度时，应考虑到以下问题。

（1）全部样品的温度要一致。

（2）决定温度是多少度，要综合以下观点来进行，即其饮用时的温度、易检出质量差别的温度、感觉不易疲劳的温度、样品不变质的温度等。

（3）如果不对样品温度的标准进行规定，也应将室温标准化，否则就不能抵消室温造成的样品的体感温度的差别；若室温不能保持恒温，最好根据季节来调节样品的温度。

酒的温度不同，香与味的感觉区别较大。温度高、香大，有辣味（高度酒表现明显），刺激性高，会引起炎热迟钝的感觉。品酒员容易疲劳。温度低于10℃时，会引起舌头凉爽麻痹的感觉，所以一般说来，温度在10～38℃时，人的味觉最敏感。同时，酒样温度偏高也会增加酒的异味；偏低则会减弱酒的正常香味。对黄酒来说最适宜的品评温度为15～25℃。要与喝酒温度有所区别。喝酒温度还可以提高些，这样有利于掩盖酒的一些不足之处，利于提高喝酒的气氛，见表4－1。

表 4-1 部分酒类品评时的最佳样品温度 单位：℃

酒类	最佳香气温度	最佳口味温度	最佳风味温度
啤酒	5	5	11 ~ 15
香槟酒	—	—	9 ~ 10
蒸馏酒	—	—	22
白葡萄酒	—	—	10 ~ 12
红葡萄酒或餐后葡萄酒	22	22	15 ~ 18
甜葡萄酒	—	—	18
清酒	—	—	55

3. 样品量

许多人认为舌的部位不同，其对甜、酸、咸、苦的敏锐度不同。甜味主要在舌端部，苦味在舌根部，酸味在舌缘部，咸味在舌端部和舌缘部感觉之。因此，进入口中样品量，必须充分地普遍地到达口中的各部位。

给予品评员的样品量，由于有香物质的挥发量等物理条件和直接的心理效果等，对判断有很大影响，因此应注意以下情况：

（1）给予的样品量完全一样。

（2）给予样品的方法有两种，一种是自由给予品评员所要的充分的量，一种是只给品评员口中所含的一口量（2 ~ 8mL）的方法。

若样品量过少，可能不够用。另外，当样品难以判断时或者样品好喝时，需要多给予样品。

呈送给每个品评员的样品量应随试验方法和样品种类的不同而分别控制。有些试验（如二 - 三点法）应严格控制样品量，另一些试验则不需控制，给品评人员足够品评的量。通常，对需要控制用量的差别试验，每个样品的量控制在 40mL，品尝时一口的量应大一点，因为人的唾液 pH 为 6 ~ 8，有缓冲能力。嗜好试验的样品量可比差别试验高一倍。描述性试验的样品量可视实际情况而定。

4. 口腔的洗漱

在感官品评之前，需要漱口，除去口中异物和臭气。在一个样品和下一个样品间要漱口，对于消除味觉的剩余效果、减少疲劳效果是有益的。但是，会使品评样品间的时间间隔加大。因此，前一个样品的记忆淡薄，特性差别变小。

因此，一般认为像评分法、差别法等那样的绝对判断的方法中，样品间口腔洗漱是有效果的，但是在 2 杯法、3 杯法试验中，可以不洗漱。

在洗漱口腔时，通常使用体温温度的水（凉白开水、蒸馏水）。另外，有用青瓜、黄瓜的，也有用无味无臭主食面包或法式面包的，不过也有人认为自然地等待唾液流洗味蕾中的物质为最好。

此外，茶、食盐水、碳酸水、无盐苏打饼干、主食面包、黄油（加热杀菌

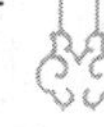

的）干酪、苹果等对于消除疲劳有益。在品评中为避免上述食品自身的残余效应，还是在休息时使用为好。

5. 样品在口中所含的时间

味觉的感知是经历着初感－适感－感知这样一个过程。

从给予刺激到产生味觉的反应时间来看（表4－2），样品在口中至少停留2～3s以上，否则就不能检出全部种类的味。

表4－2　不同刺激产生味觉的时间

刺激物质	RL附近	RL的10倍浓度	刺激物质	RL附近	RL的10倍浓度
蔗糖	1.107s	0.545s	柠檬酸	1.320s	0.43s
食盐	1.007s	0.370s	苦味	2s以上	—

注：RL：识别阈值（极限）。

另一方面，样品若在口中长时间停留，感觉器官会产生疲劳，样品也会被唾液稀释变淡。实际上，以5～12s为适当，比此时间过短或过长都不好。

6. 品评轮次

样品数量对感官品评试验的影响，体现在两个方面，即感官品评人员在一次试验中所能品评的样品个数及试验中提供给每个品评人员供分析用的样品数量。

当用味觉、嗅觉进行适当感官品评时，很难明确规定样品数量。其理由是，根据应检查的品质特性的强度（与疲劳有关）和优良程度（与检查热情有关），能够进行稳定判断的样品范围不断扩大。另外，由于品评员的熟练程度和品评方法的不同，可检查的样品数量也会发生变化。

就黄酒来说，从经验上看，若组织多人进行黄酒品评，每天最好为4轮，最多6轮，每轮以不超过6个样品为宜。

7. 编号

所有呈送给品评人员的样品都应适当编号，以免给品评员任何相关信息。

8. 样品的摆放顺序

呈送给品评员的样品的摆放顺序也会对感官品评试验结果产生影响。在品评员较难判断样品间的差别时，往往会多次选择放在特定位置上的样品。如在三点试验法中选择摆放在中间的样品，在五中取二试验法中，则选择位于两端的样品。因此，在给品评员呈送样品时，应注意让样品在每个位置上出现的概率相同或采用圆形摆放法。

9. 品酒顺序安排

组织品酒，应讲究品酒顺序的合理安排，这是因为品酒师的嗅觉和味觉是容易疲劳的，如先品酒精度高的酒，再品酒精度低的酒，品酒员就有一种淡而不知其味的感觉，因为高度酒已把味觉器官刺激得疲劳了，就难以分辨低度酒的微小差别。同时在生理上和心理上有一种感觉暂留的效应，引起品评误差，例如品了含糖量高的甜黄酒，就难以分辨含糖在1.5%以下的干酒和含糖15～40g/L的半干酒了。因此品酒的轮次（同时品的一组酒为一轮）顺序安排上，应遵循下列原则。

酒度：先低后高。

香气：先淡后浓。

滋味：先干后甜。

酒色：从无到有，先浅后深。

酒龄：先新后陈。

然后再结合各酒种的特点，组织评比，如黄酒分型以含糖量为主，则以“先干后甜”组织品酒。

10. 倒酒

倒酒操作必须谨慎、小心，要认真做到：

（1）取酒样的动作要轻稳、垂直，减少酒的振荡。《黄酒国家标准》规定，“允许瓶（坛）底有少量聚集物，为此对黄酒，只倾倒上清液。在取酒时要防止瓶底的聚集物泛起”。

（2）小心地开启瓶盖、瓶塞，不使任何异物落入。

（3）倒酒时瓶口与杯口距离要近，让瓶中酒液缓缓流向酒杯，不要引起酒液冲激和飞溅。

（4）酒液在杯中盛满高度：黄酒为五分之三左右。酒液不充满杯的目的，是为了使杯中有足够的空间，以便品评时旋转酒杯或轻微摇晃酒杯；同时注意每杯酒注入数量基本相同。

六、样品对品评员的影响

在感官品评时，由于品评员自身的疏忽造成的漏洞，很可能给实验结果导致很大的偏差。因此，在计划感官品评实验之前，需要充分考虑到这些偏差的特殊效应。

1. 顺序效应

顺序效应是指刺激呈现的顺序影响人们判断的现象。比较两个刺激时，主观上讲，与刺激的客观顺序无关。但是，经常有把最初的刺激或者最后的刺激过大评价的倾向。过大评价最初的刺激的倾向，称为“正顺序效应”，反之，称为“负顺序效应”。

应采取的对策：

（1）把按A－B的顺序进行品尝的试验和按B－A的顺序进行品尝的实验，从整体来说计划成相同的次数（称为平衡型计划，以下同）。

（2）品尝两个样品之前，作为准备活动，品尝预备样品。

（3）在品尝两个样品之间，进行漱口。

2. 对比效应

对比效应也称“感觉对比”。同一刺激因背景不同而产生的感觉差异的现象。两种不同的事物同时或继时呈现，比它们各自单独呈现所得到的学习效果要好。原因是两事物在大脑皮层中产生相互诱导作用，在对比中加深了印象，而单独出现在大脑皮层中的事物，无诱导作用，显得平淡而不易记忆。

在舌的一边抹上淡食盐溶液，另一边抹上极淡的砂糖溶液时，即使是刺激阈以下的浓度也能感觉到的现象，称为“同时对比”；在品尝甜的溶液之后，对酸溶液特别感到酸的现象称为“继时对比”。在感官品评中，造成试验偏差的就是“继时对比”。

应采取的对策：

（1）使样品的品尝顺序对每个品评员都随意化。

（2）对于样品顺序采用平衡型计划。

（3）延长品评样品的时间间隔。

（4）每品尝一个样品都要用水漱口。

3. 顺应

顺从适应，即调整个体的诸条件、诸特性，使其符合环境条件工作，一般称为顺应。即把一个刺激继续延长，味觉或嗅觉逐渐变弱，最后变得无知觉的现象（感觉的疲劳）。

对一个种类的刺激发生顺应，对其他种类的刺激还是正常的。

从发生顺应的时间，到恢复的时间，因味觉的种类而异。另外，个人差异很大，对甜味发生顺应最快，咸味次之，对酸味和苦味发生顺应非常缓慢。

一般说来，溶液浓度越大，越容易发生顺应，顺应的程度也越大，恢复也越慢。

应采取的对策：

（1）在每次检查中，把品评的样品数限制在不发生顺应程度的数上。

（2）把样品的品评顺序，对每个品评员都随意化，或者采用平衡型计划。

（3）连续检查数种样品时，先从顺应产生少的开始进行检查。

（4）在判断样品间，采取休息时间；另外，通过漱口，将口中残存的刺激尽量除去。

（5）嗅觉的顺应，有时是通过特殊的药品来恢复的。

4. 疲劳

连续增加某种负荷的结果，根据各种现象推测，身体对某负荷以及与此类似的负荷的忍耐陷入不合适的状态，细胞、组织或器官的机能或反应能力减弱，称为身体疲劳。疲劳有精神疲劳和身体疲劳，无论哪种情况都会使品评的注意力减退，积极性下降，品评结果不理想。

应采取的对策：

（1）限制一系列检验所用的样品数。

（2）提高检验的积极性（使其认识检查的重要性）。

（3）改善或改变环境条件。

（4）休息。

（5）计划检验要使品评员有兴趣。

5. 后效应

最初品评的样品有残留刺激，会影响后一种样品的现象，称为后效应。如用0.5%氯化锰的水溶液漱口后，再含清水，口中有甜味感；如用氯化钴，则有咸味感。

应采取的对策：

（1）品评样品间，长时间休息，使唾液将口中的物质自然洗去。

（2）每品评一个样品后，漱口。

6. 符号效应

与样品的性质无关，受对样品符号爱好的影响，做出有倾向判断。符号效应在样品相似时难以区分；造成判断困难时，容易发生。

符号效应有两种类型，第一种类型是对多数人的共同倾向，第二种类型是对个人的固有倾向。

另外，判断刚结束时，就写下判断结果，符号效应小，在判断后经过一段时间再计入结果，记忆因素起很大作用，符号效应就大。

应采取的对策：

（1）符号贴于容器底部，在品评员判断结束后，才可以看符号，或者使其用手指指出喜欢哪个。

（2）使用不产生符号效应的数字、符号、文字等，也有人认为二行或三行数字为好。

（3）多种样品时，样品上的符号对每个品评员无作用化。

（4）当用2分比较法、3分比较法时，采用与符号平衡型计划。

（5）指导、教育、训练品评员不要产生符号效应。

7. 位置效应

在3点检验法和5点检验法中，与样品的品质无关，而放置于特殊位置的样品，因位置特殊，该样品被选择的可能性大。

在3分试验法（三杯法）中，在并列于直线上的三个样品，置于正中间的样品，特别容易作为优质品被指出。在5分试验法中，两端的样品，容易被作为优质品选出。此现象为位置效应。

8. 污染效应

样品的某种品质，会影响对样品其他全部特性品质判断的基准倾向。

9．练习效应

通过训练，品评员的判断发生变化。一般说来，品评员能够提高判断能力。但是，在品评中品评员逐渐提高练习的效应，对于样品提供的顺序，会导致偏差，因此反而不受欢迎。

应采取的对策：

（1）品评之前给予训练的样品。

（2）把样品提供的顺序，对每个品评员或每次反复时都打乱，或者采用平衡型计划。

10．由于慎重造成的误差

品评员不能正确地判断，对判断缺乏自信心时，有进行比较暧昧的打分的倾向。这种倾向，特别在最初判断的样品中容易发生。

应采取的对策：

（1）训练品评员。

（2）检查前给予练习样品。

（3）打乱样品顺序或者采用平衡计划。

（4）给出品评标准。

11．避免判断的连续和对称性的倾向

与产品的品质无关，一般说来应避免判断的连续（同一判断的连续）或对称性的倾向。

应采取的对策：

（1）训练品评员。

（2）样品的提供，对每个品评员打乱顺序，或采用平衡型计划。

12．期待效应

当品评员对于样品具有某些成见时（先入为主），会影响判断的结果。

应采取的对策：

（1）检查前，不告知产品的优劣、厂家、目的等一切情报。

（2）样品完全作为暗码品评。

（3）作为有利方面来说，调查各厂产品，积极利用。

13．中心化倾向

利用尺度中央附近的倾向。这是在样品判断困难时，品评员训练不足时，产生对判断无自信的结果。

应采取的对策：训练品评员。

14．末端效应

判断集中于尺度的端部，不能充分表现品质间差异的现象。这与中心倾向完全相反，在品评员训练不稳定时或标准不适当时容易发生。

应采取的对策：

（1）训练品评员。

（2）研究标准（或尺度）。

15. 判断的相对性

在评分法和差别法中，本来判断必须是绝对的。可是，先判断的样品和紧挨着的样品中，虽然是一种无关系状态，但一定会有一种受到同一组中其他样品影响的倾向。

应采取的对策：

（1）准备标准品。

（2）样品以对称型进行评价。

16. 颜色的情感效应

当人们看到有色物质时，受到颜色的刺激产生种种情感效应，对于其他物质的特性相关的判断，有很大影响。

另外，人们看到某种颜色时，会抽象地和具体地联想到其他事物，对判断会有影响。

由于某种感官领域的刺激，除其感官所产生的感觉（第一次感觉）以外，其他感官领域的感觉（第二次感觉）也相伴产生的现象，称为共感觉。

第二节 感官品评对品评员的要求

感官品评依靠的仪器就是品评员，检查结果是否可信，取决于参与品评工作人员的感官灵敏性和稳定性，它严重地影响着最终结果的趋向性和有效性。

实际上，由于必须从黄酒厂推荐的人员中选拔品评员，因此组成理想的品评员队伍是很困难的，加之个体间感官灵敏性差异较大，有许多因素会影响到感官灵敏的正常发挥。所以，感官品评人员的选择和训练是使感官品评试验结果可靠和稳定的重要因素。

一、作为感官品评人员应具备的条件

1. 基本条件

（1）健康　感官品评人员应身体健康、感觉正常、无过敏症等。品评员不仅生理上是正常的，而且在心理方面也不能有疲劳。特别是有味觉异常和嗅觉异常的，必须从品评员队伍中排出。味盲似乎只对特殊的味盲物质发生，味盲和嗜好，与味觉识别能力之间有什么关系，目前尚不明确。

（2）兴趣　作为感官品评试验候选人必须无偏见，能客观地对待所有试验样品，但仅仅如此还不够，还应有积极的兴趣和热心，只有对感官品评感兴趣的人，才会在感官品评试验中集中注意力，并圆满完成试验所规定的任务。

（3）使用方便　对企业来说，分析型品评员，最好固定在公司里（或厂）、科研部门、技术部门、检验部门，以免受人事关系的制约影响使用，也可每年制订好一年的品评计划，定期举行有关的品评活动，总之需确保使用品评员的方便性。

（4）对试样的态度　经验证明，感官品评的成绩与对样品的客观性、注意力、工作热情、毅力等有关。据报告，人格检查得分高的人，之所以能表现出好成绩，就因动机十分正确、目的明确、心理上无任何负担，只有主观能动作用发挥得好，品评的可靠性才会高。

（5）年龄　作为品评员，应考虑的因素很多，但再没有比品评员的能力和适应更有意义的了。感官品评各年龄段的人都可以参加，年轻人味蕾数量多，感觉灵，反应快，年龄大的人有丰富经验，参加品评时更容易集中精力，因此各有所长。

① 就感官的敏锐性而言，青年人、中年人比高龄者更敏锐。但是，就检验的表达能力、注意力、毅力（忍耐力）等一般能力而言，年龄越大越好。

② 嗜好与年龄同时改变，一般来说是正确的。根据这一情况，在选择嗜好调查品评员时，需要以年龄作为有力的层次因素来对待。

（6）性别　原则上，男女在感觉的敏锐性上没有差别，男女感官灵敏程度一样，只要通过考核均可作为品评人员。因此，选择分析型品评员时，没有必要考虑男女性别。嗜好经常是根据男女性别而变化。特别是在进行购买者、饮用者仅限于女性（或男性）的商品的嗜好调查时，理所当然地应该以女性（男性）为对象。

（7）经验　一般来说，感官品评有经验者比无经验者有以下优点：掌握了判断技巧，因此能检出无经验者遗漏的样品差别；熟悉表达感觉的方法，语言丰富；能够连续判断多个样品。

（8）吸烟　据报道，吸烟者、不吸烟者或在吸烟前后，人的感官敏锐性无明显差别。但是，至少在品评中和品评前必须控制吸烟。

（9）表达能力　差别检验重点要求参加试验者的分辨能力，而描述性试验则重点要求感官品评人员具备叙述和定义出产品各种特性的能力。

除上述几个方面外，另外有些因素在挑选人员时也应充分考虑，诸如职业、教育程度、工作经历、感官品评经验等。

2. 必备条件

（1）感官的敏锐性　一般称之为感受性，实际上是指通过识别试验来测定的感官能力。像天平有感度和精度那样，识别能力也可以这样认为，刺激阈值相当于感度，辨别阈值相当于精度。

作为品评员，必须有敏锐的视觉、嗅觉和味觉，他们必须经过系统的训练和严格的考核。如对四种基本味觉物质的识别和阈值测试，对各种气味和味道的识

别，对本行业产品特点和优缺点的辨认和识别等，考核合格者才能成为专业品评员。

另外，值得注意的是，在一个种类的样品中，表示出优秀的识别能力的品评员，不一定在种类不同的样品中也能表示出同样的能力。

（2）感官的稳定性　感觉器官即使反复进行多次实验，也能再现统一的判断能力，感官的稳定性较高。这种判断能力的稳定性，是根据品评员内部的条件来变化的。例如品评员的记忆力，能否在整个试验过程中保持兴趣和积极性，对由刺激引起的顺应的发生和恢复的速度、污染效应、对比效应、由慎重引起的误差等，品评员自身能否有意识地一边纠正一边判断，能做到何种程度，品评员使自己适应环境变化的速度，以及能否顺利地纠正由环境变化引起的判断的变动等。

另外，环境的变化、样品条件等外界条件也会造成很大影响。

（3）品评员判断标准合理性　实际上决定品评员的判断标准是否合理，是一件困难的事情，可考虑以下两点：

① 综合现在消费者嗜好的平均值（必要时分层次的消费者），制订标准。

② 站在树立消费者嗜好的立场，由专家合议决定。

（4）特性的表现能力　即使是识别能力高，判断标准稳定合理，也不能说这就很好了。还需要有确切表现样品所具有的感官品评特性的能力。为了培养特性的表现能力，需要有高度的训练或者长期的经验。例如说气味，据说一般人也能分辨出数千种味，如果是专家就能分辨出万种味。但是，在分辨出味的差别和确切表现其味的性质上，以及在看透其味的本质问题上，其困难程度上和要求的能力高度上，是有等级差别的。即一般消费者，大都属于感情领域的主观表现，如好味、喜欢的味、不喜欢的味、讨厌的味等。作为稍加分析的表现来说，有使用甜味、酸味、爽快（清凉的）等。另外，也很少使用鸡蛋腐臭、下水道臭、馊饭味、消毒药味等具体物相结合来表现的。

但是，像使用硫化氢臭、苯酚味、氨味等化合物名称来表现，以及像使用不新鲜原料产生的味、温度管理不当产生的味等，如果不是训练有素的品评员是不可能做到的。

二、感官品评人员的筛选

在感官实验室内参加感官品评试验的人员大多数都要经筛选程序确定。筛选程序包括挑选候选人员和在候选人员中通过特定试验手段筛选两个方面。有些情况下，也可以将筛选试验和训练内容结合起来，在筛选的同时进行人员训练。

筛选就是通过一定的筛选试验方法观察候选人员是否具有感官品评能力。挑选分析型品评员时，需要用筛选试验，而挑选嗜好型品评员时则不需要。

在工厂里由于人员的制约，全体技术人员都作为品评员成员，实际上没有选拔的余地。但是，也可以就近聘请厂外专家、技术人员作为业余品评员，以帮助厂方把好质量关。

在选拔差别检出品评员时，通常使用基本识别试验（基本味或气味识别试验）和差异分辨试验（三点试验、顺序试验等）。有时根据需要也会设计一系列试验来多次筛选人员或者将初步选定的人员分组进行相互比较性质的试验。

在挑选品质评价品评员时（特性描述评价品评员），可使用打分法、等级法等方法。

当进行试验时，实际上最成问题的是如何掌握样品间差别的程度。如果判断非常困难，合格的品评员几乎都没中选，或者相反，全部中选，试验本身就失去意义了。因此，需要有经验的品评员事先进行预备试验。

三、感官品评人员的训练

经过一定程序和筛选试验挑选出来的人员，常常还要参加特定的训练才能真正适合感官品评的要求，在不同的场合及不同的试验中获得均一而可靠的结果。

1. 品评员进行训练的规则

在工厂或研究所主要使用的是分析型品评员，对感官品评结果要求有很高的精度和可靠性。为满足这个要求，最好是进行各种形式的训练。为了进行有效的训练，最好遵守下列规则。

（1）主动学习的原则　接受训练的人的积极性不同，对于训练内容的理解和记忆的程度上也有显著不同，像感官品评那样，在使用感觉器时，记忆力就显得特别重要。一个粗心大意、不爱学习的人，也是不可能成为一个优秀品评员的。

（2）反馈的原则　接受训练的人，想尽早知道自己的判断是否正确，可能的话，必须当场告知。时间拖长，记忆消失，也不可能对训练样品进行消化。

因为味觉和嗅觉是疲劳快、恢复慢的感觉器官，所以特性难以记忆。因此，在调整判断标准时，应能做到当场纠正自己。

（3）逐步训练的原则　为了使受训练的人不丧失信心，并能达到训练目标，要明确制订训练过程的大纲和计划。按大纲要求，逐步进行训练，不可一口吃个胖子，消化不了。

（4）个人基础的原则　感官品评时，如果自己不理解就记不住，因此接受训练的人，以适合自己能力的速度接受训练是非常重要的。在没有制订一定的品评员训练法的企业，可以采取在日常品评检验中与其他有经验的品评员同席，虚心向其请教，并用各种黄酒训练提高自己。

2. 品评员进行训练的作用

(1) 提高和稳定感官品评人员的感官灵敏度。通过精心选择的感官训练方法，可以增加感官品评人员在各种感官试验中运用感官的能力，减少各种因素对感官灵敏度的影响，使感官经常保持在一定水平之上。

(2) 降低感官品评人员之间及感官品评结果之间的偏差。通过特定的训练，可以保证所有感官品评人员对他们所要评价的特性、评价标准、评价系统、感官刺激量和强度间关系等有一致的认识。特别是在用描述性词汇作为分度值的评分试验中，训练的效果更加明显。通过训练可以使品评人员统一对评分系统所用描述性词汇所代表的分度值有所认识，减少感官品评人员之间在评分上的差别及方差。

(3) 降低外界因素对品评结果的影响。经过训练后，感官品评人员能增强抵抗外界干扰的能力，将注意力集中于感官品评中。

感官品评组织者在训练中不仅要选择适当的感官品评试验以达到训练的目的，也要向受训练的人员讲解感官品评的基本概念、感官分析程度和感官品评基本用语的定义和内涵，从基本感官知识和试验技能两方面对感官品评人员进行训练。

四、感官功能的测试

感官品评员应具有正常的感官功能，每个候选品评员都要经过各有关感官功能的检验，以确定其感官功能是否有缺陷（如视觉缺陷、嗅觉缺失、味觉缺失等）。此过程可采用相应的敏感性检验来完成，如对候选品评员进行基本味道识别能力的测定，具体步骤如下。

按表 4－3 进行制备 4 种基本味道的储备液，然后分别按几何系列或算术系列制备稀释溶液，见表 4－4 和表 4－5。选用几何系列 G 稀释溶液或算术系列 Ai 稀释溶液，分别放置在 9 个已编号的容器内，每种味道的溶液分别置于 1～3 个容器中，另用一容器盛水，品评员按随机提供的顺序分别取约 15mL 溶液，品尝后按表 4－6 填写。

表 4－3　4 种基本味液储备液

基本口味	参比物质		质量浓度/（g/L）
酸	DL－酒石酸（结晶）	$M=150.1$	2
酸	柠檬酸（一水化合物结晶）	$M=210.1$	1
甜	蔗糖	$M=34.23$	32
苦	盐酸奎宁（二水化合物）	$M=196.9$	0.020
苦	咖啡因（一水化合物结晶）	$M=212.12$	0.200
咸	无水氯化钠	$M=58.46$	6

表 4-4　　4 种基本味液几何系列稀释液

稀释液	成分		试验溶液质量浓度/（g/L）					
	储备液/mL	水/mL	酸		甜	苦		咸
			酒石酸	柠檬酸	蔗糖	盐酸奎宁	咖啡因	氯化钠
G_6	500	稀释至 1L	1	0.5	16	0.010	0.100	3
G_5	250		0.5	0.25	8	0.005	0.050	1.5
G_4	125		0.25	0.125	4	0.0025	0.025	0.75
G_3	62		0.12	0.062	2	0.0012	0.012	0.37
G_2	31		0.06	0.03	1	0.0006	0.006	0.18
G_1	16		0.03	0.015	0.5	0.0003	0.003	0.09

表 4-5　　4 种基本味液算术系列稀释液

稀释液	成分		试验溶液质量浓度/（g/L）					
	储备液/mL	水/mL	酸		甜	苦		咸
			酒石酸	柠檬酸	蔗糖	盐酸奎宁	咖啡因	氯化钠
G_9	250	稀释至 1L	0.5	0.250	8.0	0.0050	0.050	1.50
G_8	225		0.45	0.225	7.2	0.0045	0.045	1.35
G_7	200		0.40	0.200	6.4	0.0040	0.040	1.20
G_6	175		0.35	0.175	5.6	0.0035	0.035	1.05
G_5	150		0.30	0.150	4.8	0.0030	0.030	0.90
G_4	125		0.25	0.125	4.0	0.0025	0.025	0.75
G_3	100		0.20	0.100	3.2	0.0020	0.020	0.60
G_2	75		0.15	0.075	2.4	0.0015	0.015	0.45
G_1	50		0.10	0.050	1.6	0.0010	0.010	0.30

表 4-6　　4 种基本味道识别能力测定记录表

姓名：　　　　　　　　　　　　时间：

容器编号	未知样	酸	甜	苦	咸

五、感官灵敏度的测试

感官品评员不仅应能够区别不同产品之间的性质差异，而且应能够区别相同产品某项性能的强弱差别。因此，确定候选者具有正常的感官功能后，还应对其进行感官灵敏度的测试。感官灵敏度的测试常有如下几种方法。

（1）匹配检验　用来评判品评员区别或者描述几种具有不同感官特性的材料样品（感官强度都在阈值以上）的能力。实验方法是给品评员第 1 组 4～6 个样品，让他们熟悉这些样品，然后再给他们第 2 组 8～10 个样品（与第 1 组样品是一样的，只是编码不同），让候选者从第2组样品中挑选出和第1组相似或者相同的样品。实验结束后，计算匹配正确率，滋味匹配正确率低于75%和气味的对应物选择正确率低于60%的候选人将不能参加实验，同时还要求对样品产生的感觉做出正确描述。做匹配检验用的滋味和气味样品分别举例如表4－7和表4－8所示。气味匹配检验问答卷见表4－9。

表4－7 味道匹配检验常用样品举例

口味	材料	室温下水溶液质量浓度/（g/L）
酸	酒石酸或柠檬酸（一水化合物结晶）	1
甜	蔗糖	16
苦	咖啡因	0.5
咸	氯化钠	5
涩	鞣酸①	1
涩	或栎精	0.5
涩	或硫酸铝钾（明矾）	0.5
金属味	水合硫酸亚铁②（$Fe_2SO_4 \cdot 7H_2O$）	0.01

注：① 该物质不易溶于水；② 该物质的水溶液有颜色，最好在彩灯下用密闭不透明的容器提供这种溶液。

表4－8 气味匹配检验常用样品举例

样品	气味描述	样品	气味描述
薄荷油	薄荷	香草提取物	香草
杏仁提取物	杏仁	月桂醛	月桂
橘子皮油	橘子皮	丁香酚	丁香
顺－3－己烯醇	青草	甲基水杨酸盐	冬青

注：将能够吸附香气的纸浸入香气原料，在通风橱类风干30min，放入带盖的广口瓶拧紧。

表4－9 气味匹配检验问答卷

气味匹配检验问答卷

评价员： 实验日期：

指令：用鼻子闻第1组物质，每闻过1个样品之后，要稍做休息。然后闻第2组物质，比较两组风味物，将第2组物质编号写在与其相似的第1组编号的后面。

第1组	第2组	风味物质
068	________	________
712	________	________
813	________	________
564	________	________

续表

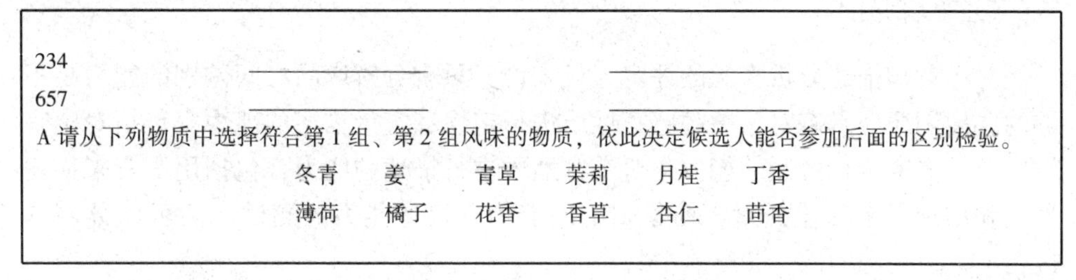

234　　　________　　　________

657　　　________　　　________

A 请从下列物质中选择符合第 1 组、第 2 组风味的物质，依此决定候选人能否参加后面的区别检验。

冬青　姜　青草　茉莉　月桂　丁香

薄荷　橘子　花香　香草　杏仁　茴香

（2）区别检验　用来区别候选人区分同一类型产品的某种差异的能力。可以用三点检验或二－三点检验来完成。样品之间的差异可以是同一类产品的不同成分或者不同加工工艺。常用的检验物质如表 4－10 所示。检验结束后，对结果进行统计分析。三点检验中，正确识别率低于 60% 则被淘汰；二－三点检验中，识别率低于 75% 则被淘汰。

表 4－10　　区别检验建议使用的物质及其质量浓度

材料	室温下水溶液质量浓度	材料	室温下水溶液质量浓度
咖啡因	0.27g/L	蔗糖	12g/L
柠檬酸	0.60g/L	顺－3－己烯醇	0.4mg/L
氯化钠	2g/L		

（3）排序和分级检验　用来确定候选人员区别不同水平的某种感官特性的能力，或者判定样品性质强度的能力。在每次检验中将 4 个具有不同特性强度的样品以随机的顺序提供给候选品评员。要求他们以强度递增的顺序将样品排序。应以相同的顺序向所有候选品评员提供样品以保证候选品评员排序结果的可比性而避免由于提供顺序的不同而造成的影响。检验中常用的样品如表 4－11 所示。检验结束后对数据进行分析。只接纳正确排序和只将相邻位置颠倒的候选人。

表 4－11　　排序/分级检验常用样品举例

要求	项目	样品				
辨味	酸	（柠檬酸/水）/（g/L）：	0.25	0.5	1.0	1.5
辨味	甜	（蔗糖/水）/（g/L）：	10	20	50	100
辨味	苦	（咖啡因/水）/（g/L）：	0.3	0.6	1.3	2.6
辨味	咸	（氯化钠/水）/（g/L）：	1.0	2.0	5.0	10
辨香	丁香味	（丁香酚/水）/（g/L）：	0.03	0.1	0.3	1.0
辨色	颜色标度	颜色从弱到强				

六、描述能力的测试

对于参加描述分析实验的评定人员来说，只有分辨产品之间差别的能力是不够的，他们还应具有对于关键感官性质进行定性和定量描述的能力，包括对感官性质及其强度进行区别的能力；对感官性质进行描述的能力，包括用语言来描述性质和用标尺来描述强度；抽象归纳的能力。描述能力的测试一般可以分两步进行。

（1）区别能力测试　可以用三点检验或二－三点检验，样品之间的差异可以是温度、成分、包装或加工过程，样品按照差异的被识别程度由易到难的顺序呈送。三点检验中，正确识别率在50%～70%；二－三点检验中，合格识别率在60%～80%。

（2）描述能力测试　呈送给参试人员一系列差别明显的样品，要求参试人员对其进行描述。参试人员要能够用自己的语言对样品进行描述，这些词语包括化学名词；普通词语或者其他有关词语等。这些人必须能够用这些词语描述出80%的刺激感应，对剩下的那些应能够用比较一般的、不具有特殊性的词语进行描述，比如甜、咸、酸、涩、一种辣的味道、一种浅黄色的酒等。此实验可通过气味描述和质地描述实验来完成。

①气味描述检验：此实验用来检验候选人描述气味刺激的能力，见表4－12。向候选人提供5～10种不同的嗅觉刺激物。这些刺激样品最好与最终评定的产品相联系，还应包括比较容易识别的某些样品和一些不常见的样品。刺激物的刺激强度应大于识别阈值，但不能比实际产品中的含量高出太多。具体的做法参见GB/T 14195—1993。

表4－12　用于气味描述检验常用的材料举例

材料	由气味引起的通常联想物的名称	材料	由气味引起的通常联想物的名称
苯甲醛	苦杏仁	茴香脑	茴香
辛烯－3－醇	蘑菇	香兰醛	香草素
乙酸苯－2－乙酯	花卉	β－紫罗酮	紫罗兰、悬钩子
二烯丙基硫醚	大蒜	丁酸	发哈喇味的黄油
樟脑	樟脑丸	乙酸	醋
薄荷醇	薄荷	乙酸异戊酯	水果
丁子香酚	丁香	二甲基噻吩	烤洋葱

当检验结束后，即可对结果进行分析评定。一般可按照以下的标度给候选人打分：

描述准确的　　5分
仅能在讨论后才能较好描述的　　4分
联想到产品的　　2~3分
描述不出的　　1分

应根据所使用的不同材料规定出合格的操作水平。气味描述检验候选人其得分应该达到满分的65%，否则不宜做这类检验。

② 质地描述检验：该测试是检验候选品评员描述不同质地特性的能力。以随机的顺序向候选品评员提供一系列样品，并要求描述这些样品的质地特征。固态样品应加工成大小不同的形状，液体样品应置于不透明的容器内提供。常用材料见表4-13。检验结束后按气味描述检验同样的标度给候选品评员的操作打分，得分低于满分的65%的人不适合做这类检验。

表4-13　　质地描述检验常用的材料举例

材料	由产品引起的对质地的联想	材料	由产品引起的对质地的联想
橙子	多汁的	奶油冰淇淋	软的，奶油状的，光滑的
油炸土豆片	脆的，有嘎吱响声的	藕粉糊	胶水般，软的，糊状的，胶状的
梨	多汁的，颗粒感的	胡萝卜	有嘎吱响声的
结晶糖块	结晶的，硬而粗糙的	炖牛肉	明胶状的，弹性的，纤维质的
栗子泥	面团状的，粉质的		

七、培训内容

对优选品评员进行的培训，包括有感官评定技术的培训、感官评定方法的培训及产品知识的培训。

（1）感官评定技术的培训　感官评定技术的培训又包括认识感官特性的培训、接受感官刺激的培训和使用感官评定设备的培训。认识感官特性的培训是要使品评员能认识并熟悉各有关感官特性，如颜色、质地、气味、味道、声响等；而接受感官刺激的培训是培训候选品评员正确接受感官刺激的方法，例如在评定气味时，应浅吸而不应该深吸，并且吸的次数不要太多，以免嗅觉混乱和疲劳。对液体和固态样品，当用嘴评定时应事先告诉品评员可吃多少，样品在嘴中停留的大约时间，咀嚼的次数以及是否可以咽下。另外要告知如何适当地漱口以及两次评定之间的时间间隔以保证感觉的恢复，但要避免相隔时间过长以免失去区别能力。

（2）感官评定方法的培训　感官评定方法的培训主要包括差别检验方法培训、使用标度的培训、设计和使用描述词的培训。

① 差别检验方法的培训：差别检验方法的培训是要使候选品评员熟练掌握差别检验的各种方法，包括二点检验、三点检验、二-三点检验等。在培训过程中样品的制备应体现由易到难、循序渐进的原则。如进行滋味和气味的差别检验方法的培训时，刺激物最初可由水溶液给出，在有一定经验后可用实际的食品或饮料代替，也可以使用几种成分按不同比例混合的样品。在评定味道和气味差别时变换与样品滋味和气味无关的样品外观有助于增加评定的客观性。用于培训和检验的样品应具有市场产品的代表性。也应尽可能与最终评定的产品相关联。表4-14列举了培训阶段中常用的样品。

表4-14　差别检验方法培训常用材料及质量浓度示例

材料	质量浓度/（g/L）
1. 蔗糖	16
2. 酒石酸或柠檬酸	1
3. 咖啡因	0.5
4. 氯化钠	5
5. 鞣酸	1
6. 糖精钠	0.1
7. 硫酸奎宁	0.2
8. 蔗糖溶液	10，5，1，0.1
9. 四种浓度蔗糖溶液（见第8条）分别添加硫酸奎	—
宁（见第7条）	—
10. 己醇	0.015
11. 乙酸苯甲酯	0.01
12. 酒石酸加己醇	分别为0.3，0.03或0.7，0.015
13.（连续品尝）咖啡因、酒石酸、蔗糖	分别为0.8，0.4，5
14.（连续品尝）咖啡因、蔗糖、咖啡因、蔗糖	分别为0.8，5，1.6，1.5

② 使用标度的培训：通过按样品的单一特性强度将样品排序的过程给品评员介绍名义标度、顺序标度、等距离标度和比率标度的概念和使用方法。在培训中要强调“描述”和“标度”在描述分析当中同样重要。让品评人员既要注重感官特征，又要注重这些特性的强度，让他们清楚地知道描述分析是使用词汇和数字对产品进行定义和度量的过程。在培训中，最初使用的基液是水，然后引入实际的食品和饮料以及混合物。表4-15为味道和气味培训阶段所使用的材料举例。

表 4－15　　标度培训常用材料示例

序号	材料	质量浓度/（g/L）			
1	柠檬酸	0.4	0.2	0.1	0.05
2	丁香酚	1	0.3	0.1	0.03
3	咖啡因	0.15	0..22	0.34	0.51
4	酒石酸	0.05	0.15	0.4	0.7
5	乙酸乙酯	0.5×10^{-3}	5×10^{-3}	0.02	0.05
6	黄血盐溶液	从强到弱			

③ 设计和使用描述词的培训：通过提供一系列简单样品并要求制定出描述其感官特性的术语或词语，特别是那些能将样品区别的术语或词语。向品评人员介绍这些描述性的词语，包括外观、风味、口感和质地方面的词语，并与事先准备好的与这些词汇相对应的一系列参照物对比，要尽可能多地反映样品之间的差异。此外，向品评人员介绍一些感官特性在人体上产生感应的化学和物理原理，从而使品评人员有丰富的知识背景，让他们适应各种不同类型产品的感官特性。培训常用的材料示例见表 4－16。

表 4－16　　培训常用的材料示例

材料	材料
加饭酒	即墨老酒
沉缸酒	福建老酒
善酿酒	红曲酒
元红酒	部分清爽型酒
香雪酒	部分特型酒

八、感官品评人员在训练过程中应注意的事项

1. 品评员在参加试验训练前应注意的事项

（1）感官品评人员在试验前不能接触或避免使用有气味的化妆品及洗涤剂，避免味觉感受器官受到强烈刺激，如喝咖啡、嚼口香糖等，女性应擦去口红。

（2）品评前 30min 和品评中禁止吸烟。吸烟者和不吸烟者都可以当品评员，有资料显示吸烟者对某些异味更敏感。但在进行品评时严禁吸烟，因为吸烟者的烟味会影响不吸烟者的品评效果。

（3）感官品评人员若一段时间内未参加感官品评工作，要重新接受简单训练之后才能再参加感官品评工作。

（4）品评前不饮食，不吃口香糖，品评前要漱口。

（5）参加训练的感官品评人员应比实际需要的人数多，以避免因疾病、休假

或因工作繁忙而造成人员调配困难。

(6) 自主地、积极地进行日常产品的品尝。

(7) 经常注意健康，保持身体状况良好。若身体不适、头痛、疲倦、鼻炎、感冒等应提出不参加品评，或者不列入计算结果。

2. 品评员在训练提高过程中的注意事项

(1) 参加分析型感官品评训练的人员，应集中注意力，保持肃静，独立完成试验，并尽可能避免交流和讨论结果。

(2) 在品评中，关于自己感觉到的风格特征及其强弱程度、表达用语，积极地与其他品评员进行相互磋商，掌握尺度一致。

(3) 掌握香味物质单品的香味，以便能够尽量用化学物质名称表达香味的特征。至少要充分记忆品评用语集中出现的化学物质的单品的香味特征（浓度不同，香味不同，故需注意）。

(4) 黄酒香味随时间的推移而有所变化。因此，要注意香味随时间变化的曲线图。

(5) 熟记黄酒中异常风味特征及其产生原因。

(6) 训练期间，每个参训人员至少应主持一次感官品评工作，负责样品制备、试验设计、数据收集整理和讨论会召集等，使每一个感官品评人员都熟悉感官试验的整个程序和进行试验所应遵循的原则。

九、品评员的分类

1. 根据品评员的性质分类

(1) 专家型　这是食品感官品评人员中层次最高的一类，专门从事产品质量控制、评估产品特定属性与记忆中该属性标准之间的差别和评选优质产品等工作。其目的就在于进行出厂检查、原料进厂检查、工程管理、改良品质的研究，像品评会那样，找出样品间的差别或评价特性等。黄酒厂所使用的品评员，几乎都属于这种分析型品评员，省、部、国家的评委，也都属于分析型品评员。

此类品评人员数量最少而且不容易培养。品酒师、品茶师等属于这一类人员。他们不仅需要积累多年专业工作经验和感官品评经历，而且在特性感觉上具有一定的天赋，在特征表述上具有突出的能力。

(2) 嗜好型品评员　这类品评员以调查消费者的嗜好情况为目的而组成。用于新产品开发等，以了解消费者的嗜好情况。它是感官品评人员中代表性最广泛的一类。通常这种类型的品评人员由各个阶层的食品消费者的代表组成。与专家型感官品评人员相反，消费者型感官品评人员仅从自身的主观愿望出发，评价是否喜爱或接受所试验的产品及喜爱和接受程度。这类人员不对产品的具体属性或属性间的差别做出评价。

（3）无经验型 这也是一类只对产品的喜爱和接受程度进行评价的感官品评人员，但这类人员不及消费型代表性强。一般是在实验室小范围内进行感官品评，由与所试产品有关人员组成，无需经过特定的筛选和训练程序，根据情况轮流参加感官品评试验。

（4）分析型品评员 通过感官品评筛选试验挑选出具有一定分辨差别能力的感官品评试验人员，可以称为有经验型品评人员。他们可专职从事差别类试验，但是要经常参加有关的差别试验，以保持分辨差别的能力。

这类品评员需要经过长期的训练并有丰富的经验。主要用于：

① 原材料验收检查、工艺管理、产品出厂质量检查。

② 试验、研究检查贮藏中黄酒品质的变化。

③ 试验、研究原辅材料的更换等，对比是否还能达到原有产品的质量。

④ 试验、研究新的生产方法时，能否维持产品的质量标准。

（5）训练型 这是从有经验型感官品评人员中经过进一步筛选和训练而获得的感官品评人员。通常他们都具有描述产品品质特性及特性差别的能力，专门从事对产品品质特性的评价。

此类的品评员对黄酒品评的语言表达能力要求较高。主要用于：

① 研究黄酒的品质改良。

② 黄酒生产工艺的改进（原料、生产方法、后贮方法）效果的判断。

③ 新产品的生产试验和研究。

这种品评员，要求具有以下能力：

① 分析判断黄酒品质的各种特性的能力。

② 黄酒生产工艺的改进（原料、生产方法、后贮方法）效果的判断。

③ 特性的感知能力（刺激阈值小）。

④ 检出特性差的能力（辨别阈值小）。

⑤ 特性的数量表现能力（打分法、差别法）。

⑥ 丰富、恰当的特性表现词汇（词的数量和理解能力）。

⑦ 特性的记忆能力。

⑧ 透视特性和生产过程的关系能力。

2．根据试验场所分类

（1）试验室品评员 黄酒厂产品质量控制品评组，由技术副总、技术经理、车间主任、车间工艺员组成。观察产品市场销售情况的品评员一般由消费者品评员组成，进行产品嗜好性评价。

（2）工程品评员 指从事接收、出厂检查或工程管理的品评员。黄酒企业质检部、技术部及各车间负责人就是这类人员。根据质量保证系统，接受所指定感官品评训练的人员，即从事这项工作，为了保持和提高判断能力，防止判断标准的变动，要接受定期训练。

(3) 审查会品评员　同行业的评比活动和质量检查活动，多用分析型品评员。

(4) 市场品评员　了解市销黄酒质量，多用分析型品评员，了解消费者嗜好，多用嗜好型品评员。

十、品酒工作人员守则

(1) 工作人员必须认真负责，服从分配，积极主动，团结互助把品酒的后勤工作做好。

(2) 工作人员必须按时、按要求把工作做好，不得有拖拉、遗落，不得擅离岗位，以保证品酒工作顺利进行。

(3) 工作人员对品酒后勤工作必须做好保密，不得有任何泄露和暗示。

(4) 工作人员在品酒期间除工作需要外，不得任意饮酒（包括样酒及品后剩余酒）。

(5) 样酒分类、分型确切，排列无误，统计准确，保管良好。

(6) 样酒按类别、类型，评次进行编号，必须做到及时、无误、保密、有据可查。

(7) 品酒结果统计，要求迅速及时、准确无误。

(8) 酒杯（工具）必须洁净，用优质洗洁剂洗涤后要充分冲洗，保证不得带有任何附着物及气味。

(9) 倾倒酒前必须先用本品酒洗刷一遍酒杯，而后倾倒酒。倾倒酒时先核对编号，同次品的酒尽量要求同时迅速倾倒。

(10) 送酒、发品酒表要迅速、无误，收表、收杯要无遗落、无损坏。解说要简明扼要。

思考题

1. 品酒杯的要求有哪些？
2. 样品对品酒员的影响有哪些？
3. 品酒员在参加试验训练过程中应注意些什么？
4. 根据性质分类，品酒员应分成哪几类？
5. 感官测试有哪几类？分别简述。
6. 简述感官培训的内容。

第五章 感官品评的方法及数据处理

学习目标和要求

1. 掌握数理统计的基本知识。
2. 掌握不同感官品评的方法和适用范围。
3. 掌握不同感官品评方法的数据处理方法。

为了获得可靠度高的感官品评结果，真实地反映出产品的质量，除了排除外界环境和心理因素引起的干扰和误差以外，还要采用数理统计学方法进行分析。

在进行感官品评时，一般有若干名品评员参加，试样的数目也多少不一，不同的品评员为同一样品打分，或多或少也有误差；同一个品评员在给不同的样品打分时也不可能做到标准不变，这种差异最后会反映到样品的感官品评结果的可靠度和精确度上。如何用统计学方法分析结果，使之比较符合客观实际呢？在训练和选拔品评员时，常用差别比较法来测定品评员的灵敏度。在这种情况下，品评员只有“相同”和“不相同”两种选择，所以即使他完全没有辨别能力，也有猜对50%的可能性。如何评价品评员的能力，本章介绍一些简单的统计表及其应用方法。主要用统计学上假设检验的方法，即先对研究的总体做出各种假设，然后利用品评结果，运用统计分析的方法来检验这一假设是否正确。这里只对涉及的统计学概念及公式做简单介绍，目的是通过例题学会运用方法。

第一节　数理统计的应用及品评方法的分类

一、感官品评中涉及的统计学概念

在统计学上，假设检验也称显著性检验，它是事先做出一个总体指标是否等于某一个数值或某一随机变量是否服从某种概率分布的假设，然后利用样本资料采用一定的统计方法计算出有关的统计量，依据一定的概率原则，用较小的风险来判断假设总体与现实总体是否存在显著差异，是否应当接受或拒绝原假设选择的一种检验办法。假设检验是依据样品提供的信息进行判断的，也就是由部分来推断总体，因而不可能绝对准确，它可能犯错误。根据样本资料对原假设做出接受或拒绝的决定时，可能会出现以下4种情况：

（1）原假设为真，接受它。

（2）原假设为真，拒绝它。

（3）原假设为假，接受它。

（4）原假设为假，拒绝它。

上面的4种情况中；很显然，（2）与（3）是错误的决定。当然人们都愿意做出正确的决定，但实际上难以做到。因此，必须考虑错误的性质和犯错误的概率。把原

假设为真却被我们拒绝了，否定了未知的真实情况，把真当成假了，称为犯第Ⅰ类错误；把原假设为假却被我们接受了，接受了未知的不真实状态，称为犯第Ⅱ类错误。

在假设检验中，犯第Ⅰ类型错误的概率记作 α，称其为显著性水平，也称为 α 错误或弃真错误；犯第Ⅱ类型错误的概率记作 β，也称 β 错误或取伪错误。α 常用水平为0.1，0.05，0.01，是按所要求的精确度而事先规定的，表示概率小的程度。它说明检验结果与拟定假设是否有显著性差距，如有就应拒绝拟定假设。

P_d（proportion of distinguisher），是指能分辨出的差异的人数比例。

在统计学上，α、β、P_d 值的范围表示意义如表5－1所示。

表5－1　α、β、P_d 值的范围所表示的意义

α 值 存在差异的程度		β 值 差异不存在的程度		P_d 值 能分辨出差异的人的比例	
10%～5%	中等	10%～5%	中等	<25%	较小
5%～1%	显著	5%～1%	显著	25%～35%	中等
1%～0.1%	非常显著	1%～0.1%	非常显著	>35%	较大
<0.1%	特别显著	<0.1%	特别显著		

差别实验的目的不同，需要考虑的实验敏感参数也不同。在以寻找样品间差异为目的的差别实验中只需要考虑 α 值风险，而 β 值和 P_d 值通常不需要考虑，而在以寻找样品间相似性为目的的差别实验中：实验者要选择合适的 P_d 值，然后确定一个较小的 β 值，α 值可以大一些。而某些情况下，实验者要综合考虑 α、β、P_d 值，这样才能保证参与评定的人数在可能的范围之内。

1. 显著性水平

在对原假设进行检验时，由于概率出现的错误，而对原假设做出否定的判断，所以需要对发生错误的可能性事先做出规定，然后在此基础上进行假设检验，通常显著性水平 $P \leqslant 0.05$ 则认为结果有效，即 $P < 0.01$ 时，则结果高度有效；当 $P \leqslant 0.05$ 为小概率。感官品评中，一般取 $P = 0.05$ 和 $P = 0.01$。

所谓显著性水平，是当原假设是真而被拒绝的概率（或这种概率的最大值），也可看作得出这一结论所犯错误的可能性。在统计学分析中，在得出某一结论之前，应事先选定某一显著性水平，在感官分析中，通常选定5%的显著性水平被认为是足够的。原假设一般是这样：两种样品之间在特性强度上没有差别（或对其中之一没有偏爱）。应当注意：原假设可能在“5%的水平”上被拒绝，而在“1%的水平”上不被拒绝。如果原假设在“1%的水平”上被拒绝，则在“5%的水平”上更被拒绝，因此，对5%的水平用“显著”一词表示，而对1%的水平用“非常显著”一词表示。

2. 原假设

在统计学分析中，往往先根据以往的资料和其他知识，对于总体做出某些假设，然后对原假设做出检验，看是否成立。

3. 众数

在一组数据（n 个）中，出现次数最多的一个数，如这组数据中没有出现重复，则没有众数，如有几个数都重复同样次数，则有几个众数。

4. 极差

一组数据中最大值和最小值之差。

5. 方差

$$T^2 = \frac{(x_1 - u)^2 + (x_2 - u)^2 + \cdots + (x_n - u)^2}{n} = \frac{\sum(x - u)^2}{n}$$

式中 u——平均值

6. 标准偏差

方差的平方根。

7. 中值

一组数据（几个），按增加或减少的顺序依次排列，如 n 为奇数，则中间的一个数为中值，若 n 为偶数，则为中间两个数的平均值。

$$T = \frac{\sqrt{\sum(x - u)^2}}{n} \quad 或 \quad T = \frac{\sqrt{x^2 - \frac{x^2}{n}}}{n}$$

8. 概率

设进行了 n 次重复试验，其中事件 A 出现了 m 次，则事件 A 的概率：

$$A \approx n/m$$

9. 算术平均值

$$W = \frac{x_1 + x_2 + \cdots + x_n}{n} = \frac{\sum x}{n}$$

在感官品评数据统计中，方差分析、标准偏差、原假设和显著性水平等概念应用较多。

二、品评方法的分类

古代的感官品评多以品评者自身的嗜好为标准，随着历史的前进、经验的积累，由品评者的嗜好上升到经验，差别品评法逐渐被科学化。由于科学和技术的不断发展，到现今为止，感官品评已发展成为一门很科学的品评手段。当前，国内外常用的品评方法有差别品评法、顺位品评法、评分法、质量描述法、综合评价法等。

这里有经过专门训练的分析型品评员为找出质量差和进行产品质量控制的品评活动，也有为了解消费者的需要而组织的嗜好型品评活动。根据不同目的选择不同活动。

感官品评是以复杂的人为仪器，依赖于感觉器官所进行的品评，因此得到的各数据是主观的，误差也较大，因此需要用统计的方法进行解析，得出客观的结果。

当实施感官品评时，仔细研究所给的问题是什么？用合乎其目的的方法，正确解析和灵活使用所得数据，是非常重要的。

三、不同品评方法的实用性和所需最低品评员数

1. 各种品评方法的实用性

实际应用时，应根据检验的样品数目的要求、精度及经济性选用适用的方法。通常，当了解两个样品间的差异时，可使用二点检验法、三点检验法、二－三点检验法、评估法和评分法等，且对于同样的实验次数、同样的差异水平，二点检验法所要求的正解数最少；当要了解三个以上样品间的品质、嗜好等关系时，可使用排序法、评分法、二点法等。对于分类法、排序法和二点法，当有差异的样品数量增大时，二点法的精度增高，但试验时间增长，而分类法、排序法和综合评价法所需时间仅为二点法的1/3。

对于嗜好型试验方法多采用二点法、选择法、排序检验法和评分法。

表5－2总结了各种常用方法的样品数目、统计处理方式和适用的目的。

表5－2　各种常用方法的样品数目、统计处理方式和适用的目的

方法	样品数目	数据处理	适用目的	备注
二点法	2	二项式分布	差异识别或嗜好调查	猜对率1/2
二－三点法	3（2同1异）	二项式分布	差异识别	猜对率1/3
三点法	3（2同1异）	二项式分布	差异识别、识别能力或嗜好调查	猜对率1/3
五中取二法	5	—	差异识别	较精确
排序法	2～6	排序分析、方差分析	差异识别或嗜好调查	—
评分法	1～18	τ 检验	差异程度	—

2. 各种不同品评方法所需品评员数

选择不同的检验方法所需评价员人数如表5－3所示。

表5－3　选择不同的检验方法所需评价员人数

方法	所需评价人数		
	专家型	优选评价员	初级评价员
二点法	7名以上	20名以上	30名以上
二－三点法	6名以上	15名以上	25名以上
三点法	—	—	20名以上
五中取二法	—	10名以上	—
排序法	2名以上	5名以上	10名以上
评分法	1名以上	5名以上	20名以上
简单描述法	5名以上	5名以上	—
定量描述或感官剖面法	5名以上	5名以上	—

第二节 差别检验法

差别检验只要求品评员评定两个或两个以上的样品中是否存在感官差异（或偏爱其一）。差别检验的结果分析是以每一类别的品评员数量为基础的。例如，有多少人回答样品 A，多少人回答样品 B，多少人回答正确。解释其结果主要运用统计学的二项分布参数检查。差别检验中，一般规定不允许“无差异”的回答（即强迫选择），即品评员未能察觉出两种样品之间的差异。差别检验中需要注意样品外表、形态、温度和数量等的明显差别所引起的误差。差别检验中常用的方法有：二点法（二杯法）、二－三点法、三点法（三杯法）、五中取二法（五杯法）、“A”－“非 A”检验法等。

一、二点检验法（二杯法）

以随机顺序同时出示两个样品给品评员，要求品评员对这两个样品进行比较，判定整两个样品间是否存在某种差异（差异识别）及其差异方向（如某些特征强度的顺序）的一种品评方法称为二点检验法或二杯试验法。

此检验方法是最为简单的一种感官品评方法，它可用于确定两种样品之间是否存在某种差异，差异方向如何；或者用于偏爱两种样品中的哪一种。本方法比较简便，但效果较差（猜对率为 1/2）。

对于二点检验法有两种形式，一种是差别二点比较法（双边检验），也称简单差别实验和异同实验，另一种为定向二点比较法（单边检验）。

品评员每次得到两个（1 对）样品，被要求回答样品是相同还是不同。在呈送给品评员的样品中，相同和不相同的样品数是一样的。通过比较观察的频率和期望的频率，根据 X^2 分布检验分析结果。这种二点比较检验法称为差别二点比较法。

在定向二点比较实验中，品评员每次得到两个（1 对）样品，组织者要求回答这些样品在某一特性方面是否存在差异，比如甜度、酸度、色度、易碎度等。两个样品同时呈送给品评员，要求品评员识别出在这一指定的感官属性上程度较高的样品。

在检验过程中，要根据研究的目的决定采取哪种形式的检验，如果已知两种产品在某一特定感官属性上存在差别，那么就应该采用定向二点比较实验；如果不确定样品间哪种感官属性存在差异，那么就应采用差别二点比较实验。

1. 方法特点

（1）二点比较检验法是最简便也是应用最广泛的感官评定方法，它常被应用于食品的风味检验，如偏爱检验。此方法也常被用于训练品评员，在品评员的筛选、考核、培训中常用两点比较检验法。

（2）二点比较检验法具有强制性。在二点比较检验法中可能会有“无差异”

的结果出现，一般情况下这是不允许的，因此，要求品评员“强迫选择”，以促使品评员仔细观察分析，从而得出正确结论。

（3）进行二点比较检验时，首先应分清是差别二点比较还是定向二点比较。当实验的目的是要确定产品之间是否存在感官上的差异，而又不能同时呈送两个或更多样品的时候应采用差别二点比较法。如果要确定哪个样品在某一感官特性方面更好或更受欢迎，则采用定向二点比较法。因此，在定向二点比较检验时，感官专业人员必须保证两个样品只在单一的所指定的感官方面有所不同，否则此检验法则不适用。如增加面包中的糖量，面包会变得比较甜，但同时会改变面包的色泽和质地。在这种情况下，定向二点比较法并不是一种很好的区别检验方法。

（4）差别二点比较检验是双边的，该检验的对立假设规定，样品之间可觉察出不同，而且品评员可正确指出样品间是相同或不相同的概率大于50%。差别二点比较检验只表明品评员可辨别出两种样品，并不表明某种感官属性方向性的差别。而定向二点比较检验是单边的，该检验的对立假设规定，如果感官品评员能够根据指定的感官属性区别样品，那么在指定方面程度较高的样品，由于高于另一样品，因此被选择的概率较高。该检验结果可给出样品间指定属性存在差别的方向。

（5）差别二点比较实验中，样品有4种可能的呈送顺序（AA、BB、AB、BA）。定向二点比较实验中，样品有两种可能的呈送顺序（AB、BA）。样品的呈送顺序应该具有随机性，并且每种顺序出现的次数应相同。

（6）差别二点比较法一般要求20～50名品评人员来进行实验，最多可以用200人，或者100人。实验人员应都接受过培训或都没接受过培训，在同一个实验中，参评人员不能既有接受过培训的也有没接受过培训的。在定向二点比较实验中，品评员必须清楚地理解感官专业人员所指定的特定属性的含义，品评员不仅应在识别指定的感官属性方面受过专门训练，而且在如何执行评分单所描述的任务方面也应受过训练。

2．组织设计

在进行差别实验之前，要设计出问答表。问答表的设计应和产品特性及实验目的相结合。一般常用的问答表如表5－4至表5－7所示。呈送给受试者两个带有编号的样品，要使组合形式AB和BA数目相等，并随机呈送，要求受试者从左到右尝试样品，然后填写问卷。

表5－4　　差别二点比较检验问答表示例

异同实验	
姓名： 样品类型：	日期：

续表

实验指令： 1. 从左到右品尝你面前的两个样品。 2. 确定两个样品是相同还是不同。 3. 在以下相应的答案前面画“√”。
__________两个样品相同 __________两个样品不同
评语：

表 5-5 差别二点比较检验常用问卷示例

日期： 姓名： 检验开始前请用清水漱口。两组二点比较实验中各有两个样品需要评定，请按照呈送的顺序品尝各组中的编码样品，从左至右，由第一组开始。将全部样品摄入口中，请勿再次品尝。回答各组中的样品是相同还是不同？圈出相应的词；在两种样品品尝之间请用清水漱口，并吐出所有的样品和水。然后进行下一组的实验，重复品尝程序。 级别 1. 相同 不同 2. 相同 不同

表 5-6 定向二点比较调查问卷示例

日期： 姓名： 检验开始前请用清水漱口。分别对两组定向二点比较实验中的两个样品进行评定。请按照样品呈送程序品尝各级中的编码样品，从左至右，由第一组开始。将全部样品摄入口中，请勿再次品尝。回答各组中的样品是相同还是不同？圈出相应的词；在两种样品品尝之间请用清水漱口，并吐出所有的样品和水。然后进行下一组的实验，重复品尝程序。 组例 1. __________ __________ 2. __________ __________

表 5-7 定向二点比较实验问答表示例

定向二点比较实验 姓名： 日期：
实验指令：在你面前有两个样品，从左到右依次品尝这两个样品，在你认为甜的样品编号上画圈。你可以猜测，但必须有所选择。 111 123

3. 结果分析

统计学分析中，在得出某一结论之前，应先选定某一显著性水平。显著性水

平就是当原假设是真而被拒绝的概率（或这种概率的最大值），也可看作为得出这一结论所犯错误的可能性。在感官评定中，通常选定5%的显著性水平。

原假设：两种样品没有显著性差别，因而无法根据样品的特性强度或偏爱程度区别这两种样品。换句话说，每个参加检验的品评员做出样品A比样品B的特性强度大或样品B比样品A的特性强度大（或被偏爱）判断的概率是相等的，即 $P_A = P_B = 1/2$。

备择假设：这两种样品有显著性差别，因而可以区别这两种样品。换句话说，每个参验的品评员做出样品A比样品B特性强度大或样品B比样品A特性强度大（或被偏爱）的判断概率是不等的，即 $P_A \neq P_B$（$P_A > P_B$ 或 $P_A < P_B$）。

分析结果前，根据A、B两个样品的特性强度的差异大小，确定检验是差别二点对比还是定向二点比较。如果样品A的特性强度（或被偏爱）的判断概率大于做出样品B比样品A的特性强度大（或被偏爱）的判断概率，即 $P_A > 1/2$。例如，两种果汁A和B，其中果汁A明显甜于果汁B，则该检验是定向二点比较（单边检验）；如果这两种样品有显著差别，但没有理由认为A或B的特性强度大于对方或被偏爱，则该检验是差别二点比较（双边检验）。

（1）对于单边检验，统计有效回答表的正解数，如果此正解数大于或等于表5-8中相应的某显著性水平的数字，则说明在此显著性水平上，样品间有显著性差异，或认为样品A的特性强度大于样品B的特性强度（或样品A更受偏爱）。

表5-8　　二-三点检验和二点检验（单边）法检验表

答案数目	显著性水平			答案数目	显著性水平			答案数目	显著性水平		
/n	5%	1%	0.1%	/n	5%	1%	0.1%	/n	5%	1%	0.1%
7	7	7	—	24	17	19	20	41	27	29	31
8	7	8	—	25	18	19	21	42	27	29	32
9	8	9	—	26	18	20	22	43	28	30	32
10	9	10	10	27	19	20	22	44	28	31	33
11	9	10	11	28	19	21	23	45	29	31	34
12	10	11	12	29	20	22	24	46	30	32	34
13	10	12	13	30	20	22	24	47	30	32	35
14	11	12	13	31	21	23	25	48	31	33	35
15	12	13	14	32	22	24	26	49	31	34	36
16	12	14	15	33	22	24	26	50	32	34	37
17	13	14	16	34	23	25	27	60	37	40	43
18	13	15	16	35	23	25	27	70	43	46	49
19	14	15	17	36	24	26	28	80	48	51	55
20	15	16	18	37	24	27	29	90	54	57	61
21	15	17	18	38	25	27	29	100	59	63	66
22	16	17	19	39	26	28	30				
23	16	18	20	40	26	28	31				

具体试验方法：把 A、B 两个样品同时呈送给品评员，要品评员根据要求进行品评。在试验中，应使样品 A、B 和 B、A 这两种次序出现的次数相等，样品编码可以随机选取三位数组成，而且每个品评员之间的样品编码尽量不重复。

根据 A、B 两个样品的特性强度的差异大小，确定检验是双边的还是单边的。如果样品 A 的特性强度（或被偏爱）明显优于 B，换句话说，参加检验的品评员，做出样品 A 比样品 B 的特性强度大（或被偏爱）的判断概率大于做出样品 B，即 $P_A > 1/2$。例如，两种饮料 A 和 B，其中饮料 A 明显甜于 B，则该检验是单边的；如果这两种样品有显著差别，但没有理由认为 A 或 B 的特性强度大于对方或被偏爱，则该检验是双边的。即如果感官品评员已经知道两种产品在某一特定感官属性上存在差别，那么就应单边检验。如果感官品评员不知道样品间何种感官属性不同，那么就应采用双边检验。

（2）对于双边检验，统计有效问答表的正确数，此正解数与表 5 – 9 中相应的某显著性水平的数相比较，若大于或等于表中的数，则说明在此显著性水平上样品间有显著性差异，或认为样品 A 的特性强度大于样品 B 的特性强度（或样品 A 更受偏爱）。

表 5 – 9 二点检验法检验表（双边）

答案数目 /n	显著性水平			答案数目 /n	显著性水平			答案数目 /n	显著性水平		
	5%	1%	0.1%		5%	1%	0.1%		5%	1%	0.1%
7	7	—	—	24	18	19	21	41	28	30	32
8	8	8	—	25	18	20	21	42	28	30	32
9	8	9	—	26	19	20	22	43	29	31	33
10	9	10	—	27	20	21	23	44	29	31	34
11	10	11	11	28	20	22	23	45	30	32	34
12	10	11	12	29	21	22	24	46	31	33	35
13	11	12	13	30	21	23	25	47	31	33	36
14	12	13	14	31	22	24	25	48	32	34	36
15	12	13	14	32	23	24	26	49	32	34	37
16	13	14	15	33	23	25	27	50	33	35	37
17	13	15	16	34	24	25	27	60	39	41	44
18	14	15	17	35	24	26	28	70	44	47	50
19	15	16	17	36	25	27	29	80	50	52	56
20	15	17	18	37	25	27	29	90	55	58	61
21	16	17	19	38	26	28	30	100	61	64	67
22	17	18	19	39	27	28	31				
23	17	19	20	40	27	29	31				

（3）当表中 n 值大于 100 时，答案最少数按以下公式计算，取最接近的整数值。

$$X = \frac{n+1}{2} + K\sqrt{n}$$

式中，K 值为不同显著性水平下对应的值，见表 5－10。

表 5－10　　K 值

显著性水平	5%	1%	0.1%
单边检验 K 值	0.82	1.16	1.55
双边检验 K 值	0.98	1.20	1.65

实例 1　更换原料（大米）对产品质量的影响。

黄酒 B 是用许多新大米酿造而成的，感官评定品评员希望知道它是否与目前生产的黄酒 A 有所区别。试验允许有 5% 的误差，并且选择了 12 名专业品评员。18 杯黄酒 B 与 18 杯黄酒 A 被随机分为 12 组，以下组合中每种组合各用 2 次：ABB、BAA、AAB、BBA、ABA、BAB，然后将试验样品随机分发给每一位品评员。

试验结束后，8 位品评员做出了正确的选择。

没有迹象表明黄酒 A 与黄酒 B 风味有很大区别，所以它属于双边检验，根据表 5－9 当 $n=12$，显著性水平为 5% 时，它的临界值为 10，$8<10$，所以得到结论：这两种黄酒在 5% 显著性水平值上无差异。

注意：如果试验的目的是评定两样品的相似性，则需要更多的品评员。

实例 2　二点检验法问答应用实例。

某饮料厂生产有 4 种果汁，编号分别为"879"、"937"、"752"和"680"。其中，两种编号为"879"和"937"的果汁，其中一个略甜，但两者都有可能使品评员感到更甜。编号为"752"和"680"的两种果汁，其中"752"配方明显较甜。请通过二点比较实验来确定哪种样品更甜，您更喜欢哪种样品。

实验设计与分析：

两种饮料编号为"879"和"937"，其中一个略甜，但两者都有可能使品评员感到更甜，属双边检验。编号为"752"和"680"的两种果汁，其中"752"配方明显较甜，属单边检验。调查问卷如表 5－11 所示。

表 5－11　　二点检验法实验调查问卷

姓名：　　产品：　　日期：　　年　　月　　日
（1）请评价您面前的两个样品，两个样品中哪个更甜（　　）。
（2）两个样品中，您更喜欢的是（　　　）。
（3）请说出您的选择理由：（　　　　　　　　）。

共有30名优选品评员参加品评，统计结果如下：

① 18人认为“879”更甜，12人选择“937”更甜。

② 22人回答更喜欢“937”，8人回答更喜欢“879”。

③ 22人认为“752”更甜，8人选择“680”更甜。

④ 23人回答更喜欢“752”，7人回答更喜欢“680”。

①、②属双边检验。查表5-9，“879”和“937”两种饮料甜度无明显差异（接受原假设），饮料“937”更受欢迎。

③、④属单边检验。查表5-8，“752”比“680”更甜（拒绝原假设），“752”饮料更受欢迎。

二、二-三点检验法

先提供给品评员一个对照样品，接着提供两个样品，其中一个与对照样品相同。要求品评员在熟悉对照样品后，从后者提供的两个样品中挑选出与对照样品相同的样品的方法称为二-三点检验法，也称一-二点检验法。

二-三点检验法有两种形式：一种称为固定参照模型；另一种称为平衡参照模型。在固定参照模型中，总是以正常生产的产品为参照样；而在平衡参照模型中，正常生产的样品和要进行检验的样品被随机用作参照样品。如果参评人员是受过培训的，他们对参照样品很熟悉的情况下，使用固定参照模型；当参评人员对两种样品都不熟悉，而他们又没有接受过培训时使用平衡参照模型。在平衡参照模型中，一般来说，参加评定的人员可以没有专家，但要求人数较多，其中选定品评员通常20人，临时参与的可以多达30人，甚至50人之多。

此试验法用于区别两个同类样品间是否存在差异，尤其适用于品评员熟悉对照样品的情况，如成品检验和异味检查。但差异的方向不能被检验指明，即感官品评员只能知道样品可觉察到差别，而不知道样品在何种性质上存在差别。这是由于精度较差（猜对率为1/2），故常用于风味较强、刺激较强烈和产生余味持久的检验，以降低品评次数，避免味觉和嗅觉疲劳，另外，外观有明显差别的样品不适宜采用此法。

1. 方法特点

（1）此方法是常用的三点检验法的一种替代法。在样品相对地具有浓厚的味道，强烈的气味或者其他冲动效应时，会使人的敏感性受到抑制，这时才使用这种方法。

（2）这种方法比较简单，容易理解。但从统计学上来讲不如三点检验法具有说服力，因为该方法是从两个样品中选择一个，精度较差（猜对率为1/2）。

（3）该方法具有强制性。该实验中已经确定两个样品是不同的，因此不必像三点检验法去猜测。但样品间差异不大的情况依然是存在的。当区别的确不大时，品评员必须去猜测，他回答正确的几率是50%。为了提高结果的准确性，

二－三点检验法要求有25组样品。如果这项检验非常重要，样品组数应适当增加，其组数一般不超过50个。

（4）该检验过程中，在品尝时，要特别强调漱口。在样品风味很强烈的情况下，品尝下个样品之前都必须彻底地洗漱口腔，不得有残留物和残留味存在。检验完一批样品后，如果后面还有一批同类的样品检验，最好离开现场一定时间，或回到品尝室饮用一些白开水等净水。

（5）在固定参照模型中，样品有两种可能的呈送顺序，如RABA、RAAB，应在所有的品评员中交叉平衡。而在平衡参照模型中，样品有四种可能的呈送顺序，如RABA、RAAB、RBAB、RBBA，一般的品评员得到一种样品类型作为参照，而另一半的品评员得到另一种样品类型作为参照。样品也要在所有的品评员中交叉平衡。

2. 组织设计

二－三点检验虽然有两种形式，从品评员角度来讲，这两种检验的形式是一致的，只是所使用的作为参照物的样品是不同的。二－三点检验问答卷的一般形式如表5－12所示。

表5－12　二－三点检验问答卷的一般形式

二－三点检验
姓名：　　　　　　　　时间：
实验指令：
在你面前有3个样品，其中一个标明“参照”，另外两个标有编号。从左到右依次品尝3个样品，先是参照样，然后是两个样品。品尝之后，请在与参照相同的那个样品的编号上画圈。你可以多次品尝，但必须有答案。谢谢。
参照　　321　　459

通常品评时，在品评对照样品后，最好有10s左右的停息时间。同时要求，两个样品作为对照品的概率应相同。

3. 结果分析

有效品评表数为n，回答正确的表数为R，查表5－8中为n的一行的数值，若R小于其中所有数，则说明在5%水平，两样品间无显著差异；若R大于或等于其中某数，说明在此数所对应的显著水平上两样品间有差异。

实例3　某黄酒厂为提高黄酒中的非生物稳定性，在过滤时使用了一种新型过滤助剂，为了了解这种新型助滤剂在过滤时对黄酒风味质量的影响，运用二－三点检查法进行试验，由40名品评员进行检查，其中有20名人员接受到的对照样品是原过滤方法生产的黄酒，另20名人员接受到的对照样品是采用新型助滤剂生产的黄酒，共得到40张有效答案，其中有28张回答正确。查表5－8中$n=40$一栏，知26（5%）$<28=28$（1%）<31（0.1%），则在1%显著性水平上，

两样品间有显著差异，即新型助滤剂对黄酒风味质量有影响。

三、三点检验法（三角法或三杯法）

同时提供三个编码样品，其中有两个是相同的，要求品评员挑选出其中不同于其他两样品的检查方法称为三点试验法，也称三角试验法。

三点检验法常被应用在以下几个方面：① 确定产品的差异是否来自成分、工艺；包装和储存期的改变；② 确定两种产品之间是否存在整体差异；③ 筛选和培训检验人员，以锻炼其发现产品差别的能力。此法的猜对率为1/3，因此要比二点法和二－三点法准确度高得多。

为了使三个样品的排列次序和出现次数的概率相等，可运用以下六组组合：

BAA　　ABA　　AAB

ABB　　BAB　　BBA

在实验中，六组出现的概率也应相等，当品评员人数不足六的倍数时，可舍去多余样品组，或向每个品评员提供六组样品做重复检验。

1. 方法特点

（1）在感官评定中，三点检验法是一种专门的方法，用于两种产品的样品间的差异区分，而且适合于检验样品间的细微差别，如品质管制和仿制产品。其差别可能与样品的所有特征，或者与样品的某一特征有关。三点检验法不适用于偏爱检验。

（2）当参加评定的工作人员的数目不是很多时，可选择此法。

（3）三点检验实验中，每次随机呈送给品评员3个样品，其中两个样品是一样的，一个样品则不同。并要求在所有的品评员间交叉平衡。为了使3个样品的排列次序和出现次数的概率相等，这两种样品可能的组合是：BAA、ABA、AAB、ABB、BAB和BBA。在实验中，组合在6组中出现的概率也应是相等的，当品评员人数不足6的倍数时，可舍去多余样品组，或向每个品评员提供六组样品做重复检验。

（4）对三点检验的无差异假设规定：当样品间没有可觉察的差别时，做出正确选择的概率是1/3。因此，在实验中此法的猜对率为1/3，这要比成对比较法和二－三点法的1/2猜对率准确度低得多。如果增加检验次数至n次，那么这种猜测性的概率值将降至$1/3^n$。实验次数对猜测性的影响见表5－13。

表5－13　实验次数对猜测性的影响

猜测概率	实验次数							
	1	2	3	4	5	6	…	10
1/2	0.5	0.25	0.13	0.063	0.031	0.016	—	9.8×10^{-4}
1/3	0.33	0.11	0.036	0.012	0.0039	0.0013	—	1.7×10^{-5}

（5）食品三点检验法要求的技术比较严格，每项检验的主持人都要亲自参与评定。为使检验取得理想的效果，主持人最好组织一次预备实验，以便熟悉可能出现的问题，以及先了解一下原料的情况。但要防止预备实验对后续的正规检验起诱导作用。

（6）在食品三点检验中，所有品评员都应基本上具有同等的评定能力和水平，并且因食品的种类不同，品评员也应该是各具专业之所长。参与评定的人数多少要因任务而异，可以在5人到上百人的很大范围内变动，并要求做差异显著性测定。三点检验通常要求品评人员为20～40人，而如果实验目的是检验两种产品是否相似时（是否可以相互替换），要求的参评人员人数则为50～100人。

（7）三点检验法中，评定组的主持人只允许其小组出现以下两种结果：第一种，根据“强迫选择”的特殊要求，必须让品评员指明样品之一与另两个样品不同；第二种，根据实际，对于的确没有差别的样品，允许打上“无差别”字样。这两点在显著性测定表上查找差异水平时，都是要考虑到的。

（8）品评员进行检验时，每次都必须按从左到右的顺序品尝样品。评定过程中，允许品评员重新检验已经做过的那个样品。品评员找出与其他两个样品不同的一个样品或者相似的样品，然后对结果进行统计分析。

（9）三点检验法比较复杂。如当其中某一对样品被认为是相同的时候，也需要用另一样品的特征去证明。这样反复地互证，比较繁琐。为了得到正确的判断结果，不能让品评员知道样品的排列顺序，因此样品的排序者不能参加。

2．组织设计

在三点检验法问答表的设计中，通常要求品评员指出不同的样品或者相似的样品。必须告知品评员该批检验的目的，提示要简单明了，不能有暗示。常用的三点检验法问答表如表5－14所示。

表5－14　　三点检验法问答表的一般形式

三点检验法

姓名：　　　　　　　　　　　　时间：

实验指令：

在你面前有3个带有编号的样品，其中有两个是一样，而另一个和其他两个不同。请从左到右依次品尝3个样品，然后在与其他两个样品不同的那一个样品的编号上画圈。你可以多次品尝，但必须有答案。谢谢。

634　　　　789　　　　123

3．结果分析

三点检验法检验表见表5－15。

表 5－15　　三点检验法检验表

答案数目 /n	显著性水平			答案数目 /n	显著性水平			答案数目 /n	显著性水平		
	5%	1%	0.1%		5%	1%	0.1%		5%	1%	0.1%
4	4	—	—	33	17	18	21	62	28	31	33
5	4	5	—	34	17	19	21	63	29	31	34
6	5	6	—	35	17	19	22	64	29	32	34
7	5	6	7	36	18	20	22	65	30	32	35
8	6	7	8	37	18	20	22	66	30	32	35
9	6	7	8	38	19	21	23	67	30	33	36
10	7	8	9	39	19	21	23	68	31	33	36
11	7	8	10	40	19	21	24	69	31	34	36
12	8	9	10	41	20	22	24	70	32	34	37
13	8	9	11	42	20	22	25	71	32	34	37
14	9	10	11	43	21	23	25	72	32	35	38
15	9	10	12	44	21	23	25	73	33	35	38
16	9	11	12	45	22	24	26	74	33	36	39
17	10	11	13	46	22	24	26	75	34	36	39
18	10	12	13	47	23	24	27	76	34	36	39
19	11	12	14	48	23	25	27	77	34	37	40
20	11	13	14	49	23	25	28	78	35	37	40
21	12	13	15	50	24	26	28	79	35	38	41
22	12	14	15	51	24	26	29	80	35	38	41
23	12	14	16	52	24	27	29	82	36	39	42
24	13	15	16	53	25	27	29	84	37	40	43
25	13	15	17	54	25	27	30	86	38	40	44
26	14	15	17	55	26	28	30	88	38	41	44
27	14	16	18	56	26	28	31	90	39	42	45
28	15	16	18	57	26	29	31	92	41	43	46
29	15	17	19	58	27	29	32	94	41	44	47
30	15	17	19	59	27	29	32	96	42	44	48
31	16	18	20	60	28	30	33	98	42	45	49
32	16	18	20	61	28	30	33	100	43	46	49

按三点检验法要求统计回答正确的问答表数，查表 5－15 可得出两个样品间有无差异。例如，36 张有效品评表，有 21 张正确地选择出单个样品，查表 5－15 中 $n=36$ 栏。由于21 大于1% 显著性水平的临界值20，小于0.1% 显著性水平

的临界值22，则说明在1%显著性水平，两样品间有差异。

当有效品评表数大于100时（$n>100$ 时），存在差异的品评最少数为 $0.47142Z\sqrt{n}+\frac{2n+3}{6}$ 的近似整数。若回答正确的品评表数大于或等于这个最少数，则说明两样品间有差异。

式中，Z 值见表5-16。

表5-16　Z值

显著性水平	5%	1%	0.1%
Z 值	1.64	2.33	3.10

四、五中取二检验法（五杯法）

同时提供给品评员五个以随机顺序排列的样品，其中两个是同一类型，另三个是另一种类型。要求品评员将这些样品按类型分成两组的一种检验方法称为五中取二检验法。

此检验可识别出两样品间的细微感官差异。当品评员人数少于10个时，多用此试验。但此试验易受感官疲劳和记忆效果的影响，并且需用样品量较大。

1．方法特点

（1）品评人员必须经过培训，一般需要的人数是10～20人，当样品之间的差异很大，非常容易辨别时，5人也可以。当品评员人数少于10个时，多用五中取二检验法。

（2）此检验方法可识别出两样品间的细微感官差异。

（3）从统计学上讲，在这个实验中单纯猜中的概率是1/10，而不是三点检验法的1/3，二-三点检验法的1/2。统计上更具有可靠性。

（4）由于要从5个样品中挑出两个相同的产品，这个实验易受感官疲劳和记忆效果的影响，并且需用样品量较大，一般只用于视觉、听觉、触觉方面的实验，而不是用来进行味道的检验。

2．组织设计

按照三点检验所述的方法，对品评员进行选择、训练及指导。通常需要10～20个品评员，当差异显而易见时，5～6个品评员也可以。所用品评员须经过训练。

与三点检验一样，尽可能同时提供样品。如果样品较大，或者在外观上有轻微的差异，也可将样品分批提供而不至于影响实验效果。在每次评定实验中，将实验样品按以下方式进行组合，如果参评人数低于20人，组合方式可以从以下组合中随机选取，但含有3个A和含有3个B的组合数要相同。

AAABB ABABA BBBAA BABAB
AABAB BAABA BBABA ABBAB
ABAAB ABBAA BABBA BAABB
BAAAB BABAA ABBBA ABABB
AABBA BBAAA BBAAB AABBB

根据实验中正确作答的人数，查表得出五中取二检验法正确回答人数的临界值，最后比较。

在五中取二检验法实验中，一般常用的问答表如表 5－17 所示。

表 5－17 五中取二检验法问答表

五中取二检验法	
姓名： 样品类型：	日期：
实验指令： 1. 按以下的顺序观察或感觉样品，其中有 2 个样品是同一种类型的，另外 3 个样品是另一种类型。 2. 测试之后，请在你认为相同的两种样品的编码后面画“√”。	
编号	评语
345	______
236	______
895	______
675	______
433	______

3. 结果分析

假设有效品评表数为 n，回答正确的品评表数为 k，查表 5－18 中 n 栏的数值。若 k 小于这一数值，则说明在 5% 显著性水平两种样品间无差异。若大于或等于这一数值，则说明在 5% 显著性水平两种样品有显著差异。

实例 4 某黄酒厂为了检查原料质量的稳定性，将两批大米分别酿造生产成黄酒，运用五中取二检验法对添加不同批次的黄酒产品进行检验。由 10 名品评员进行检验，其中有 3 名品评员正确地判断了五个样品的两种类型。查表 5－18 中 $n=10$ 一栏得到正确答案最少数为 4，$3<4$，说明这两批原料的质量无显著性差别。

表 5-18　　五中取二检验法检验表（$\alpha=5\%$）

评价员数（n）	正答最少数（k）	评价员数（n）	正答最少数（k）	评价员数（n）	正答最少数（k）
9	4	23	6	37	8
10	4	24	6	38	8
11	4	25	6	39	8
12	4	26	6	40	8
13	4	27	6	41	8
14	4	28	7	42	9
15	5	29	7	43	9
16	5	30	7	44	9
17	5	31	7	45	9
18	5	32	7	46	9
19	5	33	7	47	9
20	5	34	7	48	9
21	6	35	8	49	10
22	6	36	8	50	10

五、"A" - "非 A" 检验法

在感官评定人员先熟悉样品"A"以后，再将一系列样品呈送给这些检验人员，样品中有"A"，也有"非 A"。要求参评人员对每个样品做出判断，哪些是"A"，哪些是非"A"。这种检验方法称为"A" - "非 A" 检验法。

1. 适用范围

此检验法是为了判断在两种样品之间是否存在有感官差异，特别是不适于用三角检验法或二 - 三检验法时。比如，对于有着强烈后味的样品、需要进行表皮试验的样品以及可能会从精神上混淆品评员判断的复杂性刺激的样品间进行对比时，适于用这种方法。当两种产品中的一种非常重要，可以作为标准产品或者参考产品，并且品评员非常熟悉该样品；或者其他样品都必须和当前的样品进行比较时，优先使用"A" - "非 A" 检验法而不选择简单差异检验法。

"A" - "非 A" 检验法也适用于选择检验品评员，例如，一个品评员（或一组品评员）是否能够从其他甜味料中辨认出一种特别的甜味料。同时，它还能通过信号检测方法测定感官阈值。

2. 检验原理

让品评员熟悉"A"和"非 A"的样品，给每个品评员提供的样品中一些是"A"样品，另一些是"非 A"样品，要求判断每种样品是"A"还是"非 A"。通过检验，比较正确回答和不正确回答的个数，从而判定品评员的辨别能力。

3. 品评员

训练 10 ~ 50 名品评员辨认"A"和"非 A"样品。在试验中，每个样品呈送20~50次，每个品评员可能收到一个样品（A或非A），或者两个样品（一个A和一个非A），或者会连续收到多达10个样品。允许的检验样品数由品评员的身体和心理疲劳程度决定。

注意：不推荐使用对“非A”样品不熟悉的品评员，这是因为对相关理论的缺乏会使得他们可能随意猜测，从而产生检验偏差。

4. 检验步骤

与三角检验相同，同时向品评员提供记录表和样品。对样品进行随机编号和随机分配，以便品评员不会察觉到“A”与“非A”的组合模式。在完成检验之前不要向品评员透露样品的组成特性。

注意：在这种标准过程中，必须遵守如下规则。

（1）品评员必须在检验开始前获得“A”和“非A”样品。

（2）在每个检验中，只能有一个“非A”样品。

（3）在每次检验中，都要提供相同数量的“A”和“非A”样品。

这些规则可能会在特定的检验中改变，但是必须在检验前通知品评员。如果在第二条中有不止一种的“非A”样品存在，那么，在检验前必须告知和展示给品评员。

“A”和“非A”样品品评员评定结果见表5-19。

表5-19 “A”和“非A”样品品评员评定结果

	评定样品		
	A	非A	总和
A	60	35	95
非A	40	65	105
总和	100	100	200

5. 结果分析和解释

通过实例5来理解。

实例5 新型甜味剂与蔗糖的比较。

某种饮料目前使用的甜味剂是5%的蔗糖，一产品开发商想用0.1%的新型甜味剂代替5%的蔗糖，预品尝试验已确定0.1%的新型甜味剂相当于5%的蔗糖量。但是试验也表明，如果一次试验中同时出现一种以上的样品，辨别力会受到影响，是由于甜味和其他味道余味过重产生感官疲劳而引起的。因此，研究人员希望通过感官评定确定添加了两种甜味剂的饮料能否从口感上区分开来。

试验目的是通过降低疲劳因素的影响直接比较这两种甜味剂，以明确使用0.1%的备选甜味剂能否替代5%的蔗糖。

“A”-“非A”检验法允许品评员间接地比较样品，同时允许品评员事先

熟悉新甜味剂的味道。0.1%的新甜味剂溶液作为“A”反复提供给品评员，5%蔗糖溶液则作为“非A”。20名品评员中每人在20min内品评10个样品，要求品评员对每份样品只品尝一次，记录回答（“A”或“非A”），然后用清水漱口，等待1min再品尝下一份样品。结果见表5-20。

表5-20　“A”和“非A”样品品评员评定结果

	评定样品		
	A	非A	总和
A	60	35	95
非A	40	65	105
总和	100	100	200

x^2统计计算与简单差异检验相同：

$$(60-47.5)^2/47.5+(35-47.5)^2/47.5+(40-52.5)^2/52.5+(65-52.5)^2/52.5=12.53$$

当$df=1$，$P=0.05$时，查附录二，则临界值为3.84，12.53>3.84，所以说，两样品间存在显著的差异。

结果显示，0.1%的甜味剂溶液与5%的蔗糖溶液有着显著的差别。感官分析结果告诉研究员，这种新的甜味剂有可能对饮料的口味产生可感知的变化。为了描述这种差异，下一步可以做描述性分析。

第三节　顺序排列法

一、顺序排列法

以上介绍的差别试验中，一次只能比较两个样品。而在生产和品评实践活动中，常常需要把多个样品放在一起进行比较，以评定它们的质量区别。大规模的产品评比活动中，有时是先将样品按质量等级排队分类，像体育比赛中的预选赛那样，然后再把同一等级的样品排在一起比较，这样既省人力物力，又省时间。

顺序排列法还常用于对产品进行市场调查和品评员进行训练和考评。如把同类产品编为一组，请消费者按他们的爱好程度进行排列，品评员考评时常常要求他们把一组样品按某一特征顺序进行排列等（如酒度高低、酸度强弱）。

排列法的优点是能同时比较若干样品，其试验结果可以用统计方法分析，以确定其可靠程度。缺点是结果不够准确，特别是当样品之间差别较小时。在进行产品评比时，排在第一位的产品与排在第二位的差别与二、三名和三、四名之间的差别不一定一样，即无法用定量的关系表示出来，因此刚刚开始参加品评工作的人不宜用此法，只有经过系统训练，对产品的质量特征有了充分了解后，排列得到的结果才比较可靠。

排列试验广泛用于产品的消费者调查。参加品评的人无需经过训练也无需了解评分方法，只要按照自己的嗜好程度进行排列，如最喜欢、较喜欢、喜欢、不大喜欢、最不喜欢等。

品评人员进行基本训练时，采用排列法按产品的甜度、香气等进行排列，可以训练灵敏度，如一组蔗糖溶液，浓度为 0.1g/100mL、0.4g/100mL、0.5g/100mL、0.8g/100mL、1.0g/100mL、1.5g/100mL、2.0g/100mL，分别用 ABCD 等字母编号，然后按甜度顺序排列。这类试验中必须要有两个相同的样品，如两个 0.80g/100mL 的蔗糖溶液，要求受试者正确判断出，并在结果中标明。

顺序排列试验实例如下。

上述例子中 8 个浓度不同的蔗糖溶液样品，按其甜度高低进行排列（表 5－21）。

表 5－21　顺序排列试验

样品编号	甜度（初评）	甜度（终评）
A	(2)	3
B	—	2
C	(5)	4
D	(2)	1
E	(4)	4
F	1	1
G	—	5
H	(4)	3

① 先确定各样品的大致甜度，并按 1～5 从弱到强的顺序粗略排列，注意其中有两个样品甜度相同。

② 按甜度增加的顺序进行最后排列。对于没有把握的样品可重复品尝。

结果：BDFAHECG。

相同样品：A，H。

为了避免反复品尝使感官疲劳，应将一组样品先初评一遍，把两端的样品选出来，然后对所有的样品逐对进行比较，最后排出名次。

顺序排列的结果可以用数理分析方法，检验结果是否有意义。

实例 6　有四种市售黄酒，有 17 名消费者参加，按嗜好性对其评价排列，结果见表 5－22，利用统计法对排序结果进行分析，评价结果的可靠性和黄酒的优劣。

1. 先将各次品评结果名次之和计算出

见表 5－22 所示。

表 5-22　样品排列名次

品评次数	A	B	C	D
1	3	1	2	4
2	1	3	2	4
3	2	1	3	4
4	4	2	1	3
5	1	2	3	4
6	2	1	3	4
7	2	1	3	4
8	4	1	2	3
9	3	1	2	4
10	3	1	2	4
11	4	1	2	3
12	2	1	3	4
13	2	1	3	4
14	3	1	2	4
15	3	1	2	4
16	2	1	3	4
17	3	1	4	2
名次总和	44	21	42	63

2. 查表

根据附录三顺位检查表 $\alpha=0.05$ 和 $\alpha=0.01$，当样品数为 4，品评次数为 17 时，有效范围应在 32 ~ 53 以外（$p\leqslant0.05$）和 30 ~ 55 以外（$p\leqslant0.01$）。实际品评结果为 B 样品名次总和为 21，小于 30 和 32，D 样品名次总和为 63，大于 50 和 53，因此显著性水平为 0.05 和 0.01 时结果有意义，B 样品最好，D 样品最差。而样品 A 和 C 的名次排列无效。

常用的排序检验法：味强度增加的排序检验（4 种基本味）。

（1）训练样品的质量浓度系列

① 蔗糖溶液

质量浓度：0.1，0.4，0.5，0.8，0.8，1.0，1.5，2.0g/100mL 溶液。

② 氯化钠溶液

质量分数：0.08%，0.09%，0.1%，0.1%，0.2%，0.3%，0.4%，0.5%。

③ 柠檬酸溶液

质量分数：0.003%，0.01%，0.02%，0.03%，0.03%，0.04%，0.05%。

（2）排序训练指导

样品量：每人 30mL。

品尝杯上的标记：C，D，E，F，G，H（用于4种基本味识别检验的杯子可以重复使用）。

检验规程：告诉检验员他们将收到随机排列的系列样品溶液（浓度上的差异）。任务是将它们的强度按依次递增的顺序排列好。然而其中有两份样品的浓度是相同的，因此必须多加注意。

检验注意事项：为了防止由于太频繁的重复品尝引起的疲劳，建议先决定每种样品的近似强度，并记录在检验表格（表5－23）上。然后在近似强度系列的基础上确定出准确的强度系列。因此，也就没有必要再重新品尝极限强度（最强和最弱）的样品。对于强度差有疑问的样品最好再做二点比较检验。样品按强度增加的顺序排列完成以后，将结果填在检验表的规定位置上。不要忘记标出相同浓度的样品。

表5－23　　排序检验法表

<table>
<tr><td colspan="4">排序检验法
姓名：　　　　日期：</td></tr>
<tr><td colspan="4">你将收到随机排列的样品系列。这些样品只有一种特性存在着浓度上的差异，在本实验中该特性是：甜度
实验指令：
1. 首先决定每种样品的近似强度，并使用给定的强度标度。没有必要频繁地重复品尝。注意：有两种样品的浓度相同。
2. 最后按强度递增的顺序排出样品，只重复检验强度有疑问的样品，标出强度相同的一对样品。</td></tr>
<tr><td colspan="4">实验结果：</td></tr>
<tr><td rowspan="2">样品编码</td><td colspan="2">强度</td><td rowspan="2">强度标度</td></tr>
<tr><td>预检</td><td>终检</td></tr>
<tr><td>A</td><td></td><td></td><td rowspan="7">1＝极弱
2＝弱
3＝稍强
4＝强
5＝极强</td></tr>
<tr><td>B</td><td></td><td></td></tr>
<tr><td>C</td><td></td><td></td></tr>
<tr><td>D</td><td></td><td></td></tr>
<tr><td>E</td><td></td><td></td></tr>
<tr><td>F</td><td></td><td></td></tr>
<tr><td>G</td><td></td><td></td></tr>
<tr><td colspan="4">最终的样品顺序：
相同的样品：</td></tr>
</table>

初学者须知：尽量避免太频繁地重复品尝；记住第一次的感觉通常是正确的。在进行味觉强度的判断时，用35℃的水漱口对检验会有很大的帮助。漱口要从第一份样品就开始，而不要等到疲劳发生后再进行。

色泽强度的排序检验：在食品的质量评定中，色泽具有重要的作用，例如，饼干的棕色程度、面包的褐变程度等。为了确定品评员对颜色差别的辨别能力，常用试液和食品（果汁）进行排序检验；下面举例说明（以焦糖的褐色系列为例）。

（1）试剂　焦糖粉。

（2）检验溶液的浓度　表5-24和表5-25给出了两个检验系列。表5-24是为初学者设计的，当然，初学者用表5-25系列也可能会得到100%正确的结果。

表5-24　焦糖的色泽强度排序检验（1）

样品号	焦糖	差别	将某毫升储存液稀释成			编码
			100mL	500mL	1000mL	
1	0.56%		5.6	28.0	56	N
2	0.52%	0.04%	5.2	26.0	52	P
3	0.48%	0.04%	4.8	24.0	48	Q
4	0.44%	0.04%	4.4	22.0	44	M
5	0.40%	0.04%	4.0	20.0	40	R
6	0.37%	0.03%	3.7	18.5	37	S
7	0.34%	0.03%	3.4	17.5	34	L
8	0.31%	0.03%	3.1	15.5	31	O

注A：储存液，500mL溶液中含50g焦糖。

表5-25　焦糖的色泽强度排序检验（2）

样品号	焦糖	差别	将某毫升储存液稀释成			编码
			100mL	500mL	1000mL	
1	0.60%	—	6.0	30.0	60	N
2	0.57%	0.03%	5.7	28.5	57	P
3	0.54%	0.03%	5.4	27.0	54	Q
4	0.51%	0.03%	5.1	25.5	51	M
5	0.48%	0.03%	4.8	24.0	48	R
6	0.46%	0.02%	4.6	23.0	46	S
7	0.45%	0.01%	4.5	22.5	45	L
8	0.42%	0.03%	4.2	21.0	42	O

（3）样品提供　按实验人数、轮次数准备好若干试管，另外准备盛水杯和一个吐液杯。将样品注入试管中。分发时用双排试管架，这样可以很容易地取放试管及进行样品分析。试管架应放在明亮的背景前面（白纸、淡色的墙，最好是发光箱内）。尽量不要在试管上进行样品编码，因为这样对检验有影响。可以将号编在试管塞上，然后将塞子塞在试管上。

（4）样品的注入　为了避免由于溶液的数量不同而造成的色泽差异，用可倾式移液管向每支试管中注入20mL的样品液。

（5）实验过程　实验前，主持人要向品评员说明检验的目的，并组织对检验方法、判定准则的讨论，使每个品评员对检验的准则有统一的理解。组织品评员填写焦糖的色泽强度排序检验－排序表（表5－26）。

表5－26　焦糖的色泽强度排序检验－排序表

排序检验法 姓名：　　　　　　　　日期：	
你将收到随机排列的样品系列。请在规定时间内完成实验，请将收到系列编码的样品按照从弱到强的次序进行排列，可将样品先初步排定一下顺序后再做进一步的调整。可反复评定。这些样品只有一种特性存在着浓度上的差异。	
实验结果：	
样品编码	排序结果
N	
P	
Q	
M	
R	
S	
L	
O	

同时，记录品评员的反应结果。

将品评员对每次检验的每一特性的排序结果汇总，并使用Friedman检验和Page检验对被检测样品之间是否有显著性差别做出判定。

若确定了样品之间存在显著性差别时，则需要应用多重比较对样品进行分组，以进一步明确哪些样品之间有显著性差别。

顺序排列方法检验结果还可以用x^2－分布、τ－分布以及相关系数等方法进行检验。

二、x^2 - 分布法

实例7　有两个黄酒样品，通过5位品评员分三次对样品 S_1 和 S_2 进行黄酒糖味强度排名，以确定两种黄酒糖度大小。共进行15次，排序结果统计于表5-27中。

表5-27　黄酒糖度排名结果

S_1	1	1	2	1	2	1	1	2	1	1	1	2	1	1	1
S_2	2	2	1	2	1	1	1	1	2	2	2	1	2	2	2
符号	+	+	-	+	-	0	0	-	+	+	+	-	+	+	+

注：+指 S_1 名次排在 S_2 之前；-指 S_1 名次排在 S_2 之后。计算：设 n_1 为表中"+"，共9次；n_2 为表中"-"，共4次。

$$x^2 = \frac{(|n_1 - n_2| - 1)^2}{n_1 + n_2} = \frac{(|9 - 4| - 1)^2}{13} = 1.23$$

查附录二，当自由度为1，$P = 0.05$ 时，其临界值 $x^2 = 3.84$，大于计算得到的 x^2 值1.23，说明原假设不成立，两个样品之间差别无意义。

三、相关系数法和 τ - 分布法

（1）当样品数超过两个，要确定两名品评员在样品名次排列上的差别法是否有意义时，可采用相关系数法。

$$R = 1 - \frac{6\sum d^2}{K(K^2 - 1)}$$

式中　K——样品数

$\sum d^2$——两个品评员对每一个样品所排名次差别的平方之和

R——相关系数，当 $R \leqslant 0$，说明两人所排名次完全不同；当 $R \geqslant 0$，说明两人所排名次完全一致；$R = 0$，说明两种排列完全不相关。

求得 R 值后，查附录五相关系数表，R 与临界值做比较，来区别样品差别是否有意义。

（2）当样品数少于10个时，得到的 R 值不可靠，可以用下式：

$$\tau = R\sqrt{\frac{K - 2}{1 - R^2}}$$

计算得到的 τ 值与附录一 τ - 分布表中自由度 $df = K - 2$ 时的 τ 值比较。当计算 τ 值大于查表 τ 的临界值时，说明差别有意义。

实例8　两个品评员为10个黄酒样排名次，排名结果及统计结果见表5-28，利用 τ - 分布法来检查他们的排列方法的差别是否有意义。

表 5-28　品评员对两个酒样的排名结果

品评员	1	2	3	4	5	6	7	8	9	10
J1	2	1	10	7	8	6	3	4	5	9
J2	3	1	8	9	10	7	4	2	5	6
差别 d	-1	0	2	-2	-2	-1	-1	2	0	3
d^2	1	0	4	4	4	1	1	4	0	9

计算：

$$\sum d^2 = 28$$

$$R = 1 - \frac{6 \times 28}{10 \times (100 - 1)} = 0.830$$

$$\tau = 0.830\sqrt{\frac{10-2}{1-0.689}} = 4.21$$

当 $P=0.01$，样品自由度 $df=k-2=8$ 时，查附录五相关系数表和附录一 τ-分布表，得到临界值 $R=0.7646$，$\tau=3.355$，则 0.830（大于 0 所以有意义）≥0.7646，4.21≥3.355，所以，两品评员对两样品的排列方法差别有意义。

以上统计检验方法还可用于考核品评人员的品评能力。如一组样品中加入不同含量的酒精，让品评员按其酒度排列，可以用该方法检验其排列的次序是否一致，以评价他的分辨能力。

第四节　评　分　法

要求品评员把样品的品质特性以数字标度形式来品评的一种检验称为评分法。通过比较全面的感官性质对比，逐一对单项特性打分，通过这些单项性质，综合判断给以相应的总分数，以分数高低来评价酒的好坏。

评分法有不同的评分范围，目前国内多用百分制，按外观、香味、口味、风格单项计分后加成总分，每项规定一定的分数范围，提出一个扣分的参考规定。多年来，国内组织几次较大范围的行业评酒都用此法，各省市、企业品评也都参考此法，只是单项分数范围和扣分规定稍做调整。国外似乎都不采用百分制，采用 QDA 法，规定一些风味特征项目，按各风味特征分别单项打分，质量好的内容给正分，质量差的内容给负分，分数范围一般不超过 10。也可指定某一中间分，高于此分为风味强度高，离中间分越远风味表现越强，太强了并不一定满意；低于中间分为风味强度不足，离中间分越远风味越差。啤酒品评中，如“酒花香味”是正分；“双乙酰味”是负分，数字越大，品质越差；“苦味”则太强和太弱都不好，恰当的中间分为最好。最后计算总分时，可将正负分相加，也可由品评者根据各风味单项得分情况，自己判断打出该酒的质

量总分，分数范围一般不超过20。QDA法通常规定一个感官质量最低分，低于此分为不合格，必须重新取样重新品评，评酒员需对此酒的感官缺陷做详细说明。

评分法的优点是品评人员必须按照表中规定的项目打分，评分标准也比较一致。对于有经验的品评人员来说，评分法是最常用的评价样品质量的方法。从各样品的分数上的差别，可以定量地反映出样品质量的差异。由于评分法最终得分是样品的综合质量分，它由许多单项分相加而成，因此产生了在统计学上称为“混杂”的错误，即同时考虑了一个以上的变量。例如有两个样品，一个样品的色泽、香气都很好，但有浑浊，另一个样品清澈透明，但秀气不足。这两个样品最终得分一样，单从分数上看不出差别。使用计分法的另一不足之处是样品某一特征对该样品的重要性因样品的种类不同而异，例如葡萄酒的颜色对白葡萄酒的品质影响很明显。好的白葡萄酒应该是淡黄色近无色或微带绿色，如颜色变黄说明该酒产生氧化，对酒的口味也有很大影响。对红葡萄酒来说，红色变浅与品种的加工方法有关，但对酒的品质的影响就不那么明显。此外各品评人员是否带有偏见或是评分水平的高低对结果的客观性都有一定影响。

在各类食品质量评比活动中普遍采用评分和质量描述（即评语）相结合的方法。这样既可从分数上看出各样品之间的差别和差别程度，又可从质量描述中看出各样品的优缺点和特征。

为了避免评分时的偏差，正式参加品评的人员必须经过严格挑选，即先考评品评员，再评产品。每种样品可选出有典型性的样品进行“试评”，统一评分标准。在全国第五次评酒会上正式品评之前，先对参照样品试评，经讨论决定统一给分标准，在以后正式评比中以明码标出该样品，作为对其他样品打分的参考。评分结果用数理统计分析法处理，使其更客观，更能准确地反映出产品特点。

品评目的和选取的酒样不同，品评结果的处理也不同，一般有如下几种。

1. 计算平均分

国内大多数的黄酒感官品评是质量检评的一部分，众多品评员集体暗码品评，最多将多位评酒员对每一个酒样的得分平均，以平均分来评定酒质好坏。

按风味特性分项计算出不同酒样的平均分，越接近平均分，说明这些酒样的该项风味特性越稳定，没有特别差异；一个厂家不同时期生产的酒样得分越接近，说明质量越稳定。可以在坐标上画点分析。

计算平均分数时，最好剔除差异太大的得分，如去掉最高分和最低分。

2. τ - 分布法

τ - 分布法适用于两个样品、样品个体数小于30个时的样品平均数的比较。此方法有两种情况，一是两组二点时（即第一组和第二组的品评员一样多）；二是两组不二点时（两组品评员不一样多，如第一组有 7 名品评员，第二组有 8 名品评员），计算方法略有差别。可采用 τ – 分布检验法（当集合为正态时，τ – 分布曲线如正态分布曲线一样，也是对称形的）。

当第一组有 n_1 次评分，平均分为 $\bar{x}$；第二组有 n_2 次评分，平均分为 $\bar{y}$（n_1 可以等于 n_2，也可以不等于 n_2），τ 的定义为：

$$\tau = \frac{\bar{x} - \bar{y}}{S\sqrt{\frac{1}{n_1} + \frac{1}{n_2}}}$$

S 是两个样品共同的标准差，因此：

$$S^2 = \frac{\sum(x - \bar{x})^2 + \sum(y - \bar{y})^2}{n_1 + n_2 - 2} = \frac{1}{n_1 + n_2 - 2}\left[\sum x^2 + \sum y^2 - \frac{(\sum x^2)^2}{n_1} - \frac{(\sum y^2)^2}{n_2}\right]$$

则：

$$\tau = \frac{\bar{x} - \bar{y}}{\sqrt{\left(\frac{n_1 + n_2}{n_1 n_2}\right)\frac{\sum x^2 + \sum y^2 - (\sum x)^2/n_1 - (\sum y)^2/n_2}{n_1 + n_2 - 2}}}$$

两组品评员一样多，品评员自由度 $df = x - 1$

实例 9　一组品评员（7 人）为不同的两个黄酒样品评分，得到 7 对分数 x 和 y，分数之差 $D = x - y$，平均数 $\bar{D} = \frac{\sum D}{n}$，用 τ – 分布检验，品评员评分结果见表 5 – 29。

表 5 – 29　品评员评分结果

品评员	样品		D	D^2
	x	y		
A	15	14	1	1
B	12	14	−2	4
C	14	15	−1	1
D	17	14	3	9
E	11	11	0	0
F	16	14	2	4
G	15	13	2	4
总和 平均	100 14.3	95 13.6	$\sum D = 5$	$\sum D^2 = 23$

$$\tau = \frac{5}{\sqrt{\frac{7 \times 23 - 5^2}{7 - 1}}} = 1.05$$

当 α 为 0.05，品评员自由度为 7 – 1 = 6 时，查附录一 τ – 分布表，$\tau_{0.05}$（6）= 2.447，因为计算值 $\tau = 1.05 < 2.447$，必须接受原假设，即两个样品平均分之间

差别没有意义，即这一组品评员不能区别两个样品或样品本身区别并不大。

实例 10　第一组 6 位品评员，第二组 8 位品评员为同一样品评分，采用 10 分制，结果统计见表 5－30。

表 5－30　两组品评员对样品评分结果

	x	y	x^2	y^2
得分	9	8	81	64
	8	7	64	49
	7	6	49	36
	9	5	81	25
	7	5	49	25
	8	6	64	36
		8		64
		7		49
总分	48	52	388	348
平均	8.0	6.5		

$$\tau=\frac{8.0-6.5}{\sqrt{\left[\frac{6+8}{6\times 8}\right]\times\left[\frac{388+348-48^2/6-52^2/8}{6+8-2}\right]}}=\frac{1.5}{\sqrt{0.340}}=2.57$$

当样品品评员自由度为 6＋8－2＝12，$P=0.05$ 时，查附录一 τ－分布表，其临界值 $\tau_{0.05}$（12）＝2.179，则计算值 $\tau=2.57>2.179$，说明原假设（无差别）不成立，这两组分数差别有意义，即两个品评组在评定同一样品时标准不一致。

3. 方差分析（查 F 分布表）

当分析两个以上样品时，用 τ－分布法就不合适了。在这种情况下常用方差分析。方差分析是通过数据分析，弄清研究对象有关的各个因素以及因素之间交互作用对该对象的影响，它所研究的对象都假定遵从正态分布。

（1）适用范围　当试验目的是为了测定 t 种样品的感官属性的差异程度时，常用此法。这里的 t 通常是 3～6，最多为 8，并且可以将所有样品作为一大系列来进行比较。

（2）试验原理　品评员用数字尺度（即评分的形式）来评价所选属性的强度。试验结果通过方差分析进行评估。

（3）品评员　同样按照三点法试验所述的方法去选择、训练和指导品评员。每次试验至少需要 8 个品评员，如果多于 16 个品评员，得到的结果将更为准确。品评员需要特殊的指导和训练使他们能反复辨别属性的差异。根据试验目的，应选择对感官属性具有高识别力的品评员。

（4）试验过程　实验控制和产品控制参见三点试验法。尽可能同时呈送所有的样品，品评员收到随机排列的 t 个样品后，任务就是将它们按一定顺序重排。

样品可以只呈送一次，也可以采用不同的编码呈送多次。一般样品被呈送两次以上后，准确度可以大大增加。

当要评价多个属性时，理论上对于每个属性的评价过程应该分开进行，但在实际描述分析中，由于样品需评价的属性个数较多（典型的情况6~25个），要将评价过程完全分开是不可能的。同时，感官分析家也认为无需将每种属性分开评价，因为样品的各属性间存在着相互依赖。因此，必须使品评员意识到这种相互影响，并且通过严格的训练使他们能够单独地识别每种属性。

（1）单因素方差分布　k 个样品、n 次评分，见表5-31，表5-32。

表5-31　　单因素方差分析品评结果统计

评分次数	样品数				—
	1	2		k	
1 2 3 n	x_{11} x_{12} x_{13} x_{1n}	x_{21} x_{22} x_{23} x_{2n}	… … … …	x_{k1} x_{k2} x_{k3} x_{kn}	—
合计	W_1	W_2	—	W_k	$G=\sum W$
平均	$\overline{x_1}$	$\overline{x_2}$	—	$\overline{x_n}$	总次数 $=kn$

表5-32　　单因素方差分析结果分析

方差来源	平方和（SS）	自由度（df）	均方差	统计量（F）	统计推断
总和	(1) $=\sum x^2-C$	$kn-1$	—	—	查附录四得 F_a
样品	(2) $=\sum w^2/n-C$	$k-1$	$\frac{(2)}{k-1}$	$\frac{(2)}{(3)}$	当 $F<F_a$ 时接受 Ho
误差	(3) $=\sum x^2-\sum w^2/n$	$k(n-1)$	$\frac{(3)}{k(n-1)}$		当 $F\geqslant F_a$ 时否定 Ho

公式1：$C=G^2/(kn)$（C 为误差校正值）

公式2：方差总和　$SS=\sum x^2-C \quad df=kn-1$

公式3：样品方差　$S_1=\frac{W_1^2+W_2^2+\cdots+W_k^2}{n}-C \quad df=k-1$

公式4：误差均方差　$S_2=\sum x^2-\sum W^2/n \quad df=k(n-1)$

总自由度＝样品 df＋误差 df

统计量　$F=\frac{S_1}{S_2}$

$$LSD = \tau_a \sqrt{\frac{2v}{n}}$$

式中　LSD——最小有意义差别

τ_a——自由度为 $k(n-1)$ 的 τ 值（查附录一 τ - 分布表）

v——误差方差

n——评分次数

查附录九 F 分布表，$\alpha = 0.05$，0.01，0.001 时 F_a 值，与计算统计量比较，如 $F < F_a$ 时接受原假设，样品无差别。如 $F \geqslant F_a$，否定假设，样品差别有意义。为了判断每两个样品之间差别是否有意义，可将两样品平均分之差与 LSD 比较，只有它们的差别超过 LSD 时，其差别才有意义。

实例 11　4 个酒样，5 次评分，利用方差分析来判断样品间的差别是否有意义（10 分制），统计结果和方差分析分别见表 5－33 和表 5－34。

表 5－33　品评结果统计

评分次数	样品 1	样品 2	样品 3	样品 4	
1	10	9	7	6	
2	8	9	5	5	
3	7	8	6	4	
4	9	10	7	5	
5	8	7	6	6	
总分	42	43	31	26	$G = 142$
平均分	8.4	8.6	6.2	5.2	

表 5－34　方差分析表

来源	平方和（SS）	自由度（df）	平均方差	F
总和	57.8	19	—	—
样品	41.8	3	13.9	13.9
错误差	16	16	1.0	—

$C = (142)^2 / (4 \times 5) = 1008.2$

总方差 $= 10^2 + 8^2 + 7^2 + \cdots + 6^2 - C = 1066 - 1008.2 = 57.8$

样品方差和 $= (42^2 + 43^2 + 31^2 + 26^2)/5 - C = 5250/5 - 1008.2 = 41.8$

误差平方和 $= 57.8 - 41.8 = 16.0$

查附录四，得 $F_{0.05} = 3.24$，$F_{0.01} = 5.29$，$F_{0.001} = 9.00$

因为计算值 $F = 13.9$，均大于 $F_{0.05}$、$F_{0.01}$、$F_{0.001}$，所以在以上显著性水平，平均分之差有意义。

计算，$LSD=\tau_a\sqrt{\frac{2v}{n}}$，$\tau$－分布表$\tau_{0.01}$（16）＝2.921

$$LSD=2.921\times\sqrt{\frac{2\times1.0}{5}}=1.85$$

因为样品1与样品2平均之差为8.6－8.4＝0.2＜1.85，所以样品3与样品4之间差别也无意义。

样品

	1	2	3	4
平均分	8.6	8.4	6.2	5.2

结论：在5%显著水平，样品1、2与样品3、4有显著性差异，但样品1、2之间与样品3、4之间无显著性差异。

（2）方差分析（双因素） 例11中，通过方差分析检验出K个样品平均分之间差别是否有意义，称为单因素。如果不仅分析样品平均分之间差别是否有意义，而且要分析n个品评员评分方法差别有无意义，则称为双因素。可以用以下方法分析，见表5－35、表5－36。

表5－35 双因素方差分析表（1）

公式1：$C=G^2/(kn)$（C为误差校正值）

公式2：总平方和＝$\sum x^2-C$ $df=kn-1$

公式3：样品平方和＝$\frac{\sum W^2}{n}-C$ $df=kn-1$

公式4：样品平方和＝$\frac{\sum T^2}{n}-C$ $df=kn-1$

公式5：误差平方和＝（2）－（3）－（4） $df=(kn-1)-(k-1)-(n-1)=(k-1)(n-1)$

表5－35 双因素方差分表（1）

评分次数	样品数					合计
	1	2	3	…	k	
1	x_{11}	x_{21}	x_{31}	…	x_{k1}	T_1
2	x_{12}	x_{22}	x_{32}	…	x_{k2}	T_2
3	x_{13}	x_{23}	x_{33}	…	x_{k3}	T_3
n	x_{1n}	x_{2n}	x_{3n}	…	x_{kn}	T_n
合计	W_1	W_2	W_2		W_k	$G=\sum T=\sum W$
平均	$\overline{x_1}$	$\overline{x_2}$	$\overline{x_2}$		$\overline{x_n}$	总次数＝kn

表 5－36　双因素方差分析表（2）

方差来源	平方和（SS）	自由度（df）	均方差	统计量（F）
总和	（1）$=\sum x^2-C$	$kn-1$	—	—
样品	（2）$=\sum w^2/n-C$	$k-1$	（5）＝（2）/（$k-1$）	（5）/（7）
品评员	（3）$\sum T^2/n-C$	$n-1$	（6）＝（3）/（$n-1$）	（6）/（7）
误差	（4）＝（1）－（2）－（3）	（$k-1$）（$n-1$）	（7）＝（4）/［（$k-1$）（$n-1$）］	

实例 12　5 位品评员，4 个酒样，利用方差分析对品评结果进行统计解释（20 分制）。统计结果和列表分析分别见表 5－37 和表 5－38。

表 5－37　方差分析双因素统计结果

品评员	样品				总计
	S_1	S_2	S_3	S_4	
1	13	18	15	10	56
2	15	16	12	11	54
3	14	15	11	9	49
4	12	17	13	10	52
5	13	19	12	12	56
总分	67	85	63	52	$G=267$
平均分	13.4	17.0	12.6	10.4	

表 5－38　列表分析

来源	平方和（SS）	自由度（df）	平均方差	F	$F_{0.01}$	$F_{0.001}$
总和	142.55	19	—	—	—	—
样品	112.95	3	37.65	21.76	5.95	10.80
品评员	8.80	4	2.20	1.27	5.41	—
误差	20.80	12	1.73	—	—	—

计算：$C=267^2/20=3564.45$

总平方和 $=13^2+\cdots+12^2-C=142.55$（$df=19$）

样品方差和 $=(67^2+85^2+\cdots+52^2)/5-C=112.95$（$df=3$）

品评员平方和 $=(56^2+\cdots+56^2)/4-C=8.80$（$df=4$）

误差平方和 $=142.55-112.95-8.80=20.80$（$df=12$）

因为查附录四得到的 F 值大于计算得到的品评员 F 值（5.41 >1.27），因此品评员评分之差无意义，即这五位品评员评分标准是一致的。

因为表中 $F_{0.01}$、$F_{0.001}$ 均小于样品 F 值（5.95、10.80 均小于 21.76），因此在显著性水平 0.001 以下，样品之差无意义。

计算

$$\mathrm{LSD} = \tau_a \sqrt{\frac{2v}{n}} = \tau_{0.01}(12) \sqrt{\frac{2 \times 1.73}{5}} = 2.54$$

样品

	S_1	S_2	S_3	S_4
平均分	17.0	13.4	12.6	10.4

样品 S_2 与 S_3，S_3 与 S_4 之差没有意义。

4. 品评结果可信度分析

确定一个品评结果的合格分数线，如各种风味特性的打分范围为 1 ~9 分，6 分为合格，品评者打 6 分以上都视为结果相同，6 分以下（不合格）也视为结果相同。结果相同的人数越多，此结果越可信。

有效数水平可由下式计算：

$x = 0.4714Z\ (n)^{1/2} + (2n+3)/6$

当显著性水平为 5% 时，$Z = 1.64$。

当显著性水平为 1% 时，$Z = 2.33$。

当显著性水平为 0.01% 时，$Z = 3.10$。

n 为总品评人数。

x 为达一定有效度时的最低品尝结果相同人数。x 为整数，如不是整数，则取大于 x 的最小整数。计算出 x 值后，与表 5 -39 中相对应的临界值比较，若 x 大于或等于临界值，说明产品合格或不合格的结果比较可信。

表 5 -39 可信度分析临界值

品尝人数		10	15	20	25	30	40	50	60
显著性水平	5%	7	9	11	13	15	20	23	27
	1%	8	10	13	15	17	21	26	30
	0.1%	9	12	14	17	19	23	28	33

5. 查表法

Kurtz（1965）和 Kramer（1973）以样品得分的极差为基础，用查表法分析评分结果。1965 年，Kurtz 等人建立了用查表法对评分结果进行分析的快速简易法。该组以一组评分的极差为依据，先假设样品之间无差异，在 $P = 0.05$ 和 $P = 0.01$ 显著性水平检验原假设是否成立，下面举例说明。

实例13　品评组检验2个样品。

两组酒样，5个品评员评分，结果如表5－40所示，在$P=0.05$时，这2个试样的得分是否有差别。

表5－40　品评员对两个酒样的分析结果

品评员	得分	
	试样 A	试样 B
1	6	6
2	7	4
3	7	5
4	8	6
5	9	7
总分	47	28
极差	3	3

极差之和$=3+3=6$。

（1）根据附录六，$P=0.05$，在样品数为2，5次评分情况下，查单边类表为1.53。

（2）只有当2个样品总分之差大于$1.53\times$（极差之和）$=1.53\times6$时，才说明两个样品之间有显著差别。

（3）因为两个样品总分之差$37-28=9$，小于$1.53\times6=9.18$。没有理由否定原假设，所以当$P=0.05$时，这两个样品无显著区别。

6．正态分布法

在评比活动中，常常将评委的评分中除去最高分和最低分，然后把其他分数平均，即为该样品的得分。下面介绍一种用数理统计检验的方法来判断哪些分数应该在剔除之列。

格拉布斯（Grubbs）判断法：大量实验验证，评分的数值满足正态分布。设x_1，x_2…为评委所评出的一组分，最大值为x_a，最小值为x_b。

（1）计算T值

$$l=\sqrt{\frac{\sum\ (x-\bar{x})}{n-1}}$$

式中　$\bar{x}$——平均值

n——评分次数

$$T=\frac{x_a-\bar{x}}{l}$$

（2）查T（n，a）表　见表5－41。

表 5-41　　*T*（*n*，*a*）值表

n	a 0.05	a 0.025	a 0.01	n	a 0.05	a 0.025	a 0.01
3	1.15	1.15	1.15	14	2.37	2.51	2.66
4	1.46	1.48	1.49	15	2.41	2.55	2.71
5	1.67	1.71	1.75	16	2.44	2.59	2.75
6	1.82	1.89	1.94	17	2.47	2.62	2.79
7	1.94	2.02	2.10	18	2.50	2.65	2.82
8	2.03	2.13	2.22	19	2.53	2.68	2.85
9	2.11	2.29	2.41	25	2.66	2.82	3.01
10	2.18	2.25	2.47	25	2.66	2.82	3.01
11	2.23	2.36	2.48	30	2.75	2.91	—
12	2.29	2.41	2.55	35	2.82	2.98	—
13	2.33	2.46	2.61	40	2.87	3.04′	—

实例 14　10 个评委评分，分数为 78，80，81，79.5，79.3，81.5，82，80.5，79.5，73。最小值为 73，最大值为 82。

$$\bar{x}=(x_1+x_2+\cdots+x_{10})/10=79.43$$

$$l=\sqrt{\frac{\sum(x-\bar{x})}{10-1}}=2.54$$

$$T_a=\frac{|\bar{x}-x_a|}{l}=1.01$$

查表 $T(10, P\leqslant 0.01)=2.47$。

则 $T_a=1.01\leqslant 2.47$，说明最高分有效。

$$T_b=(79.43-73)/2.54=2.53$$

则 $T_b=2.53>2.47$，说明最低分 73 分无效。

利用计算器统计功能键进行计算的方法。在进行统计学分析时，常需计算以下数据

① 均值

$$\bar{x}=\frac{x_1+x_2+\cdots+x_n}{n}=\frac{\sum x}{n}$$

② 方差

$$S^2=\frac{\sum_{i=1}^{n}(x_n-\bar{x})^2}{n-1}=\frac{\sum x^2-C}{n-1}$$

③ 标准差

$$S=\sqrt{S^2}$$

④ 平方和

$$\sum x^2=x_1^2+x_2^2+\cdots+x_n^2$$

利用带有统计计算功能键的计算器可以很方便地进行计算。

第五节 可接受性检验

可接受性检验又称嗜好性、爱好或消费者检验，一般在差别试验和描述性检验之后进行。为了调查消费者对产品的反映，常用在开发新产品、扩大产品产量或对产品进行广告宣传时，带有预测性质，这与产品投放市场后的大规模抽样市场调查不同。可接受性检验的结果为产品生产提供一定的信息，所以调查人员的选择很重要。调查对象应有代表性，符合统计学上随机规律，如在人口密集的市场或市中心，也可以选择有代表性的消费者集中场所，如大学、幼儿园等。如在厂内进行，应该选择非该产品生产车间的其他厂内人员。在不同地点进行可接受性检验比较见表 5 – 42。

表 5 – 42　在不同地点进行可接受性检验比较

调查对象	厂内品评室	集中地点	家庭内
	该产品生产人员以外的本厂职工	消费者（一般或有选择性）	本厂职工或消费者
每种产品调查人数	20 ~ 50 人	>100 人	50 ~ 100 人
产品数量	2 ~ 5 份	2 ~ 4 份	1 ~ 2 份
调查目的	对该产品是否喜欢	对该产品是否喜欢	对该产品是否喜欢，其他市场信息
优点	便于控制，反馈迅速，调查费用低，被调查者对产品较熟悉	调查面广，没有本厂生产工人，调查结果较客观	在真正的使用条件下进行，反馈信息量大
缺点	反馈信息量较少，有时带偏见	无法控制，需要大量调查对象	难以控制，费时，调查费用高

可接受性检验不采用计分法，因为被调查人员没有受过训练，不懂得打分则可以采用以下方法。

（1）二点比较法　将需调查产品与当时市场上群众喜爱的产品进行比较，调查产品 A，对照产品 B。

结果：A　　B　　哪个较好打√

　　　—　　—　　无区别

　　　—　　—　　两个都喜欢　　两个都不喜欢

（2）九点法（或七点法、五点法）

最喜欢

非常喜欢

较喜欢

稍喜欢

不好也不坏

稍不喜欢

较不喜欢

非常不喜欢

最不喜欢

美国加州大学食品科学系学生曾对柠檬水中加糖量做过可接受性试验。他们选择超级市场门口不同年龄的顾客。调整结果表明儿童喜欢甜柠檬水（含糖14%），成人喜欢适中甜度（10%，14%），青年人喜欢含糖低、偏酸的柠檬水（含糖8%），调查表格式见表5－43。

表5－43　　调查表

试验地点													
被调查人员		儿童（6～15岁）				青年（16～23岁）				成人（25岁以上）			
柠檬水含糖/%		8	10	14	20	8	10	14	20	8	10	14	20
样品编号		68	92	14	27	68	92	14	27	68	92	14	27
被调查人员编号	1												
	2												
	3												
	4												
	5												
	6												
	7												
	8												
	9												
	10												

说明：最喜欢的样品下划“＋”，最不喜欢的样品下画“－”。

（3）直线标度　在直线两端用词语描述样品的特性长度

如：酸味　　　无　　　很强

　　颜色　　　暗淡　　鲜艳

　　喜欢程度　不喜欢　喜欢

这种尺度的优点是不用数字号码，每位品尝人员只需在标尺上划一纵线来表示对样品的感受程度。从标尺的起始点量到品尝人员画的纵线，就是该样品的特性程度。若用数字来代表，可将所得数字做统计分析。

（4）脸谱标尺　如向幼儿园的孩子或不识字者进行调查，可划出不同表情的脸谱，以表示对样品的喜欢/不喜欢程度。

第六节　质量描述法

在用二点法、三点法或顺序排列法时，进行判断样品间是否有差别或比较其嗜好性，是比较方便的，但它不能指出黄酒的风味特点和口味缺陷，根据实验结果反馈到技术管理上很难反映真实问题，正因为如此，需要对产品多种特性进行描述，发现产品的优缺点，然后反映到技术管理部门，由管理部门进行工艺调整或设备改造，这样一种描述黄酒风味特性的方法称为质量描述法。

在质量描述法中，要求品评员判定出一个或多个样品的某些特征或对某特定特征进行描述和分析。通过检验可得出样品各个特性的强度或样品全部感官特征。常用的方法有：简单描述法、定量描述法和综合评价法。

质量描述性试验是品评员对产品的所有品质特性进行定性、定量的分析及描述评价。它要求评价产品的所有感官特性，如外观、嗅闻的气味特征、口中的风味特性（味觉、嗅觉及口腔的冷、热、收敛等知觉和余味）及组织特性和几何特性。

描述性试验是各种品评方法中最难的一种，对品评人员有较高的要求。它要求人员熟悉该产品的加工工艺和产品特点，把感官品评的印象全部用文字进行描述，这对加工方法的研究和产品质量的提高有重要的指导意义。

为保证品评结果能正确反映出产品的特征，品评人员首先组成小组，对样品进行预评。预评与标准样品（如获国家或省优产品）进行对比，确定基本特征，统一各人的看法。一些典型的优缺点或气味（味道）可与单品进行比较。比如认为该样品有霉味可用发霉的样品对照等。各种描述产品的描述性术语已跨向标准化，对每一种特征都有相应的解释。如啤酒品评有风味圆盘表。

一、简单描述法

要求品评人员对构成产品特征的各个指标进行定性描述，尽量完整地描述出样品品质的检验方法称为简单描述试验。简单描述法还可分为风味描述法和质地描述法。描述法对黄酒感官单项性质的判断不用分数而是用语言来评论。这种描述法要求品评员有一定的专业知识，经过充分的练习，品评时间一般比较长。描述法能对一个酒样的特性做出较好的判断，口味缺陷易被发觉出来，可描绘样品间的实质性差异。在评价新产品、评价质量事故反馈酒及品评员训练时应用较多。

结果分析：品评员完成品评后，由品评小组组织者统计这些结果，根据每一描述性词汇的使用频数得出评价结果，最好对评价结果做出公开讨论。

二、定量描述法

要求品评员尽量完整地对形成样品感官特征的各个指标强度进行品评的检验方法称为定量描述试验。这种品评是使用以前由简单描述法所确定的词汇中选择的词汇，描述样品整个感官印象的定量分析。

此方法对质量控制、质量分析、确定产品之间差异的性质、新产品研制、产品品质的改良等最为有效，并且可以提供与仪器化验数据对比的感官数据。

定量描述法通常由下面一系列过程组成。

（1）应预先选定一名品评员来领导整个描述实验，他负责制订实验计划，品评员的组成和管理，完成实验的管理，用圆桌法进行讨论，结果的解析等。品评员领导，要求除具有品评员的能力外，还要有统计学的知识、试样的知识、领导能力、理解力等多方面的能力。描述法应由 4 个或更多的训练有素的品评员进行，为此要选择和训练有良好识别能力的品评员。

（2）收集整理表现特征、特性的用语，统一标准。

（3）黄酒特征特性强度的评价。分析结果应具有最好的差异性和最高的再现性，借助于尺度的帮助对感官品评的印象强度进行测定。印象强度的表示方法有三种。

① 数字法：0 = 差　1 = 可辨别　2 = 轻微　3 = 中等　4 = 强烈　5 = 很强烈

② 标度点法：在每个标度的两端写上相应的特征叙词，其中间级数或点数根据特性强度面改变。

弱　O O O Φ O O O　强

③ 直线法：在直段线上规定中心点为“0”，两端各标特性叙词，以线段长短表示样品特性强度。

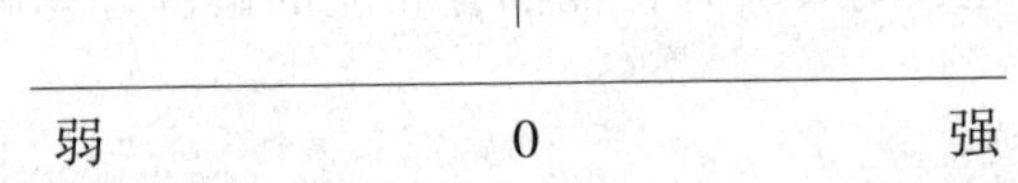

（4）判断所感受到的黄酒各特性的顺序。

（5）评价后味、余味。

（6）评价振幅，即整个印象的强度。

（7）强度的变化　如有必要，可制作强度曲线。品评员一边看表，一边以图形表示样品饮用后的感觉强度。图 5－1 为内服药苦味的时间－强度曲线。

（8）用圆桌法交换意见　关于定量描述法：在黄酒品评方面的应用现举例如下，供参考。

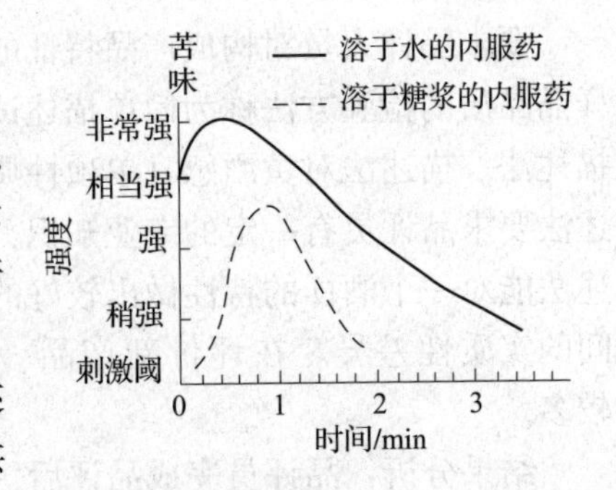

图 5－1　内服药苦味的时间－强度曲线

① 黄酒定性描述法。

② 黄酒定量描述法。

③ 黄酒定量描述法风味剖面。

当仅有 2 ~3 个样品比较时，可选用此方法。此方法的视觉性非常突出。

（9）综合评价法　将评分法和质量描述法结合起来，既从分数上得出黄酒的差别程度并进行顺序排列，又从具体的质量描述上反映出酒的优缺点。目前我国规模较大的评酒和质量大检查，在感官质量确定上都用此法。

还有一种简单的综合评价法，提供酒样，品尝后写出总体评价，是否喜欢或是否能接受，此法简单、快速，常用来在新产品研制时进行市场调查。

三、描述性分析方法

若想进一步了解产品之间的差异究竟出现在哪，是在感官特性因子构成上、特性因子强度上、产品食用过程中特性因子呈现的顺序上，还是特性因子相互作用所呈现的特点上等，就需要由具有较高能力的评价小组进行另一大类更加精细的感官分析——描述性分析（Descriptive Analysis）。采用的方法主要有风味剖面法、质地剖面法、定量描述分析法、系列描述分析法、自由描述剖析法、时间 - 强度检验法、动态主导型感官测试法等。该类方法主要用于新产品感官特征的说明、竞品的比较、产品基本成分的鉴定、感官货架期的检验、物理、化学量与感官特性间关系的研究等方面。

描述性分析一般涵盖以下 5 个步骤。

1. 建立感官特性描述词

提供一系列的同类样品，让评价员熟悉该类产品的特性，写出描述词。描述词需从感官特性因子的角度选取，即描述词尽量描述的是产品单一具体的感官特性。

如果评价员描述出现困难，感官分析师或评价小组组长可将预先准备好的该类产品备选描述词表提供给评价员，令其从中选择。感官分析师或评价小组组长收集描述词，组织小组反复评价讨论至意见一致，最终确定出描述词。

2. 确定感官特性顺序

将样品提供给每位评价员，要求独立地写出各个特性出现的顺序，经反复评价后，最终达到小组一致。

3. 确定参比系

根据建立的描述词，由感官分析师或评价小组组长收集并提供与该描述词对应的一系列参比样，尽可能涵盖该产品在该特性上可能的强度变化范围。经小组训练及反复评价和讨论后，确定出各特性强度标度的参比样。

4. 评价感官特性强度

将各特性不同强度的参比样分别提供给每一名评价员进行训练。要求评价员按照强度从弱到强依次评价，熟悉并记忆各特性的感觉及对应的强度标度。然后取出每种特性任一标度的参比样作为考核样品，若评价员对其强度赋值正确，则考核通过。反之，仍需再次训练，直到评价小组内所有成员考核通过方可进行实际样品的感官特性强度评价。

5. 分析样品的协调性和整体感

分析样品整体的强度、协调性、特征性及异常性，得到样品整体的综合感觉印象。

思考题

1. 数理统计的要求有哪些？
2. 差别检验法有几种类型？如何区别？
3. 顺序排列法的特点有哪些？
4. 评分法的特点有哪些？
5. 质量描述法的特点有哪些？

第六章 黄酒中风味物质及来源

学习目标和要求

1. 掌握黄酒风味主要成分。
2. 掌握黄酒风味物质的主要来源。
3. 了解黄酒中风味成分的生成机理。
4. 掌握黄酒主要风味物质的风味特征。
5. 掌握黄酒风味物质呈香呈味的规律。

黄酒的感官质量与黄酒的风味物质是密不可分的，因此，了解黄酒风味物质的来源、生成机理、风味特征和其中呈香呈味的规律是很有必要的。

第一节 黄 酒 成 分

一、糖分

黄酒中甜味物质主要来自原料中的淀粉，经糖化发酵后残留下来的糖分，又经酵母酒精发酵后残留下来的糖分。在糖类中主要是葡萄糖、麦芽糖、异麦芽糖、潘糖，异麦芽丙糖、低聚糖、戊糖等，其中葡萄糖占总糖量的50% ~70%。

据研究发现，黄酒中还有一种新糖分，称为乙基λ－D－葡萄糖，简称λ－EG糖，系葡萄糖与乙醇脱水缩合而成。分子式$C_8H_{16}O_6$，相对分子质量208，极易溶于水和无水乙醇，属非还原性糖，口味与葡萄糖相似，有淡凉甜味，后出现温和苦味。

据对绍兴酒样品测定：在绍兴加饭酒中含乙基λ－D－葡萄糖4.2g/L，在善酿中含量11.4g/L。绍兴加饭酒糖的组成分析见表6－1。

表6－1 绍兴加饭酒糖的组成分析

	例一		例二	
	含量/（mg/100mL）	组成/%	含量/（mg/100mL）	组成/%
直接还原糖	2072	—	1400	—
总糖分	3118	—	3155	—
直接糖分/总糖分	—	66.45	—	44.37
葡萄糖	746	—	174	—
葡萄糖/总糖	—	23.92	—	5.57
戊糖	60.4	1.94	88.1	2.79
葡萄糖	2077.2	66.62	1728.6	54.79
麦芽糖	184.2	5.91	40.7	1.29
异麦芽糖	317.4	10.18	102.5	3.25

续表

	例一		例二	
	含量/（mg/100mL）	组成/%	含量/（mg/100mL）	组成/%
潘糖	168.3	5.40	101.9	3.25
异麦芽丙糖	112.2	3.60	179.5	5.69
低聚糖	164.0	5.26	793.8	25.16
合计	3116.4	99.96	315	99.99

二、有机酸

有机酸是黄酒中的重要口味物质，它在黄酒中有增加浓厚感和减少甜味的作用。有机酸在陈酿过程中与乙醇作用生成芳香酯类物质，使酒更香；有机酸具有缓冲作用，能协调其他口味物质。黄酒中的有机酸主要是乳酸、乙酸，占有机酸总量的76%左右，乳酸最多，乙酸第二，含量高的挥发酸还有琥珀酸、焦谷氨酸、柠檬酸、酒石酸、葡萄糖醛酸、延胡索酸等。

黄酒中的有机酸来源如下。

（1）在酿造过程中由酵母等微生物代谢生成。

（2）在贮存过程中，醇类物质氧化成醛，醛又被氧化成酸。

绍兴加饭酒有机酸成分分析见表6－2。

表6－2　　绍兴加饭酒有机酸成分分析

	例一		例二	
	含量/（mg/100mL）	组成/%	含量/（mg/100mL）	组成/%
谷氨酸	0.128	—	0.139	—
葡萄糖醛酸	0.002	—	0.003	—
焦谷氨酸	11.80	1.53	7.10	0.93
乳酸	72.11	9.37	72.11	9.41
乙酸	444.30	57.76	451.45	58.89
酒石酸	124.28	18.49	150.47	19.62
柠檬酸	41.70	5.42	28.70	3.74
琥珀酸	14.60	1.87	11.70	1.53
延胡索酸	42.46	5.52	45.15	5.89
乳酸/琥珀酸	10.47	—	45.15	—
合计	761.87	99.96	776.82	100.01

三、氨基酸

黄酒中含有丰富的氨基酸，含量可高达4000～7000mg/L，个别品种可以达到13000mg/L。黄酒中的氨基酸含量明显高于啤酒和葡萄酒以及日本清酒，对绍兴加饭酒的检测表明，其氨基酸含量分别为啤酒的7倍，红葡萄酒的3倍，日本清酒的2倍，因而是区别其他酒种的主要特征。

黄酒中氨基酸的来源，主要是来自原料（包括米浆水）、糖化发酵剂等配料中的蛋白质分解，也来自酵母、霉菌死亡后，细胞的自溶，溶出细胞内酸性羧肽酶，从而分解多肽而大量形成。这些氨基酸以两种形式存在，一种是结合蛋白质和肽类；另一种以游离状态存在。黄酒中总氨基酸的含量，则是两者测定之和。黄酒中总氨基酸的测定结果见表6－3。

表6－3　黄酒中总氨基酸的测定结果　单位：mg/mL

黄酒 氨基酸	金坛 封缸酒	无锡 二泉酒	绍兴元红	绍兴善酿	绍兴香雪	绍兴加饭	绍兴花雕
天冬氨酸	0.836	0.885	0.846	0.890	0.874	0.789	0.774
苏氨酸	0.264	0.317	0.376	0.342	0.320	0.333	0.322
丝氨酸	0.396	0.538	0.576	0.511	0.483	0.522	0.527
谷氨酸	0.615	0.846	2.510	2.788	2.404	2.438	2.594
脯氨酸	0.496	1.391	1.193	1.328	0.837	0.009	未检出
甘氨酸	0.444	0.586	0.628	0.692	0.508	0.618	0.604
丙氨酸	0.605	0.727	0.738	0.951	0.657	0.743	0.718
缬氨酸	0.514	0.603	0.513	0.594	0.560	0.490	0.460
甲硫氨酸	0.092	0.072	0.114	0.079	0.146	0.073	0.059
异亮氨酸	0.348	0.451	0.384	0.413	0.405	0.352	0.326
亮氨酸	0.713	1.037	0.753	1.006	0.906	0.860	0.847
酪氨酸	0.201	0.314	0.285	0.460	0.293	0.455	0.445
苯丙氨酸	0.287	0.634	0.335	0.626	0.553	0.499	0.507
组氨酸	0.174	0.238	0.262	0.215	0.227	0.236	0.250
赖氨酸	0.274	0.336	0.303	0.350	0.368	0.306	0.294
精氨酸	0.594	0.379	0.716	0.655	0.663	0.639	0.685
总量	6.853	9.354	10.532	11.900	10.204	9.362	9.412

黄酒中的氨基酸可分为中性氨基酸、酸性氨基酸和碱性氨基酸，每种氨基酸有各自的等电点，其中最低的天冬氨酸等电点为2.77，而最高的精氨基酸等电点为10.97，由于等电点的不同造成酒体中某些成分的析出与沉淀，给黄酒的货架寿命带来影响。氨基酸的分类见表6－4。

表6－4　氨基酸的分类

项目	氨基酸的名称
中性氨基酸	甘氨酸、丙氨酸、丝氨酸、半胱氨酸、苏氨酸、蛋氨酸、缬氨酸、亮氨酸、异亮氨酸、苯丙氨酸、酪氨酸、脯氨酸、色氨酸、谷氨酰胺、天冬氨酸
酸性氨基酸	谷氨酸、天冬氨酸
碱性氨基酸	精氨酸、赖氨酸、组氨酸

四、醇类

黄酒原料中蛋白质分解生成氨基酸，它们受酵母的影响，脱氨基、脱羧基放出二氧化碳和氨，从而降解生成醇。

黄酒中醇类很多，有甲醇、乙醇、正丙醇、丁醇、仲丁醇、异丁醇、异戊醇、活性戊醇、3，3－二甲基－2－戊醇、正己醇、1，3－丁二醇、2，3－丁二醇、β－苯乙醇、月桂醇等。

五、酯类

酯类是黄酒的主要香气，各种酯类以乙酯类为主要形式，它是由醇类与酸类相作用而产生的，称为酯化反应。乳酸乙酯、乙酸乙酯、丁二酸二乙酯是绍兴加饭酒的主要酯类，其中乙酸乙酯含量比日本清酒高出4～5倍。

黄酒中酯的种类有：甲酸乙酯、乙酸乙酯、丙酸乙酯、丁酸乙酯、戊酸乙酯、己酸乙酯、辛酸乙酯、癸酸乙酯、丁酸－2－甲基丁酯、乳酸乙酯、β－羟基丁酸乙酯、琥珀酸二乙酯、苯乙酸乙酯、十六酸乙酯、油酸乙酯、2－羟基丙酸乙酯、苯甲酸乙酯、邻苯二甲酸丁酯、乙酸异戊酯、乙酸正戊酯等。半干黄酒醇和酯含量见表6－5。

表6－5　半干黄酒醇和酯含量

组分	样品A	样品B	样品C
乙酸乙酯	31.99	39.69	30.61
甲酸乙酯	0.34	—	—
丁酸－2－甲基丁酯	1.61	1.60	1.57
乳酸乙酯	248.10	42.92	29.22
琥珀酸二乙酯	7.64	1.50	0.065
乙酸异戊酯	0.04	10.48	10.32
辛酸乙酯	痕量	—	—
乙酸正戊酯	痕量	—	—
软脂酸乙酯	痕量	—	—
丙醇	9.33	16.29	3.30
2－丁醇	3.54	0.65	0.57
异丁醇	45.10	150.63	71.90
异戊醇	210.56	295.55	162.32
活性戊醇	50.23	58.58	41.73
苯乙醇	51.28	35.28	35.03

六、羰基化合物

黄酒中能检测到许多羰基化合物类物质，如，乙醛、异丁醛、异戊醛、苯甲醛、苯乙醛、糠醛、香草醛、丙酮、双乙酰等。绍兴加饭酒乙醛的含量在30～100mg/L。乙醛是酒精发酵的中间产物，即葡萄糖经糖酵解生成的丙酮酸脱羧便生成乙醛。另外还可由丙氨酸氧化脱氨生成丙酮酸，再脱羧生成乙醛。也可由丙氨酸水解脱氨、脱羧生成乙醇，再氧化成乙醛。还有，有陈化过程中，由乙醇氧化成乙醛、乙酸。

香草醛生成问题，据研究，为米或小麦中的糖酚和脂质酚分解生成阿魏酸，在贮存陈化过程中促进香草醛及其衍生物的生成。

七、缩醛、烃类等

据分析，酒中存在多种缩醛、烃类等成分。如1，1－二乙氧丁烷、1，1－二乙氧－3－甲基丁烷、1－乙氧戊氧乙烷、1，1－二乙氧戊烷、2－苯基丁烯醛、3－甲基戊酮、3－已酮、3－甲基已烷、2，2，2，3－四甲基丁烷、2，3－二甲基戊烷、癸烷、十六烷、甲苯、朱栾倍半萜、丁基异丁基醚、1－氧乙基苯、2，6－二特丁基甲苯酚、6－甲基苯基喹啉。

八、无机元素

黄酒中含有丰富的无机元素，这些元素来自：① 大米、大黄米、麦曲等原辅料；② 酿造用水；③ 发酵容器、贮存容器及输送设备。黄酒中的微量元素见表6－6。

表6－6　黄酒中的无机元素　单位：μg/L

名称	钙	锶	镁	铬	锰	铁	钴
样品1	124.7	0.7688	179.7	0.0806	2.425	14.21	0.3354
样品2	110.6	0.6934	169.1	0.0583	2.234	11.15	0.2614
样品3	65.4	0.3706	109.3	0.0395	1.297	3.775	0.2321
名称	铜	锌	锗	钼	硒	钾	磷
样品1	0.1099	4.354	7.580	0.4178	1.338	443.9	587.6
样品2	0.1387	3.984	6.398	0.3403	1.079	414.2	519.6
样品3	0.1117	2.788	5.068	0.2785	0.847	308.5	246.2

黄酒中含有多种维生素，如维生素A、B族维生素（硫胺素、核黄素、维生素B_6）、维生素D、维生素K、维生素H、环已六醇、叶酸等。还有重要神经递质：γ－氨基丁酸等。

九、酚类物质

儿茶素、芦丁、槲皮素、没食子酸、阿魏酸、香草酸、原儿茶酸、绿原酸、咖啡、*p*－香豆酸等。

十、硫氢化物

硫化氢（H_2S）和含硫有机物在黄酒中含量极微量，否则它们将会带来令人恶心的气味。然而，它们的感受阈值通常很低（常常是万亿分之一），因此也常常给黄酒带来不良气味。

硫化氢是酵母硫代谢的产物。在新发酵的黄酒中，若硫化氢接近阈值水平，它会成为新酒酵母味的组成部分。如果超过阈值，则会产生臭鸡蛋气味。

黄酒中最简单的有机硫化物是硫醇类物质，其中最重要的是乙硫醇。在其阈值水平内它会产生腐烂的洋葱味、焦橡胶味。当超过阈值时，则会产生臭鼬味或粪便味。相关的一些硫醇，如2－巯基乙醇、甲硫醇和乙硫醇，分别会发出马厩味、腐烂卷心菜味和橡胶味等不良气味。乙酸－2－巯基乙醇酯和乙酸－3－巯基乙醇酯则会发出烤肉味。

光照会诱导瓶装酒合成有机硫化物。

第二节　黄酒风味成分的来源

一、原料

黄酒原料有糯米、粳米、籼米、黍米（大黄米）、粟米（小米）、玉米、青稞等，不同原料生成不同的微量成分，形成不同的香气和口味，如糯米含蛋白质相对少，其淀粉结构几乎全是支链淀粉，容易糖化，因此糯米黄酒香气细腻、浓郁、口味醇厚、柔和。而粳米黄酒、籼米黄酒，因原料含蛋白质相对较高，氨基酸含量偏高，直链淀粉多，酒的香气和口味都比较粗糙。

二、酿造用水

黄酒中水的含量在80%以上，水质不同，黄酒的风味不同，同样位于绍兴的鉴湖水和小舜江水，其阳离子含量大相径庭，鉴湖水中含21种阳离子，总量为97729.94μg/L，小舜江水含相同的21种阳离子，总量为19788.59μg/L，鉴湖水中阳离子总量为小舜江水的4.9倍。在微量元素中的钾（K），鉴湖水含40804μg/L，而小舜江水仅含1988μg/L，竟相差20.5倍。钾是微生物养分及发酵的促进剂，当黄酒酿造用水钾不足时，则曲霉菌繁殖迟缓，曲温上升慢，酵母生长不良，因而曲霉和酵母的代谢产物也不同，而且数量不足会影响黄酒的风味。

同样，水的6种阴离子含量，鉴湖水为107.48mg/L，小舜江水为26.38mg/L，也相差4.07倍。

此外，还应考虑到水中微生物菌群的不同，对黄酒发酵的微量成分也会产生很大的不同。

2007年绍兴市质量技术监督检测院联合进行科学研究，采用相同条件下使用不同水质酿造的黄酒进行分析与对比，虽然酿出来的黄酒都是质量上乘的好酒，但感官指标检测的结果是不一样的，鉴湖水酿造的黄酒香气复合得更好，香韵优美，酒味也丰满一些。

三、糖化发酵剂

糖化发酵剂对黄酒香味成分的贡献是很大的，不同的糖化发酵剂有不同的代谢产物和生化反应产物。就小麦麦曲来说，如采用通风制曲工艺，曲种是纯种接种，繁殖的最高温度一般在40℃以下，酿出来的黄酒苦味少但香气也淡，因为某些呈香物质，如阿魏酸、香草酸、香草醛要在制曲升温达到60℃左右时才能生成。草包曲、块曲升温在50℃以上，酿出来的黄酒香气比通风制曲酒浓郁。更重要的是曲药、酵母所含微生物种类、性能、数量都是很复杂的，它们的代谢产物也很复杂。

四、工艺

黄酒工艺一般分为：淋饭法、喂饭法、摊饭法、煮糜法和机械化大罐发酵工艺。淋饭酒较为辛辣，味欠醇厚，喂饭酒比淋饭酒好一些。摊饭法发酵温度较高，酒香较浓，酒味丰满（与浸米时间长，并且带着酸浆蒸饭有关）。煮糜法焦香浓，有焦苦味，但后口清爽。这些不同与微量成分有关。

五、贮存

黄酒的微量成分，一部分来源于发酵期，另一部分来源于陈贮期，在陈贮期间黄酒的微量成分会发生种种变化；酯香成分增加，总酸少量上升，非糖固形物增长，酒精度会有所下降，香气变浓，酒体变醇厚，辛辣味减少，柔和度提高，因此黄酒会越陈越香，越陈口味越好。这里还应该提出与贮存条件有关，如仓库温度偏高会加快美拉德反应（糖、氮反应），贮酒容器用陶坛，会加速氧化还原反应、酯化反应，因为陶坛能供给微量氧气，陶坛中的金属元素会催化黄酒内部的化学反应。

第三节　黄酒中风味成分的生成机理

一、糖类物质生成机理

黄酒是以含淀粉的谷物为原料，稻米、黍米、玉米含淀粉均在70%以上，制曲用的小麦含淀粉在60%左右。

淀粉的分解是由于淀粉酶作用将淀粉转化为糊精和可发酵性糖。

$$淀粉 \xrightarrow{nH_2O} 糊精 \xrightarrow{XH_2O} 麦芽糖 \xrightarrow{H_2O} 葡萄糖$$

在糖化过程中，部分葡萄糖苷在霉菌分泌的葡萄糖苷转移酶作用下，可重新结合形成难发酵的或不发酵的异麦芽糖、麦芽三糖和潘糖等低聚糖。这些糖类是黄酒甘甜味的重要来源，也协调了黄酒的酒体。

二、酸类物质生成机理

黄酒醪中的有机酸很多，产生的途径也很多。大多数有机酸是由细菌生成的。酵母菌在产酒精时，也会产生很多有机酸。酒曲中的根霉等霉菌也产生有机酸。

1. 乳酸的生成

乳酸是含有羟基的有机酸，黄酒在浸米过程中，自然培养了大量的乳酸菌，产生了乳酸。这种米浆水如用作酿造用水，参与了黄酒发酵，又进一步生成乳酸。

$$C_6H_{12}O_6 \longrightarrow 2CH_3CHOHCOOH$$

还有一种异型乳酸发酵，其产物因菌种而异，除生成乳酸外，还同时生成乙酸、酒精、甘露醇等成分。

$$\underset{葡萄糖}{2C_6H_{12}O_6} + H_2O \longrightarrow \underset{甘露醇}{C_6C_{14}O_6} + \underset{乳酸}{CH_3CHOHCOOH} + CH_3COOH + CO_2$$

此外，毛霉、根霉等也能产生L－乳酸。

2. 乙酸的生成

乙酸又名醋酸，是黄酒中含量仅次于乳酸的第二大酸，其生成的机理是：

（1）酵母菌酒精发酵产乙酸。

$$\underset{葡萄糖}{2C_6H_{12}O_6} + H_2O \longrightarrow \underset{酒精}{C_2H_5OH} + \underset{乙酸}{CH_3COOH} + \underset{甘油}{2CH_2OHCHOHCH_2OH} + 2CO_2$$

（2）乙酸菌将酒精氧化为乙酸。

$$C_2H_5OH \xrightarrow{[O_2]} CH_3COOH + H_2O$$

（3）糖经发酵生成乙醛，再经歧化作用生成乙酸。

$$2CH_3CHO + H_2O \longrightarrow C_2H_5OH + CH_3COOH$$

通常，在酵母菌的生长及发酵条件较好时，乙酸生成量较少。若酒醪中染上杂菌，则乙酸的生成量较多。

（4）异型乳酸菌也产乙酸。

3. 琥珀酸的生成

琥珀酸又称丁二酸。主要由酵母菌于发酵后期产生，通常延长发酵期可增加其生成量。反应途径有如下两条。

（1）由酵母菌作用于葡萄糖和谷氨酸而生成琥珀酸，生成的氨被酵母利用合成自身的菌体蛋白。

$$\underset{\text{葡萄糖}}{C_6H_{12}O_6} + \underset{\text{谷氨酸}}{COOHCH_2CHNH_2COOH} + 2H_2O \longrightarrow \underset{\text{琥珀酸}}{COOHCH_2CH_2COOH} + NH_3 + CO_2 + \underset{\text{甘油}}{2CH_2OHCHOHCH_2OH}$$

（2）由乙酸转化为琥珀酸。

$$\underset{\text{乙酸}}{2CH_3COOH} + NAD + ATP \longrightarrow \underset{\text{琥珀酸}}{COOHCH_2CH_2COOH} + NADH_2 + AMP$$

红曲霉等霉菌也能生成极微量的琥珀酸。

4. 氨基酸的生成

黄酒中氨基酸含量十分丰富，是饮料酒中氨基酸含量最高的酒种，氨基酸的来源有二：一是由糖化发酵剂作用把原料中蛋白质分解而成；二是来自酵母、霉菌等微生物的自溶（也是蛋白质分解）。

黄酒中的氨基酸分为中性氨基酸、碱性氨基酸和酸性氨基酸三种，大部分是中性氨基酸。精氨酸、赖氨酸、组氨酸是碱性氨基酸。酸性氨基酸有谷氨酸和天冬氨酸。

三、酯类物质生成机理

黄酒中的酯类物质，主要是乳酸乙酯、乙酸乙酯、琥珀酸（丁二酸）二乙酯等。酯是由醇和酸的酯化作用而生成的，其途径有两个：一是通过有机化学反应生成酯，但这种反应在常温条件下极为缓慢，往往需要几年时间才使酯化反应达到平衡。二是由微生物的生化反应生成酯，存在于黄酒醪的酵母有产酯能力。

1. 乳酸乙酯的生成

乳酸乙酯的合成，符合一般脂肪酸乙酯的共同途径。即乳酸经转酰基酶活化成乳酰辅酶 A，再在酯化酶的作用下与乙醇合成乳酸乙酯。

$$CH_3CHOHCOOH \xrightarrow[\text{转酰基酶}]{\text{CoASH，ATP}} CH_3CHOHCO\sim SCoA \xrightarrow[\text{酯化酶}]{C_2H_5OH} CH_3CHOHCOOC_2H_5$$

2. 乙酸乙酯的生成

由丙酮酸脱羧为乙醛，再氧化为乙酸，并在转酰基酶作用下生成乙酰辅酶

A；或由丙酮酸氧化脱羧为乙酰辅酶 A。乙酰辅酶 A 在酯化酶的作用下与酒精合成乙酸乙酯。

$CH_3CHOHCOOH \xrightarrow{-CO_2} CH_3CHO \xrightarrow{O_2} CH_3COOH$

$CH_3COOH \xrightarrow[转酰基酶]{CoASH,\ ATP} CH_3CO \sim SCoA$

$CH_3CHOHCOOH \longrightarrow CH_3CO \sim SCoA$

$CH_3CO \sim SCoA \xrightarrow[酯化酶]{CH_3CH_2OH} CH_3COOC_2H_5$

四、高级醇生成机理

碳原子数在 2 个以上的一元醇总称为高级醇，黄酒中的高级醇以异戊醇为最多，其次为活性戊醇、异丁醇、正丙醇、仲丁醇等。

高级醇是由酵母菌利用糖及氨基酸的代谢而形成的，其中 α－酮酸及醛为重要的中间产物。

高级醇生成代谢途径：

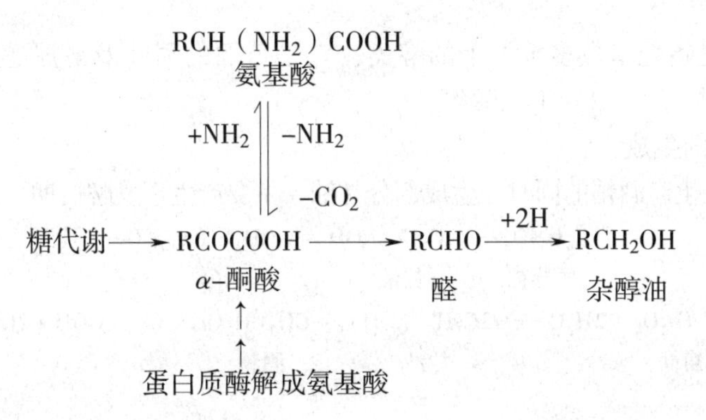

（1）由氨基酸脱氨、脱羧（去 CO_2），生成比氨基酸分子少一个碳原子的高级醇。这种反应是在酵母细胞内进行，其反应通式为：

$$RCH(NH_2)COOH + H_2O \longrightarrow RCH_2OH + NH_3 + CO_2$$

例如：

$$(CH_3)_2CHCH_2CH(NH_2)COOH + H_2O \longrightarrow (CH_3)_2CHCH_2CH_2OH + NH_3 + CO_2$$

亮氨酸　　　　　　　　　　　　异戊醇

$$(CH_3)_2CHCH(NH_2)COOH + H_2O \longrightarrow (CH_3)_2CHCH_2OH + NH_3 + CO_2$$

缬氨酸　　　　　　　　　　　　异丁醇

$$CH_3CH(C_2H_5)CH(NH_2)COOH + H_2O \longrightarrow CH_3CH(C_2H_5)CH_2OH + NH_3 + CO_2$$

异亮氨酸　　　　　　　　　　　　活性戊醇

正丙醇可由苏氨酸生成，也可由糖代谢中的 α－酮丁酸生成。

又如：β－苯乙醇的生成

β－苯乙醇是黄酒特征性的香味物质，它具有类似玫瑰花的香气，并具有先微苦后甜的口味，它是黄酒中的重要醇类之一。在 GB/T 13662《黄酒》标准中，被列为理化指标。当原料中的蛋白质分解生成氨基酸，受酵母的影响，脱氨基、脱羧基放出二氧化碳和氨，从而降解生成醇。而β－苯乙醇是由苯丙氨酸生成的，其化学反应式如下：

$$C_6H_5CH_2CH(NH_2)COOH + H_2O \xrightarrow[\text{脱氨基}]{-NH_3} \underset{\text{苯丙酮酸}}{C_6H_5CH_2COCOOH} \xrightarrow[\text{脱羟基}]{-CO_2} \underset{\text{苯乙醛}}{C_6H_5CH_2CHO} \xrightarrow{\text{还原}} \underset{\beta-\text{苯乙醇}}{C_6H_5CH_2CH_2OH}$$

（2）由糖代谢生成丙酮酸，丙酮酸与氨基酸作用，生成另一种氨基酸和另一种有机酸（α－酮酸）；该有机酸脱羧变为醛，再还原成高级醇，例如，

丙酮酸＋ 氨基酸 → 丙氨酸

丙酮酸＋ 氨基酸 → α－酮基异己酸 $\xrightarrow{\text{脱羧}}$ 异戊醛 $\xrightarrow{\text{还原}}$ 异戊醇

此外，发酵后期，酵母菌自溶时也会产生高级醇。

五、多元醇生成机理

多元醇是指羟基数多于1个的醇类，它是黄酒的甜味及醇厚感的组分，如，丙三醇（甘油），2，3－丁二醇等。

1. 甘油的生成

酵母菌在生产酒精的同时，生成部分甘油。主要产生于发酵后期，其反应式为：

$$\underset{\text{葡萄糖}}{C_6H_{12}O_6} \longrightarrow \underset{\text{甘油}}{C_3H_5(OH)_3} + \underset{\text{乙醛}}{CH_3CHO} + CO_2$$

$$\underset{\text{葡萄糖}}{2C_6H_{12}O_6} + 2H_2O \longrightarrow \underset{\text{甘油}}{2C_3H_5(OH)_3} + \underset{\text{酒精}}{CH_3CH_2OH} + CH_3COOH + 2CO_2$$

或

$$\text{糖代谢} \longrightarrow \text{羟基磷酸丙糖} \xrightarrow{+2H} \text{甘油磷酸} \xrightarrow{\text{磷酸酯酶}} \text{甘油}$$

甘油也可以由脂肪分解生成。

2. 2，3－丁二醇的生成

2，3－丁二醇是一种呈甜味的醇类物质，在黄酒中微量存在。某些混合型乳酸菌能利用葡萄糖生成2，3－丁二醇、甘露醇、乳酸及乙醇。

2，3－丁二醇生成还有如下四条途径。

（1）由双乙酰生成，分两步进行，先由双乙酰生成醋酴及乙酸，再由醋酴如下式生成2，3－丁二醇。

$$\underset{\text{醋酴}}{CH_3COCHOHCH_3} + \underset{\text{还原型辅酶A}}{AH_2} \longrightarrow \underset{2,3-\text{丁二醇}}{CH_3CHOHCHOHCH_3} + \text{辅酶A}$$

（2）由多黏菌及产气杆菌生成。

$$\underset{\text{葡萄糖}}{C_6H_{12}O_6} \longrightarrow \underset{\text{2，3－丁二醇}}{CH_3CHOHCHOHCH_3} + H_2 + 2CO_2$$

（3）由赛氏杆菌（*Serratia* sp.）生成。反应式同（2）。

（4）由枯草芽孢杆菌生成，同时生成甘油。

$$\underset{\text{葡萄糖}}{3C_6H_{12}O_6} \longrightarrow \underset{\text{2，3－丁二醇}}{2CH_3CHOHCHOHCH_3} + \underset{\text{甘油}}{2C_3H_5(OH)_3} + 4CO_2$$

六、羰基化合物生成机理

黄酒含有乙醛、异戊醛、苯甲醛、苯乙醛、糠醛、丙酮、双乙酰等。

1. 乙醛的生成

（1）由葡萄糖酵解生成的丙酮酸脱羧而成

$$\underset{\text{葡萄糖}}{C_6H_{12}O_6} \xrightarrow{-2H_2} \underset{\text{丙酮酸}}{2CH_3COCOOH} \xrightarrow{-2CO_2} \underset{\text{乙醛}}{2CH_3CHO}$$

（2）由酒精氧化而成

$$2C_2H_5OH + O_2 \longrightarrow 2CH_3CHO + 2H_2O$$

（3）由丙氨酸脱氨、氧化而成的丙酮酸脱羧而成

$$\underset{\text{丙氨酸}}{CH_3CH(NH_2)COOH} \xrightarrow{-NH_3 + [O]} \underset{\text{丙酮酸}}{CH_3COCOOH} \xrightarrow{-2CO_2} \underset{\text{乙醛}}{CH_3CHO}$$

（4）水解、脱氨、脱酸而成的乙醇氧化而成

$$\underset{\text{丙氨酸}}{CH_3CH(NH_2)COOH} \xrightarrow[-CO_2,\ -NH_3]{+H_2O} \underset{\text{酒精}}{CH_3CH_2OH} \xrightarrow{-2H} \underset{\text{乙醛}}{CH_3CHO}$$

2. 糠醛的生成

半纤维素经半纤维酶分解成的戊糖，由微生物发酵成糠醛。

七、芳香族化合物生成机理

黄酒中的芳香族化合物为酚类化合物，它们直接来自制曲小麦和谷物原料。在制曲和发酵过程中由微生物转化而成。

小麦中含有少量阿魏酸、香草酸和香草醛。用小麦制草包曲、块曲，当发酵温度高时，小麦皮能产生阿魏酸；又由于微生物的作用，也能生成大量的香草酸和少量的香草醛。

第四节　黄酒风味物质的风味特征

一、糖类物质风味特征

黄酒中的甜味主要是由于糖的存在，特别是葡萄糖，其他的甜味还来自于麦

芽糖、三糖及少量低聚糖。其中葡萄糖的甜味是蔗糖的0.7，甜中带有凉爽感，麦芽糖也有一定的甜度，是蔗糖的1/3，口味还较爽口，不像蔗糖那样会刺激胃黏膜。至于一些纯低聚糖及糊精则基本没有甜味。

二、酸类物质风味特征

黄酒中的有机酸，既是香气物质又是呈味物质，但主要是以呈味为主。一般地讲，有机酸的分子质量越大，其香味绵柔而酸感较弱。相反，分子质量较小的有机酸，酸的强度大，而刺激性也较强。

各种有机酸的酸感及强度并不一样。各种有机酸的阈值、风味特征见表6－7。

表6－7　各种有机酸的阈值、风味特征　单位：mg/L

名称	沸点/℃	阈值/（mg/L）	风味特征	用量参考
柠檬酸	—	—	柔和，带有爽快的酸味	—
苹果酸	—	—	酸味中带有微苦味	—
乳酸	122	350	闻不出酸味，微涩，有浓厚感	在40mg/100mL以内为好，味醇和浓厚，多则带涩和酸涩味
甲酸	100.8	1.0	闻有酸味，入口有辛辣的刺激和涩感，酸味伴有酱香味，浓时有汗臭及腐蚀性	储量在8mg/100mL以下好，有陈味，前劲大，多则微酸，发涩
戊酸	185.5～186.6	0.5	酸味醇和，酸大，微甜，尾净，但有不愉快的脂肪臭	含量在3mg/100mL左右1为宜，味较长，陈，醇净，稍爽，过多有异臭，汗臭
壬酸	255.6	71.1	有轻快的脂肪气味，酸刺激感不明显	—
癸酸	269	9.4	愉快的脂肪气味、有油味、易凝固	—
棕榈酸	—	10	—	—
油酸	286	1.0	较弱的脂肪气味、油味、易凝固	—

续表

名称	沸点/℃	阈值/(mg/L)	风味特征	用量参考
异戊酸	176.5	0.75	似戊酸气味	—
异丁酸	154.7	8.2	似丁酸气味	—
酒石酸	—	0.0025	—	—
丙酸	140.7	20.0	闻有酸味，尝微酸，带甜，爽口而干净，具有辛辣，入口柔和，微涩	含量在1.2mg/100mL以下为好
丁酸	163.5	3.4	酸味大，浓时汗臭，淡时微甜，微薄时清香，似水果气味	含量在30mg/100mL以下为好
己酸	205.8	8.6	酸味大而柔和，似浓香白酒酸味，使人爱好，但有不愉快的酒臭味	含量在60mg/100mL以内为好，以增加浓味和风格，过多则生汗臭及油脂臭
庚酸	223	0.5	臭味大，柔和，味醇甜，有较强的脂肪臭	含量在2mg/100mL以内为好，有水果香，微甜浓厚，在4mg/100mL时产生异臭及脂肪臭
月桂酸	225	0.01	月桂油气味，爽口微甜，放置后变浑浊	在0.03～0.1mg/100mL为好，能增爽净感，多则酒浑浊
乙酸	118	2.6	酸味较重，爽口带甜，似醋味	含量在20～80mg/100mL以内为好，爽快舒畅，多则酸味显露
琥珀酸	—	0.0031	酸味低，有鲜味	—
辛酸	237.5	15	脂肪臭，微有刺激感，放置后变浑浊	—
葡萄糖酸	—	—	酸味极低，柔和爽朗	—

三、醇类物质风味特征

黄酒中有许多醇类物质，它既是呈现香（臭）物质，又是呈味物质，具有丰富黄酒味感和助香作用。同时它又是形成酯的前体物质。在酿造过程中酵母生成的高级醇及其他成分，都是酒精发酵的副产物，但不同酵母菌的生成量及种类有很大的差异。醇类物质的阈值、风味特征也有很大的不同，如乙醇和甘油都有淡淡的甜味。

由于醇类化合物的沸点比其他组分的沸点低，易挥发，这样它可以在挥发过程中“脱带”其他组分的分子一起挥发，起到常说的助香作用。在黄酒中低碳链的醇含量居多。醇类化合物随着碳链的增加，气味逐渐由麻醉样气味向果实气味和脂肪气味过渡，沸点也逐渐增高，气味也逐渐持久。在黄酒中含量较多的是一些小于6个碳的醇。它们一般较易挥发，表现出轻快的麻醉样气味和微弱的脂肪气味或油臭。

醇类的味觉作用在黄酒中相当重要。它比相同碳数的醇和酚类化合物沸点还低，这是因为羰基化合物不能在分子间形成氢键的缘故。随着碳原子的增加，它的沸点逐渐增高，并在水中的溶解度下降。羰基化合物具有较强的刺激性气味，随着碳链的增加，它的气味逐渐由刺激性气味向青草气味、果实气味、坚果气味及脂肪气味过渡。它主要表现出柔和的刺激感和微甜、浓厚的感觉，有时也赋予酒体一定的苦味。饮酒的嗜好性大概与醇的刺激性、麻醉感和入口微甜、带苦有一定的联系。各种醇类物质的阈值、风味特征见表6－8。

表6－8 各种醇类物质的阈值、风味特征

名称	沸点/℃	阈值/（mg/L）	风味特征
甲醇	64.7	100	麻醉样醚气味，刺激，灼烧感
乙醇	78.4	14000	轻快的麻醉气味，刺激，微甜
正丙醇	97.4	720	麻醉样气味，刺激，有苦味
正丁醇	117.4	5	有溶剂样气味，刺激，有苦味
仲丁醇	99.5	10	轻快的芳香的气味，刺激，爽口，味短
异丁醇	107	7.5	微弱油臭，麻醉样气味，味刺激，苦
异戊醇	132	6.5	麻醉样气味，有油臭，刺激，味涩
正已醇	155	5.2	芳香气味，油状，黏稠感，气味持久，味微甜
庚醇	175	2.0	葡萄样果香气味，微甜
β－苯乙醇	220～222	7.5	似花香，甜香气，似玫瑰气味，气味持久，微甜带涩
辛醇	195	1.5	果实香气，带有脂肪气味，油味感
癸醇	230	1.0	脂肪气味，微弱芳香气味，易凝固
糠醇	—	0.1	油样焦煳气味，似烤香气，微苦
2，3－丁二醇	—	4500	气味微弱，黏稠，微甜
丁醇	—	0.01	果实气味，带脂肪气味，油味
丙三醇	290	1.0	无气味，黏稠，浓厚感，微甜

四、酯类物质风味特征

酯类物质是黄酒香气的重要部分，黄酒能越陈越香是酯类物质不断增加的结果，黄酒中主要的酯类物质是乳酸乙酯、乙酸乙酯和琥珀酸二乙酯。酯类物质既呈香又呈味，但不同的酯的风味特征是不一样的，各种酯类物质的阈值和风味特征见表6－9。

表6－9　各种酯类物质的阈值和风味特征

名称	沸点/℃	阈值/（mg/L）	风味特征
甲酸乙酯	54	150	近似乙酸乙酯的香气，有较稀薄的水果香
乙酸乙酯	77	17.00	苹果香气，味刺激，带涩，味短
乙酸异戊酯	116.5	0.23	似梨、苹果样香气，味微甜、带涩
丁酸乙酯	120	0.15	脂肪臭气味明显，菠萝香，味涩，爽口
丙酸乙酯	99	4.00	微带脂肪臭，有果香气味，略涩
戊酸乙酯	146	—	较明显脂肪臭，有果香气味，味浓厚、刺舌
己酸乙酯	167	0.076	菠萝样果香气味，味甜爽口，带刺激涩感
辛酸乙酯	206	0.24	水果样气味，明显脂肪臭
癸酸乙酯	244	0.10	明显的脂肪臭味，微弱的果香气味
月桂酸乙酯	269	0.10	明显的脂肪气味，微弱的果香气味，不易溶于水，有油味
异戊酸乙酯	134	0.0	苹果香，味微甜，带涩
棕榈酸乙酯	185.5	14	白色结晶，微有油味，脂肪气味不明显
油酸乙酯	205	1.0	水果香（红玉苹果香）
丁二酸二乙酯	216	0.0	微弱的果香气味，味微甜、带涩、苦
苯乙酸乙酯	213	1.0	微弱的果香，带药草气味
庚酸乙酯	189	0.4	水果香，带有脂肪臭
乳酸乙酯	154.5	14	淡时呈优雅的黄酒香气，过浓时有青草味

就酯类单体组分来讲，根据形成酯的那种酸的碳的多少，酯类呈现出不同强弱的气味。含1～2个碳的酸形成的酯，香气以果香气味为主，易挥发，香气持续时间短；含3～5个碳的酸形成的酯，有脂肪臭气味，带有果香气味；含6～12个碳的酸形成的酯，果香气味浓厚，香气有一定的持久性；含13个碳以上的酸形成的酯，果香气味很弱，呈现出一定的脂肪气味和油味，它们沸点高，凝固点低，很难溶于水，气味持久而难消失。

五、羰基化合物风味特征

羰基化合物是黄酒微量成分的组成部分，不同的羰基化合物的呈香呈味各不相同，有的辛辣，有的臭，也有的带水果香但甜中有涩。在长期贮存中，乙醛逐渐减少，乙缩醛增加，增加了酒味的柔和度。

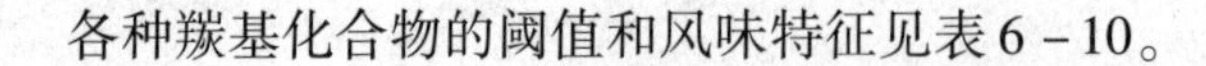

各种羰基化合物的阈值和风味特征见表6-10。

表6-10　各种羰基化合物的阈值和风味特征

名称	沸点/℃	阈值/（mg/L）	风味特征
甲醛	—	—	刺激臭
乙醛	20.8	1.2	绿叶及青草气味，有刺激性气味，味微甜，带涩
丙醛	48.8	2.5	青草气味、刺激性气味，味刺激
正丁醛	76	0.028	绿叶气味，微带弱果香气味，味略涩，带苦
异丁醛	63	1.0	微带坚果气味，味刺激
异戊醛	92	0.1	具有微弱果香，坚果气味，味刺激
戊醛	103	0.1	青草气味，带弱果香，味刺激
己醛	128	0.3	果香气味，味苦，不易溶于水
庚醛	156	0.05	果香气味，味苦，不易溶于水
丙烯醛	52	0.3	刺激气味强烈，有烧灼感
苯甲醛	179	0.0	有苦扁桃油、杏仁香气，加入合成酒类可以提高质量
酚醛	—	—	有较强的玫瑰香气
糠醛	—	5.8	浓时冲辣、味焦苦涩，极薄时稍有桂皮油香气
双乙酰	88	0.02	浓时呈酸馊味、细菌臭、甜臭，稀薄时有奶油香
乙缩醛	102.7	50~100	青草气味，带果香，味微甜
丙酮	56.2	>200	溶剂气味，带弱果香，微甜，带刺激感
丁酮	79.6	>60	溶剂气味，带果香，味刺激，带甜

六、氨基酸和多肽

氨基酸是多官能团分子，能与多种味受体作用，味感丰富。一般说来，除了小环亚胺氨基酸以外，D-型氨基酸大多以甜味为主。在L-氨基酸中，当R基很小（碳数≤3）并带中性亲水基团（如—OH、—$CONH_2$、—COOR′）时，一般以甜感占优势。例如甘氨酸（Gly）、丙氨酸（Ala）、脯氨酸（Pro）、羟脯氨酸（Pro）、高半胱氨酸（Hcys）、丝氨酸（Ser）、苏氨酸（Thr）、天冬酰胺（Asn）、谷氨酸甲酯（Glu-OMe）等。当R基较大（碳数>3）并带碱基（如NH_2、胍基）时，通常以苦味为主，例如亮氨酸（Leu）、异亮氨酸（Ile）、苯丙氨酸（Phe）、酪氨酸（Tyr）、色氨酸（Trp）、组氨酸（His）、赖氨酸（Lys）、精氨酸（Arg）等。当氨基酸的R基不大不小时，呈甜兼苦味，如缬氨酸（Val）、鸟氨酸（Orn）。若R基属疏水性不强的基团时，苦味不强但也不甜，如谷氨酰胺（Gln）、半胱氨酸（Cys）、甲硫氨酸（Met）。若R基属酸性基团（如COOH、SO_3H）时，则以酸味为主，如天冬氨酸（Asp）、谷氨酸（Glu）。此外，Glu还能抑制苦味，其钠盐呈鲜味；天冬酰胺能抑制甜味；青霉胺［$HSC(CH_3)_2CH(NH_2)COOH$］则能抑制所有的味感。这可能与它们能和金属离子螯合有关。有人根据R基的结构特点和其味感将氨基酸分成五类，如表6-11所示。

表 6－11　氨基酸的结构特点及其味感

类别	名称	结构特点	味感
Ⅰ	Glu、Asp、Gln、Asn	酸性侧链	酸鲜
Ⅱ	Thr、Ser、Ala、Gly、Met－（Cys）	短小侧链	甜鲜
Ⅲ	Hpr、Pro	吡咯环链	甜略苦
Ⅳ	Val、Leu、Ile、Phe、Tyr、Trp	长、大侧链	苦
Ⅴ	His、Lys、Arg	碱性侧链	苦略带甜

研究表明，低聚肽的味感变化一般也具有一定的规律性。有人认为，寡肽尤其二肽的味感取决于其组成氨基酸的原有味感，其规律有：

（1）上述Ⅰ类氨基酸与Ⅴ类氨基酸形成的中性肽、Ⅱ类氨基酸自相结合而生成的中性肽一般味淡。

（2）Ⅰ类氨基酸自相结合或Ⅰ类与Ⅱ类氨基酸相互结合而形成的多元酸钠盐有鲜味，如 Glu－Glu、Glu－Asp. Glu－Ser、Glu－Thr 等。

（3）Ⅰ类与Ⅳ类氨基酸结合可消除苦味，但保存酸味。

（4）Ⅲ、Ⅳ、Ⅴ类氨基酸相互结合或自相结合而成的肽均有苦味。

（5）Ⅳ、Ⅴ类苦味氨基酸形成的肽键、酯化其羧基或偶合为二酮哌嗪时均增加苦味强度。

（6）Ⅳ、Ⅴ类苦氨基酸位于寡肽碳端时最苦，约比它在氮端或在中间时的苦味增强 3～5 倍。

（7）Ⅱ类氨基酸（特别是 Gly）居于肽链两端或将末端环化为二酮哌嗪时将增加苦味。

第五节　黄酒中风味物质呈香呈味的规律

一、甜味成分呈味规律

黄酒中的甜味成分主要是糖类（葡萄糖为主），占总糖量的 50%～66%，其次是异麦芽糖、低聚糖等。甘油等多元醇及某些氨基酸也构成甜味，甘油赋予黄酒甜味和黏厚感。葡萄糖与糊精使黄酒具有甜味和黏稠感，异麦芽糖、麦芽三糖和潘糖等低聚糖，增强了酒的醇厚性。在黄酒中甜味成分含量要适当，使酒体醇厚甘美，过高的含量会使黄酒发腻。

二、有机酸呈香呈味规律

有机酸类化合物在黄酒组分中除水、乙醇和糖外，是第四位含量高的呈味物质。

黄酒中的有机酸种类较多，大多是含碳链的脂肪酸化合物。根据碳链的不同，脂肪酸呈现出不同的电离强度和沸点，同时它们的水溶性也不同。这样，这些不同碳链的脂肪酸在酒体中电离出的 H^+ 的强弱程度也会呈现出差异，也就是说它们在酒体中的呈香呈味作用表现出不同。根据这些有机酸在酒体中的含量及自身的特性，可将它们分为三大部分。

一是较低碳链的有机酸，较易电离出 H^+，而且含量很高，如乳酸、乙酸等，乳酸是不挥发性酸，乙酸等有机酸属挥发性酸。除乳酸外，均表现出较强的酸味和刺激感。

二是含有 3 个碳、5 个碳、7 个碳的脂肪酸，在黄酒中含量中等。

三是碳链在 10 个或 10 个以上的脂肪酸，例如癸酸、油酸、月桂酸等。

有机酸化合物在黄酒中呈味作用大，呈香作用较小。它们的呈味作用主要表现在有机酸贡献 H^+ 使人感觉到酸味觉，并同时有酸刺激感觉。由于羧基电离出 H^+ 的强弱受到其他碳链的官能团的性质影响，同时酸味的“副味”也受到碳链官能团的影响，因此，各种有机酸在酒体中呈现出不同的酸刺激和不同的酸味。在黄酒中含量较高的一类有机酸，他们一般易电离出 H^+，较易溶于水，表现较强的酸味和刺激感，这一类有机酸是酒体中酸味的主要供体。另一类含量中等的有机酸，它们有一定的电离 H^+ 的能力，虽然提供给系统的 H^+ 不多，但由于它们一般含有一定长度的碳链和各种官能团，使得酒体中的酸味呈现出多样性和持久性。谐调了小分子酸的刺激感，延缓了酸的持久时间。第三类有机酸在黄酒中含量较少，这一部分有机酸碳链较长，电离出 H^+ 的能力较小，水溶性较差，一般呈现出很弱的酸刺激感和酸味，似乎可以忽略它们的呈味作用。但是，这些酸具有较长的味觉持久性和柔和的口感，不能忽略它们的存在。但是，由于这些酸具有较长的味觉持久性和柔和的口感，并且沸点较高，易凝固，黏度较大，易改变酒体的饱和蒸气压，使体系的沸点发生变化及其他组分的酸电离常数发生变化，从而影响了体系的酸味持久性和柔和感，并改变了气味分子的挥发速度，起到了调和体系口味、稳定体系香气的作用。

有机酸类化合物的呈香作用在黄酒香气表现上不十分明显。就其单一组分而言，它主要呈现出酸刺激气味、脂肪臭和脂肪气味；有机酸与其他组分相比较沸点较高。因此，在体系中的气味表现不突出。

三、酯类化合物呈香呈味规律

在黄酒酒体中，低分子酯类化合物与其他组分相比，含量较高，而且属于较易挥发和气味较强的化合物，表现出较强的气味特征。在陈年黄酒中乙酸乙酯气味强度最强，乳酸乙酯含量虽高，但气味强度小于乙酸乙酯、琥珀酸二乙酯等酯类。

这些酯在黄酒中集中地表现于陈年黄酒中，经过陈酿，一些含量较高的酯

类，由于它们的浓度及气味强度占有绝对的主导作用，使整个酒体的香气呈现出以酯类香气为主的气味特征。而含量中等的一些酯类，由于它们的气味特征有类似其他酯类的气味特征。因此，它们可以对酯类的主体气味进行“修饰”、“补充”，使整个酯类香气更丰满、浓厚。含量较少或甚微的一类酯大多是一些长碳链酸形成的酯，它们的沸点较高，果香气味较弱，气味特征不明显，在酒体中很难明显突出它的原有气味特征，但它们的存在可以使体系的饱和蒸气压降低，延缓其他组分的挥发速度，起到使香气持久和稳定香气的作用。这就是酯类化合物的呈香作用。

酯类化合物的呈味作用会因为它的呈香作用非常突出和重要而被忽略。实际上，由于酯类化合物在酒体中的绝对浓度与其他组分相比高出许多，而且它的感觉阈值较低，其呈味作用也是相当重要的。在黄酒中，酯类化合物在其特定浓度下一般表现为微甜、带涩，并带有一定的刺激感，有些酯类还表现出一定的苦味。如乳酸乙酯则表现为微涩带苦，当酒中乳酸乙酯含量过多，则会使酒体发涩带苦，并由于乳酸乙酯沸点较高，使其他组分挥发速度降低，若含量超过一定范围时，酒体会呈现出香气不突出。再例如，油酸乙酯及月桂酸乙酯，它们在酒体中含量甚微，但它们的感觉阈值也较小，它们属高沸点酯，当在黄酒中有一定的含量范围时，它们可以改变体系的气味挥发速度，起到持久、稳定香气的作用，并不呈现出它们原有的气味特征；当它们的含量超过一定的限度时，虽然体系的香气持久了，但它们各自原有的气味特征也表现出来了，使酒体带有明显的脂肪气味和油味，损害了酒体的品质。

四、醇类化合物呈香呈味规律

黄酒酒体中的醇类是一种骨架性成分，有明显的呈香呈味作用。由于醇类化合物的沸点比其他组分的沸点低，易挥发，这样它可以在挥发过程中“拖带”其他组分的分子一起挥发，起到加大放香和助香的作用。醇类化合物大多呈麻醉样气味，但芳香的醇类也不少，如β-苯乙醇呈似玫瑰（或蔷薇）样香气，仲丁醇、正己醇具有较强芳香气味。异戊醇呈杂醇油气味，壬醇、癸醇有脂肪气味，但由于含量较微，在黄酒酒体中不呈现本身的香味特征，而成为黄酒的复合香的组成之一。

醇类的味觉作用也是黄酒口味的骨架成分。表现为刚劲而柔和、麻醉而刺激的味感，也带微甜和微苦的口味，增加了人们对黄酒的喜爱。

五、羰基类化合物呈香呈味规律

醛类化合物属羰基类化合物，具有较强的刺激性气味，气味由青草气味、果实气味、坚果气味向脂肪气味过渡。由于黄酒中醛类物质含量少，芳香气味弱，但刺激性气味相对较强，由于酯类化合物沸点低，容易挥发，通过贮存、饮用前温温酒，都能减少醛量，减少刺激感，使酒味变得温和起来。

低碳链的羰基化合物沸点极低，极易挥发。它比相同碳数的醇和酚类化合物沸点还低，这是因为羰基化合物不能在分子间形成氢键的缘故。随着碳原子的增加，它的沸点逐渐增高，并在水中的溶解度下降。羰基化合物具有较强的刺激性气味，随着碳链的增加，它的气味逐渐由刺激性气味向青草气味、果实气味、坚果气味及脂肪气味过渡。黄酒中含量较高的羰基化合物主要是一些低碳链的醛、酮类化合物。在黄酒的香气中，由于这些低碳链醛、酮化合物与其他组分相比较，绝对含量不占优势，同时自身的感官气味表现出较弱的芳香气味，以刺激性气味为主。因此，在整体香气中不十分突出低碳链醛、酮原始的气味特征。但这些化合物沸点极低，易挥发，它可以“提扬”其他香气分子挥发，尤其是在入口挥发时，很易挥发。所以，这些化合物实际起到了“提扬”和入口“喷香”的作用。

羰基化合物，尤其是低碳链的醛、酮化合物具有较强的刺激性口味。在味觉上，它赋予酒体较强的刺激感，也就是人们常说的“酒劲大”的原因。这也说明酒中的羰基化合物的呈味作用主要是赋予口味以刺激性和辣感。

六、微量金属元素呈味规律

金属元素的存在，一方面它与负离子一起呈现出咸味特征；另一方面，由于金属元素的存在，它能改变酒体的口味柔和程度。在适当的金属离子浓度下，它能减小酒体的刺激感，使酒体的口味变得浓厚，有时还可以改善口味，如在一定低的 NaCl 浓度下，由于金属离子低浓度下有甜味，可以减轻黄酒的苦味程度，另外，像谷氨酸要在 Na^{+} 存在的基础上，使酒更为鲜爽，而黄酒风味的一个重要特征就是鲜爽。但当浓度超过一定界限，它反而会使酒体口味变得粗糙。这一发现是通过研究金属元素与贮酒关系时得到的。此外，金属元素在贮酒过程中，能否催化陈酿的氧化、还原反应，还有待进一步研究。总之，金属元素的微量存在，对酒体的味觉是有作用和影响的。

七、其他化合物呈香呈味规律

黄酒中还有酚类化合物、杂环类化合物（呋喃类化合物、吡嗪类化合物）、含硫化合物等，这些化合物含量非常低且又复杂，阈值又相当低，研究起来比较困难。但这些物质有一点可以肯定，在不同种类黄酒的呈香呈味中起到了各种各样的作用。有些是助香助味作用，有些还会随着条件的变化起到主导作用。如在黄酒标准规定中唯一可外加的物质——焦糖色，其成分中有好些是杂环类化合物，焦糖色除可以调整黄酒的颜色外，对黄酒的香和味也有一定影响。即使在半甜型或甜型黄酒中一般不添加焦糖色的情况下，也会随着贮存时间的延长，这几类黄酒也因酒中的糖与蛋白质进行美拉德反应不仅使酒色变深，而且在香气和口

味方面也会产生影响，初期随着这些物质的增加起到助香助味的作用，使香气浓郁协调，口味甘顺，但后期除色泽发褐外，焦香变得突出，口味苦涩味也突出了。

其他一些微量成分因在整个黄酒生产过程中产生，状况更为复杂，就不再介绍。

思考题

1．黄酒成分主要有哪些？
2．黄酒微量成分的来源有哪些？
3．主要风味物质的风味特征有哪些？
4．黄酒中微量香味物质呈香呈味的原理是什么？

第七章 黄酒感官品评实务

学习目标和要求

1. 掌握黄酒色、香、味和格的重要品评术语。
2. 掌握成品黄酒的感官指标和理化指标。
3. 掌握黄酒品评操作的具体要求和技巧。
4. 掌握黄酒品评打分要求。
5. 掌握经典黄酒的感官特征。
6. 掌握黄酒半成品的感官检验要求。

前面学习了相关的视觉、嗅觉和味觉理论，也学习了相关的黄酒品评的环境条件和黄酒风味的相关知识，但要基本掌握黄酒感官品评技能，有必要掌握黄酒感官品评术语、标准和相关品评技能，另外，还要对中国经典黄酒的感官特征有基本掌握，才能真正为鉴赏黄酒质量打下基础。

第一节　黄酒品评术语

一、外观（色泽）

外观虽在黄酒品评打分中只占10分，但是给品尝者第一印象，如果一款黄酒色泽晶亮悦目，品尝者常会认为是一款好酒，反之，如果色泽发暗，浑浊不堪，常会判断为劣质酒。因此，生产商和经销商很重视黄酒色泽。但在整个黄酒生产到销售过程中，黄酒的色泽要求也会有些不同，不同工艺的黄酒它们的色泽要求也会不同。如何正确地判断黄酒色泽的质量，这首先需要品尝者正确掌握黄酒有关色泽术语的含义，因此，需要解释黄酒色泽术语的含义。

（1）色泽　颜色和光泽。

（2）色调　指光泽是暗淡还是鲜亮。

（3）色度　颜色的强度或色素量，指颜色的浓度。

（4）乳白色　指发酵期在10d以内，不用麦曲，也不加焦糖色素的一种米酒，如江西甜水酒，陕西稠酒，浙江乳白酒，崇明老白酒。

（5）橙色　介于红色和黄色之间的混合色。初学者往往把橙色判断为红色。

（6）橙黄　似橙子的黄色，偏黄。指大多数黄酒的颜色，主要描述麦曲黄酒。通常半干型黄酒颜色偏深些，干型黄酒颜色偏浅些。

（7）橙红　指酒色黄中带红。主要描述红曲黄酒，由于红曲颜色不是很稳定，红曲黄酒颜色随时间的变化，由橙红向变黄、变褐方向变化。

(8) 褐色　黄黑色。

(9) 黄褐　指酒色黄中带褐。通常描述典型的福建老酒和兰陵美酒。

(10) 深褐　指酒液接近黑色。通常描述典型的即墨老酒。

(11) 琥珀色　是松柏树脂的化石，色蜡黄或红褐，介于黄色和咖啡色之间。

(12) 金黄　指金黄色，以糯米为原料，以酒药（小曲白药或饼状酒曲或纯种根霉）为糖化发酵剂，酿成的甜型黄酒，初为金黄色。

(13) 浅黄或禾秆黄　指不加或少加焦糖色素的黄酒颜色。

(14) 清亮透明　指清澈明亮而透明。

(15) 浑浊　指酒液含有杂质，不清洁，不明澈。往往是由微生物病害、酶破败或金属破败引起的，而且会降低黄酒的质量。

(16) 微浑　指酒液轻微浑浊。

(17) 悬浮物　指酒液中有固形物悬浮而不下沉。固形物是指粒状、片状、纤维状、絮状、浑油状等物质。

(18) 沉淀物　指酒液底部有沉淀物质，是黄酒构成成分的溶解度变化而引起的，一般不会影响黄酒的质量。

(19) 聚集物　指成品酒在贮存过程中自然产生的沉淀（或沉降）物。

(20) 有光泽　指在光线的照射下，酒液晶亮。

(21) 失光　指酒液失去光泽。可根据失光程度不同，可用程度副词限制，如微、稍，严重失光描述。

(22) 色正　符合该酒的正常色调。

(23) 清亮　酒液无其他杂质，清洁而明亮。

(24) 透亮　光线能通过酒液，酒液明亮。

(25) 晶亮　如水晶体一样透明。

(26) 絮状　酒液中有如棉絮状的物质。

二、香气

香气在黄酒品评打分中占 25 分，是判断黄酒质量的一个重要方面。黄酒香气的来源主要包含原料香、工艺香、发酵香、贮藏香和特殊香等。原料香即包括糯米、小麦、黍米、焦糖色等传统原料的香气，又包括由特型黄酒生产过程中加入的一些特殊原料的香气；工艺香是指由特殊工艺处理引起而不是微生物作用产生的特殊香气，如即墨老酒由煮糜过程产生焦糜香，蒸饭产生的饭香，煎酒（杀菌）产生的香气等；发酵香是指由微生物作用产生的香气，贯穿于整个黄酒发酵过程，包括浸米过程产生的米浆味、酒药香、曲香、外加酶制剂产生的香气，主要是发酵过程产生的酒香等；贮藏香主要是由贮存过程中酒液中的各种成分发生分解或合成等各种化学反应而产生的，也可以是由包装容器的材质被逐渐溶解释放而产生的等各种情况。酒香的质量则主要体现在令人感到愉快舒适的气息和味感的好坏，可以从香气特征、香气强度和香气质地三个方面综合判断，香气特征也可以说成是香气类型，它可以包括果香、动物香、植物香、矿物香、香料味香、化学香、烧焦香等类型；香气强度可从弱、适中、明显、强、特强程度表达；质地可从简单、复杂、愉悦或反感等方面来表达。因此，形成了一些针对黄酒香气的专门术语。

（1）特有的香气　指黄酒有别于其他饮料酒的香气，是以谷物为原料，采用双边发酵工艺酿造而成的酒的特有正常香气。这里主要针对黄酒的本质香气的表达。实际在品尝过程中，由于原料、工艺、发酵和贮存的差别，特有香气也可特指一些经典的黄酒香气。如绍兴黄酒香气、福建沉缸酒香气、即墨老酒香气等。

（2）醇香浓郁　指香气浓而馥郁。其中馥郁指香气浓厚。

（3）醇香　指黄酒酒香，指一般黄酒所具有的正常香气。

（4）醇香欠浓郁　指酒中有醇香，但不够浓郁。

（5）醇香不明显　指酒中醇香低弱，在似有似无之间。

（6）无醇香　指酒中醇香不能嗅出，失去黄酒应有的香气。

（7）焦香　指黄酒中有一种如锅巴的焦香。

（8）焦糖香　指既有焦香、又有糖香的一种香味，多产于陈年甜黄酒。

（9）焦糜香　指大黄米在煮糜过程中产生的香气。

（10）香气清雅　指香不浓、不淡、不暴、不俗，有一种淡淡的、幽雅的香气。一般描述清爽型酒。

（11）酯香　指乳酸乙酯、乙酸乙酯、琥珀酸二乙酯等复合的香气，是黄酒陈香的主要组成部分。

（12）陈香　指陈年黄酒的香气，是酯香和酒香的复合香，酯香的多少，决定陈香的浓郁度。应该是黄酒香气的最高境界，赋予黄酒高雅、华贵而不落俗套的气质。

（13）酿醅香　指黄酒在主发酵阶段产生的香气，并带有原料香气。

（14）暴香　指酒香刺鼻、粗猛、灼热感，不自然幽雅。

（15）异（杂）气　指黄酒中不应有的异气和杂气。即，非黄酒原料及酿造陈贮过程中产生的正常香气。

（16）臭气　指黄酒中因腐败而产生的臭气。

（17）白酒气　酿造甜型黄酒需加入白酒以抑制酵母发酵，保留糖分。此种白酒包括糟烧、酒汗、米烧及不同原料生产的食用酒精等，在半年内往往残存白酒气，但因使用白酒质量差或加入比例失当，使一年以后的甜黄酒还有白酒气。

（18）酸气　指酒中含酸量失调使酸气突出。

（19）霉气　指容器不洁或箬包头霉变而致的霉烂气。

（20）酒香欠纯正　指含有非正常原料、正常工艺所产生的酒香。

（21）酒精气　指掺兑酒精的气味。

（22）灰气　指黄酒中因中和过多的酸加入过多的石灰而产生的气味，即石灰气味。

（23）熟气　因黄酒刚杀菌后产生的气味。

（24）酶制剂气　由于酶制剂用量过多而产生的气味，往往是一种不雅的气味。

（25）铁腥气　因贮存不当等使黄酒中含有过多铁离子产生的金属味。

（26）哈喇气　因黄酒中含有过多的脂肪氧化后产生的气味。

（27）曲香　由麦曲带来的气味，是黄酒酒香的组成部分。

（28）浮香　香气短促不持久，浮于面上，使人感到不是酒中的自然散发的，而是外加的一种香气。

（29）新酒气　新生产出来的黄酒所特有的刺激性气味。

（30）细腻　香气纯净、细致、柔和。

（31）溢香　也称放香，酒中芳香成分溢散于杯口附近空气中，徐徐释放出的香气。

（32）喷香　黄酒香气充满整个口腔感到的香气。

（33）留香　酒液下咽后，口中余留的香气。

（34）回香　酒液下咽后，返回到口中的香气。

（35）谐调　酒中多种香气彼此和谐一致，融为一体。

（36）软木塞味　由软木塞质量不良产生，是2，4，6－三氯甲醚（2，4，6－TCA）成分，由PCP（一种含有五氯苯酚的灭真菌剂）或者用氯对瓶塞进行漂白。在万亿分之几的浓度下，这种物质就可以产生明显的霉腐、氯酚的气味。或者是由一些丝状细菌（如链霉菌）产生倍半萜烯后形成的。还有些软木塞霉味是一些真菌诸如青霉菌和曲霉菌产生愈创木酚后的结果。

（37）植物味　黄酒中有时还会闻到一些草腥味。最熟悉的青草味与“叶”（C_6）醛类和醇类的存在有关。一些吡嗪类物质也会导致这种不良的气味出现。

（38）老鼠味　一些乳酸菌和贵腐菌菌种会产生老鼠味，由一些四氯嘧啶类物质造成。

（39）乙酸味　似醋，有刺激性。由醋酸菌产生。

三、口味

黄酒口味占黄酒品评打分50分，是打分最高的一项，也是最重要的。这是基于像黄酒这种饮料性酒类，最终是要通过嘴来喝掉，是一种直接感官接触，酒的质量高低会直接影响消费，因此，把它的分数定得最高。由于中国黄酒工艺不同，造成酒的风格又不同，因此，较难全面地加以概括，必须把一些专用术语加以提炼。如下为一些常用术语。

（1）醇和　醇，即酒，酒有酒精，故有一定刺激性。因此，醇和可指酒味纯正而柔和，可有一定的刺激性，但刺激性比醇正弱而比平和强。适用于干型黄酒酒体的术语。

（2）醇厚　指酒味醇和而浓厚。适用于半干及以上的黄酒酒体的术语。

（3）甜润　指酒味甘润而不腻。适用于半甜、甜型黄酒。

（4）柔和　指酒味绵柔，无刺喉、辛辣、粗糙的味感。

（5）鲜爽　指酒味鲜而爽口。

（6）鲜洁　也称鲜灵，指酒味鲜而爽净。

（7）清爽　指酒无其他异杂味。

（8）爽口　指酒中的甜、酸、酒精等诸味协调、爽净、适口。即清爽可口。

（9）淡薄　指酒体寡淡单薄、缺乏醇厚感。

（10）苦味　指酒有苦味感。可分为苦重、微苦、后苦、苦涩。

（11）涩味　指酒中有涩味感，也称为收敛感。

（12）弱味　指酒软弱无劲，缺乏“钢骨（骨架）”的味感。

（13）酸感　指酒有酸的味感。

（14）酸败　指酒的酸味过高，压倒了其他味感，酒体开始败坏。

（15）异杂味　指酒中有异常的怪杂味。

（16）柔净　指酒味柔和而纯净。

（17）黏稠　指酒在口腔中的触觉，有黏稠而稠厚的感觉。

（18）糙味　指酒在舌面上有不润滑的刺激感，多存在于粳籼米原料的新酒中。

（19）辣口　指酒味有辣感，多存在于高温耙的新酿加饭酒中。因为酒精度高会在口腔中产生灼烧的感觉，尤其是在喉咙的后部。

（20）焦糖味　指糖类焦化（美拉德反应）的滋味，多存在于陈年甜酒或半甜酒中。

（21）舒顺　指酒味舒服、顺口。

（22）甘顺　指酒味带一丝鲜甜味且顺口，甘，指甜中带鲜，常指味美。

（23）怡爽　指愉快的爽口感。

（24）细致　指酒味细腻精致，无粗俗感。

（25）丰满　指酒味丰富、饱满，决定于酒精、糖、酸度、固形物、单宁、多酚等物质的多少。

（26）寡淡　指酒味不丰富而淡薄。

（27）鲜长　指鲜美的味感能长时间保留。

（28）味短　指酒味消失很快。

（29）干净　指后味无不愉快的异杂味感。

（30）谐调　指甜、酸、苦、辣等诸味和谐、协调。

（31）苦涩　指含有苦味和涩味。
（32）糙涩　指味感粗糙，并有涩味。
（33）散口　指酒味在舌面上有分散的感觉。
（34）有骨力　指酒味刚劲，有骨架感。
（35）圆润　指酒味饱满而协调平衡。
（36）瘦弱　指酒味不丰满且有弱味。
（37）肥硕　指酒味肥厚结实。
（38）余味　饮酒后口腔中余留的味感。
（39）回味　饮酒后，稍间歇后酒味返回口腔的味感，是香和味的复合感。
（40）铁腥味　因黄酒中贮存不善等导致酒中铁离子过多产生的不良味道。
（41）酶制剂味　因黄酒生产中加入过多的酶制剂所产生的霉味。
（42）后味　酒液入口后，时间较长时的感觉。
（43）入口　酒液刚进入口腔时的感觉。
（44）落口　酒液咽下时，舌根、软腭、喉头等部位的感受。
（45）回甜　回味中有甜的感觉。
（46）爽适　畅快舒服。
（47）水味　酒味淡薄，后味短，诸味不协调。

四、风格

黄酒风格分项为15分，是对黄酒色、香、味感官品尝后对整个酒体的总评价。主要包括酒体组成是否平衡协调，是否具有该类酒的典型特征，还要检验风格是否典型完美等。

1. 酒体组分描述

（1）酒体组分协调　指酒中的糖、酒、酸及各种微量成分平衡协调。
（2）酒体组分较协调　指酒中的糖、酒、酸及各种微量成分较平衡协调。
（3）酒体组分欠协调　指酒中的诸味欠协调。
（4）酒体组分不协调　指酒中的诸味不协调。
（5）酒体组分结实　指酒中各成分组合得很结实丰满。
（6）酒体组分平稳　指酒体各成分平和，组合稳定。

2. 典型性描述

（1）典型性明确　指明确地具备某种类型黄酒的典型性，易使人确证认同。
（2）典型性明显　指明确地具备某种黄酒的典型性，典型性比较明确。
（3）典型性不明显　指缺少本类型黄酒应有的典型性。
（4）失去黄酒典型性　指失去黄酒应有的典型性，多为伪劣黄酒。
（5）典型性差　指不完全具备黄酒的典型性，也指缺乏个性的黄酒。
（6）尚具典型性　指典型性欠明确（明显），但尚具备某种黄酒的典型性。

3. 风格描述

（1）具有本类黄酒的典型风格　指典型性明确，酒体完美，独具一格。

（2）具有本类型黄酒的风格　指酒体较完美，具有典型性。

（3）具有××型风格　指明确（明显）地具备××型黄酒风格。

（4）风格一般　指风格尚属一般水平。

（5）风格尚好　指风格尚属好的一类。

（6）风格尚可　指风格水平尚属可以的，即及格水平。

（7）偏格　指风格与所属酒型有距离。如，半干型黄酒甜味明显，含糖量偏向半甜型黄酒。又如，传统加饭黄酒的非糖固形物含量已偏向清爽型黄酒，缺乏醇厚的味感。

（8）错格　指黄酒的风格与标注的风格不符。

第二节　成品黄酒的感官指标和理化指标

一、黄酒类型的基本概念

1. 传统型黄酒

以稻米、黍米、玉米、小米、小麦等为主要原料，经蒸煮、加酒曲、糖化、发酵、压榨、过滤、煎酒（除菌）、贮存、勾兑而成的黄酒。

2. 清爽型黄酒

以稻米、黍米、玉米、小米、小麦等为主要原料，加入酒曲（或部分酶制剂和酵母）为糖化发酵剂，经蒸煮、糖化、发酵、压榨、过滤、煎酒、贮存、勾兑而成的、口味清爽的黄酒。

3. 特种黄酒

由于原辅料和/或工艺有所改变，具有特殊风味且不改变黄酒风格的酒。

二、黄酒类型分类

1. 按产品风格分类

传统型黄酒、清爽型黄酒、特种黄酒。

2. 按含糖量分类

干黄酒：糖度≤15.0g/L。

半干黄酒：15.0 g/L＜糖度≤40.0g/L。

半甜黄酒：40.0 g/L＜糖度≤100.0g/L。

甜黄酒：糖度＞100.0g/L。

3. 按原料分类

稻米类：糯米、粳米、籼米等。

非稻米类：黍米、粟米、玉米、地瓜等。

4. 按曲分类

(1) 按曲的原料分类

麦曲：块曲、草包曲、挂曲、生麦曲、熟麦曲和爆麦曲等。

米曲：红曲、乌衣红曲、黄衣红曲等。

(2) 按制曲工艺分类

传统曲：块曲、草包曲、挂曲等。

纯种曲：熟麦曲、爆麦曲等。

5. 按酿造工艺分类

传统型：淋饭法、摊饭法、喂饭法。

现代型：机械化工艺。

三、GB/T 13662—2008《黄酒》标准

1. 传统型黄酒

感官要求见表7－1，理化要求分别见表7－2，表7－3，表7－4，表7－5。

(1) 感官要求

表7－1 感官要求

项目	类型	优级	一级	二级
外观	干黄酒、半干黄酒、半甜黄酒、甜黄酒	橙黄色至深褐色，清亮透明，有光泽，允许瓶（坛）底有微量聚集物		橙黄色至深褐色，清亮透明，允许瓶（坛）底有少量聚集物
香气	干黄酒、半干黄酒、半甜黄酒、甜黄酒	具有黄酒特有的浓郁醇香，无异香	黄酒特有的醇香较浓郁，无异香	具有黄酒特有的醇香，无异香
口味	干黄酒	醇和，爽口，无异味	醇和，较爽口，无异味	尚醇和，爽口，无异味
	半干黄酒	醇厚，柔和鲜爽，无异味	醇厚，较柔和鲜爽，无异味	尚醇厚鲜爽，无异味
	半甜黄酒	醇厚，鲜甜爽口，无异味	醇厚，较鲜甜爽口，无异味	醇厚，尚鲜甜爽口，无异味
	甜黄酒	鲜甜，醇厚，无异味	鲜甜，较醇厚，无异味	鲜甜，尚醇厚，无异味
风格	干黄酒、半干黄酒、半甜黄酒、甜黄酒	酒体协调，具有黄酒品种的典型风格	酒体较协调，具有黄酒品种的典型风格	酒体尚协调，具有黄酒品种的典型风格

(2) 传统型黄酒理化要求

① 传统干型黄酒理化要求

表 7－2　　传统干型黄酒理化要求

项目	稻米黄酒			非稻米黄酒	
	优级	一级	二级	优级	一级
总糖（以葡萄糖计）/（g/L）≤	15.0				
非糖固形物/（g/L）≥	20.0	16.5	13.5	20.0	16.5
酒精度（20℃）/%（体积分数）≥	8.0				
总酸（以乳酸计）/（g/L）	3.0～7.0				
氨基酸态氮/（g/L）≥	0.50	0.40	0.30	0.20	
pH	3.5～4.6				
氧化钙/（g/L）≤	1.0				
β－苯乙醇/（mg/L）≥	60.0			—	

注 1：稻米黄酒：酒精度低于 14%（体积分数）时，非糖固形物、氨基酸态氮、β－苯乙醇的值，按 14%（体积分数）折算。非稻米黄酒：酒精度低于 11%（体积分数）时，非糖固形物、氨基酸态氮的值按 11%（体积分数）折算。

注 2：采用福建红曲工艺生产的黄酒，氧化钙指标值可以≤4.0g/L。

注 3：酒精度标签标示值与实测值之差为 ±1.0。

② 传统半干型黄酒理化要求

表 7－3　　传统半干型黄酒理化要求

项目	稻米黄酒			非稻米黄酒	
	优级	一级	二级	优级	一级
总糖（以葡萄糖计）/（g/L）	15.1～40.0				
非糖固形物/（g/L）≥	27.5	23.0	18.5	22.0	18.5
酒精度（20℃）/%（体积分数）≥	10.0				
总酸（以乳酸计）/（g/L）	3.0～7.5				
氨基酸态氮/（g/L）≥	0.60	0.50	0.40	0.25	
pH	3.5～4.6				
氧化钙/（g/L）≤	1.0				
β－苯乙醇/（mg/L）≥	80.0			—	

注：同表 7－2。

③ 传统型半甜黄酒理化要求

表 7-4 传统型半甜黄酒理化要求

项目	稻米黄酒			非稻米黄酒	
	优级	一级	二级	优级	一级
总糖（以葡萄糖计）/（g/L）	40.1~100				
非糖固形物/（g/L） ≥	27.5	23.0	18.5	23.0	18.5
酒精度（20℃）/%（体积分数） ≥	8.0				
总酸（以乳酸计）/（g/L）	4.0~8.0				
氨基酸态氮/（g/L） ≥	0.50	0.40	0.30	0.20	
pH	3.5~4.6				
氧化钙/（g/L） ≤	1.0				
β-苯乙醇/（mg/L） ≥	60.0			—	

注：同表 7-2。

④ 传统型甜黄酒理化要求

表 7-5 传统型甜黄酒理化要求

项目	稻米黄酒			非稻米黄酒	
	优级	一级	二级	优级	一级
总糖（以葡萄糖计）/（g/L） >	100				
非糖固形物/（g/L） ≥	25.0	21.0	18.5	25.0	18.5
酒精度（20℃）/%（体积分数） ≥	8.0				
总酸（以乳酸计）/（g/L）	4.0~8.0				
氨基酸态氮/（g/L） ≥	0.40	0.35	0.30	0.20	
pH	3.5~4.8				
氧化钙/（g/L） ≤	1.0				
β-苯乙醇/（mg/L） ≥	40.0			—	

注：同表 7-2。

2. 清爽型黄酒

感官要求见表 7-6，理化要求分别见表 7-7，表 7-8，表 7-9。

（1）清爽型黄酒感官要求

表 7－6　　清爽型黄酒感官要求

项目	类型	一级	二级
外观	干黄酒	橙黄色至黄褐色，清亮透明，有光泽，允许瓶（坛）底有微量聚集物	
	半干黄酒		
	半甜黄酒		
香气	干黄酒	具有本类黄酒特有的清雅醇香，无异香	
	半干黄酒		
	半甜黄酒		
口味	干黄酒	柔净醇和、清爽、无异味	柔净醇和、较清爽、无异味
	半干黄酒	柔和、鲜爽、无异味	柔和、较鲜爽、无异味
	半甜黄酒	柔和、鲜甜、清爽、无异味	柔和、鲜甜、较清爽、无异味
风格	干黄酒	酒体协调，具有本类黄酒的典型风格	酒体较协调，具有本类黄酒的典型风格
	半干黄酒		
	半甜黄酒		

（2）清爽型黄酒理化要求

① 清爽型干型黄酒理化要求

表 7－7　　清爽型干型黄酒理化要求

项目	稻米黄酒		非稻米黄酒	
	一级	二级	一级	二级
总糖（以葡萄糖计）／（g/L）≤	15.0			
非糖固形物／（g/L）	7.0～16.0			
酒精度 20℃/%（体积分数）	8.0～15.0			
pH	3.5～4.6			
总酸（以乳酸计）／（g/L）	2.5～7.0			
氨基酸态氮／（g/L）≥	0.30		0.20	
氧化钙／（g/L）≤	0.5			
β－苯乙醇／（mg/L）≥	35.0			

注：同表 7－2。

② 清爽型半干黄酒理化要求

表 7－8 清爽型半干黄酒理化要求

项目	稻米黄酒		非稻米黄酒	
	一级	二级	一级	二级
总糖（以葡萄糖计）/（g/L）	15.1～40.0			
非糖固形物/（g/L）	12.0～23.0			
酒精度 20℃/%（体积分数）	10.0～16.0			
pH	3.5～4.6			
总酸（以乳酸计）/（g/L）	2.5～7.0			
氨基酸态氮/（g/L）≥	0.40	0.30	0.25	
氧化钙/（g/L）≤	0.5			
β－苯乙醇/（mg/L）≥	35.0			

注：同表 7－2。

③ 清爽型半甜黄酒理化要求

表 7－9 清爽型半甜黄酒理化要求

项目	稻米黄酒		非稻米黄酒	
	一级	二级	一级	二级
总糖（以葡萄糖计）/（g/L）	40.1～100			
非糖固形物/（g/L）	8.0～23.0			
酒精度 20℃/%（体积分数）	8.0～16.0			
pH	3.5～4.6			
总酸（以乳酸计）/（g/L）	3.8～8.0			
氨基酸态氮/（g/L）≥	0.40	0.30	0.20	
氧化钙/（g/L）≤	0.5			
β－苯乙醇/（mg/L）≥	30.0			

注：同表 7－2。

3. 特型黄酒

（1）特型黄酒感官要求　GB/T 13662—2008 黄酒标准对特型黄酒没有做出规定，先提出参考要求如下。

① 外观（色泽）：橙黄色至深褐色，或含有添加物的自然色泽，清亮透明，有光泽，允许瓶（坛）底微量聚集物。

② 香气：具有黄酒醇香及添加物的自然香气，和谐纯正，无异香。

③ 口味

干酒：醇和，舒顺协调，余味清爽。

半干酒：醇厚，舒顺协调，余味爽适。

半甜酒：醇厚或醇和，鲜甜或甜润，舒顺协调，余味爽适。

甜酒：醇厚或浓厚、甜润、舒顺协调，余味爽适。

④ 风格：酒体协调，具有特型黄酒个性的风格。

（2）特型黄酒的理化要求　根据 GB/T 13662—2008 黄酒标准 5.3.3 规定，按照相应的产品标准执行，产品标准中各项指标设定，不应低于本标准相应产品型表 7－2 至表 7－5 或表 7－7 至表 7－9 中最低级别要求，即，传统型干黄酒，传统型半干黄酒，传统型半甜黄酒，清爽型干黄酒，清爽型半干黄酒，清爽型半甜黄酒。黄酒企业可以根据基酒等具体情况，选择适合的理化要求标准，但不得低于最低级别，制定企业标准，报省级卫生主管部门批准。

这种标准方法也便于食品监管部门进行执法检测，在没有取得生产企业特型黄酒企业标准文本的条件下，也可以做出理化指标是否合格的判断。

四、GB/T 17946—2008《绍兴酒（绍兴黄酒）》标准

感官要求见表 7－10，理化要求分别见表 7－11，表 7－12，表 7－13，表 7－14。

1. 绍兴酒的感官要求

表 7－10　　绍兴酒的感官要求

项目	品种	优等品	一等品	合格品
色泽	绍兴加饭（花雕）酒、绍兴元红酒、绍兴善酿酒、绍兴香雪酒	橙黄色、清亮透明、有光泽。允许瓶（坛）底有微量聚集物	橙黄色、清亮透明、光泽较好。允许瓶（坛）底有微量聚集物	橙黄色、清亮透明、光泽尚好。允许瓶（坛）底有微量聚集物
香气	绍兴加饭（花雕）酒、绍兴元红酒、绍兴善酿酒、绍兴香雪酒	具有绍兴酒特有的香气，醇香浓郁，无异香、异气。三年以上的陈酒应有与酒龄相符的陈酒香和酯香	具有绍兴酒特有的香气，醇香较浓郁，无异香、异气	具有绍兴酒特有的香气，醇香尚浓郁，无异香、异气

续表

项目	品种	优等品	一等品	合格品
口味	绍兴加饭（花雕）酒	具有绍兴加饭（花雕）酒特有的口味，醇厚、柔和、鲜爽、无异味	具有绍兴加饭（花雕）酒特有的口味，醇厚、较柔和、较鲜爽、无异味	具有绍兴加饭（花雕）酒特有的口味，醇厚、尚柔和、尚鲜爽、无异味
	绍兴元红酒	具有绍兴元红酒特有的口味，醇和、爽口、无异味	具有绍兴元红酒特有的口味，醇和、较爽口、无异味	具有绍兴元红酒特有的口味，醇和、尚爽口、无异味
	绍兴善酿酒	具有绍兴善酿酒特有的口味，醇厚、鲜甜爽口、无异味	具有绍兴善酿酒特有的口味，醇厚、较鲜甜爽口、无异味	具有绍兴善酿酒特有的口味，醇厚、尚鲜甜爽口、无异味
	绍兴香雪酒	具有绍兴香雪酒特有的口味，鲜甜、醇厚、无异味	具有绍兴香雪酒特有的口味，鲜甜、较醇厚、无异味	具有绍兴香雪酒特有的口味，鲜甜、尚醇厚、无异味
风格	绍兴加饭（花雕）酒、绍兴元红酒、绍兴善酿酒、绍兴香雪酒	酒体组分协调，具有绍兴酒的独特风格	酒体组分较协调，具有绍兴酒的独特风格	酒体组分尚协调，具有绍兴酒的独特风格

2. 绍兴酒的理化要求

(1) 绍兴加饭（花雕）酒的理化指标

表7-11　　绍兴加饭（花雕）酒的理化指标

项目		指标		
		优等品	一等品	合格品
总糖（以葡萄糖计）/（g/L）		15.1~40.0		
非糖固形物/（g/L）≥		30.0	25.0	22.0
酒精度（20℃）/%（体积分数）	酒龄3a以下（不含3a）≥	15.5		
	酒龄3~5a（不含5a）≥	15.0		
	酒龄5a以上≥	14.0		
总酸（以乳酸计）/（g/L）		4.5~7.5		
氨基酸态氮/（g/L）≥		0.60		
pH（25℃）		3.8~4.6		
氧化钙/（g/L）≤		1.0		
挥发酯（以乙酸乙酯计）/（g/L）	酒龄3a以下（不含3a）≥	0.15		
	酒龄3~5a（不含5a）≥	0.18		
	酒龄5~10a（不含10a）≥	0.20		
	酒龄10a以上≥	0.25		

(2) 绍兴元红酒的理化指标

表 7-12 绍兴元红酒的理化指标

项目	指标		
	优等品	一等品	合格品
总糖(以葡萄糖计)/(g/L) ≤	15.0		
非糖固形物/(g/L)	20.0	17.0	13.5
酒精度(20℃)/%(体积分数) ≥	13.0		
总酸(以乳酸计)/(g/L) ≥	4.0~7.0		
氨基酸态氮/(g/L) ≥	0.50		
pH(25℃)	3.8~4.5		
氧化钙/(g/L) ≤	1.0		

注:酒精度低于14.0% vol时,非糖固形物、氨基酸态氮的值按14.0% vol折算。

(3) 绍兴善酿酒的理化指标

表 7-13 绍兴善酿酒的理化指标

项目	指标		
	优等品	一等品	合格品
总糖(以葡萄糖计)/(g/L) ≤	40.0~100.0		
非糖固形物/(g/L)	30.0	25.0	22.0
酒精度(20℃)/%(体积分数) ≥	12.0		
总酸(以乳酸计)/(g/L) ≥	5.0~8.0		
氨基酸态氮/(g/L) ≥	0.50		
pH(25℃)	3.5~4.5		
氧化钙/(g/L) ≤	1.0		

注:酒精度低于14.0% vol时,非糖固形物、氨基酸态氮的值按14.0% vol折算。

(4) 绍兴香雪酒的理化指标

表 7-14 绍兴香雪酒的理化指标

项目	指标		
	优等品	一等品	合格品
总糖(以葡萄糖计)/(g/L) >	100.0		
非糖固形物/(g/L)	26.0	23.0	20.0
酒精度(20℃)/%(体积分数) ≥	15.0		

续表

项目	指标		
	优等品	一等品	合格品
总酸（以乳酸计）/（g/L）≥		4.0~8.0	
氨基酸态氮/（g/L）≥		0.40	
pH（25℃）		3.5~4.5	
氧化钙/（g/L）≤		1.0	

五、感官术语把握

黄酒标准的用语是高度概括的，这里要注意以下几点。

（1）每句用语，都有丰富的内涵，要深刻理解，而且应掌握每句评语所包含的内容范围，品酒时不应放过标准的每一评语。

在实际品评过程中，要在掌握标准中术语的基础上，掌握更多的术语，根据具体的酒质，选择更为合适的术语，灵活应用，丰富和提高自身的品酒素养。

（2）注意修饰词汇。标准中有“较”、“尚”的用词，它是区别程度的用词。“较”是比具有的要求略有欠缺的用语，比“尚”高一层次。“尚”是尚能达到标准要求的意思，虽没有越出标准范围，但包含已经比较勉强的意思。在具体写评语时，对每一种现象的描述还可用“稍”、“略”、“轻微”、“微量”、“微觉”等修饰词汇。

（3）注意“异”字的内涵。“异”就是“不正常”、“不该有”、“不符合标准”的现象，“异”有“异色”、“异物”、“异状”、“异香”、“异气”、“异味”等，都需仔细观察、辨认。尽可能具体指出，如“异物”，指酒中的异物，如纤维、玻璃屑、昆虫或昆虫残肢等，玻璃屑或昆虫残肢是恶性杂质，如发现后，应立即向评酒主持者提出，并可拒绝品尝。“异香”指非来自原料及酿造贮存的气味，但从常识来看，仍属于某种食品，可食药材或花卉的香气。注意的是异香主要针对传统型黄酒、清爽型黄酒而言，非指特型黄酒。而“异气”是指不该有的气味，特别要注意受化工原料污染的气味，如煤油气、油漆气、橡胶气及苯类物品的气味，系恶性气味，在提出的同时，可拒绝品尝。“异味”的情况也很复杂，如甜味中的糖精味，严重的酒精辛辣味，细菌污染的酸败味，以及不知什么的怪异味，要区别情况分别对待。

总之，品酒中要特别注意“异”字，对某些恶性的异物、异气、异味要提高警惕，注意自身防卫。

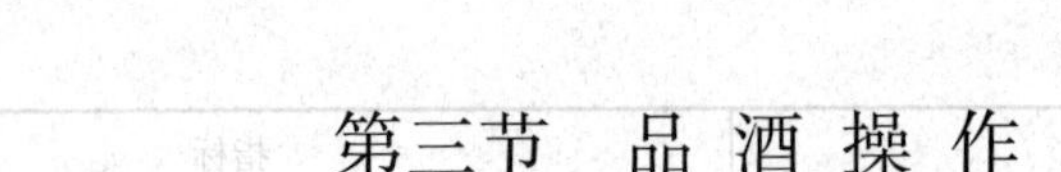

第三节　品酒操作

作为生命中最美的享受之一，黄酒品评也应值得更多的关注。然而，没有一成不变的品评流程，但大部分有经验的黄酒品评师通常都还遵循一定的品评流程。尽管对于专业的品尝来讲这些步骤是必需的，但在日常生活中这些过程则过于繁琐，这种区别如同音乐分析与音乐欣赏一样有着天壤之别。鉴定品评依照理论的或实际的标准来评价一种或几种黄酒，是属于分析黄酒的感官质量，因此需要集中精力和良好的品评环境，以提高人们对黄酒的品评和欣赏水平。至于这次品酒操作要点和程序，对黄酒品评来说仅仅是一个起点。没有一种方法可以适用于所有人。对于一个严肃认真的品酒师来讲，也许需具备的最重要的东西应该是自觉自发的态度、对品酒的欲望与热情以及善于将注意力集中于黄酒特征的能力。

至于品酒操作内容，包括四个方面：观色、嗅香、尝味、品格。掌握正确的操作方法是至关重要的。其中还有一些技巧问题，也需要掌握。

一、准备

事先按第四章相关要求，准备好所需要的酒和酒杯。酒杯要选择合适的、质量形状一致的一组无色酒杯。根据“先干后甜；先清淡后浓郁；先新后陈；先低度后高度；先低档后高档”的原则分次进行品评。倒酒前应事先开启瓶盖，让酒呼吸一段时间，以利让一些难闻气味排出。倒酒时瓶口几乎挨着杯子口，倒至3/5～2/3，以利转动酒杯，然后进行品评。

二、观色

观色是评外观，用手指夹住酒杯的杯柱，举杯于适宜的光线下（自然光或白炽灯），进行直观或侧观。这种对光观察必须逐只进行，一点细微现象也不能放过，再用白纸作背景观察一组酒中杯与杯的比较情况，杯与杯的比较主要是为了区别一组酒中是否有重现的酒（关于重现会在后面讲到）。还可用俯视的方法，置一组酒杯于白纸上，从上往杯底俯视，观察澄清度。观色的项目有下列几项。

（1）呈色（色泽、色调、颜色）　是否具备应有的色泽，具备应有色泽也叫“正色”，否则是“异色”，与黄酒应有的色泽不符。

（2）澄清度　酒的澄清度是酒体健康的标志。标准是澄清、透明。

（3）光泽　对光检查酒液的亮度，是发暗、失光，还是晶亮。对颜色较深的酒，对光检查还是应有光泽的。

（4）杂质　有无悬浮物、沉淀物。沉淀物的形状是片状、粉状；颜色是白

色、灰白色、深褐色。悬浮物是纤维状、絮状、尘埃状、晶体状。有无恶性杂质，如蚊蝇、蟑螂及残肢。如有应向评酒主持人提出，是酒瓶中固有的，还是在倒酒、端酒过程中新污染的。

(5) 流动度　能反映酒液的浓厚程度，黏稠性，酒液挂杯情况，应予观察检查。

在感官评定检验中，观色必须考虑到以下几个方面：

① 观察区域的背景颜色和对比色区域的相对大小都会影响颜色的识别。

② 样品表面的光泽和质地也会影响颜色的识别。

③ 观察角度和光线照射在样品上的角度不应该相同，因为那样会导致入射光线的镜面反射，通常，品评室设置的光源垂直在样品之上，当人落座时，他们的观察角度大约与样品成45°。

④ 品评人员是否存在色盲或色弱，如不能区分红色和橙色，蓝色和绿色等。

总之，观察样品在颜色和外观上的差异非常重要，它可以避免人在识别风味和酒体上存在的差别时做出错误的结论。

三、嗅香

置酒杯于鼻下一寸左右处，头略低，轻嗅其气味，这是第一印象，应特别注意。这样做的目的是为了可以先感受到黄酒中最容易挥发的芳香物质，嗅了第一杯，应立刻记下香气情况；接着嗅第二杯，这样可以分辨出每种黄酒最浮于表面的芳香品质，同时要避免各杯的相互混淆。稍稍休息一会，再从逆次序各嗅一次，并核对记录。有出入者，打好存疑记号。

稍停再做第二轮嗅香。第二轮嗅香可以说是深嗅。深嗅的措施是，酒杯可以接近鼻孔，以不触及杯缘为度，同时可转动或轻轻摇动酒杯，以增加香气的逸发量，可扇动鼻翼，做短促呼吸，扩大鼻孔接受气流的容积，用心辨别气味，顺便可观察它的流动性和挂杯状况。先顺次序嗅一遍，再逆次序嗅一遍，这样就能对该组酒列出浓淡、优劣的次序和酿造风格、产品特色。剩下来的问题是：是否还有疑点和相同或相近的两杯，是否还有微小差别。为了解决这两个问题，经休息一会后，针对性地找有关杯，进行第三轮嗅香。这时可用手将酒捂一捂，以提高酒温，增加香气逸发量，用鼻子深深吸气，或者可以较激烈地转动，使酒较快速地转动起来再闻，细心地进行辨别，记好特点，以消除疑点，排出一组酒的优劣次序，评出分数，这些方法可根据每人的经验自行选择。

嗅香时要注意的几个问题：

(1) 呼吸，嗅香前先呼气，然后再拿杯于鼻下吸气，不能对酒杯呼气，吸气时间、间歇、吸入气量要尽可能相等。

(2) 杯与鼻的距离，每杯都应一致，以使嗅入量保持相等。

(3) 嗅香气不能忽快忽慢，忽远忽近，忽多忽少，要有一定的节奏性，还要注意鼻子有一定的间歇休息时间，不要一下子搞得很疲劳。

(4) 如果条件允许，也可用玻璃或者塑料的盖子把酒杯盖上。使用盖子的目的有两个：对于芳香浓郁的酒，盖子可以限制香气对酒杯周围空气的污染，这种污染会严重影响香气较淡的酒的品评；另外，使用盖子最初的目的是为使摇杯可以更彻底（如果用食指紧紧捏住杯子摇），这对于香气柔和的黄酒的鉴赏很有意义。

理想的嗅觉品评时间应该持续30min以上。这个时间长度对评估黄酒香气的持续性和发展变化等特征是必要的。发展变化的观察就像是在观察一朵花的逐渐开放。香气的发展变化和终止是非常重要的方面，应该得到重视，这点对优质黄酒尤为重要。但应注意，这不宜在考试或选择人员中适用。

四、尝味

1. 尝味要点

(1) 尝味次序　一般根据香气浓淡排列，先尝香淡的，后尝香浓的，再尝异杂味酒，以免异杂味酒对口腔感觉产生干扰。由淡到浓尝了以后，再由浓到淡进行复尝。

(2) 尝味的量要一致　根据每个人口的大小及品尝习惯不同，原则用量为铺满舌面为准。太小，容易让唾液稀释，太多，也不易品尝把握。先是小尝，小尝一遍后，再增量尝一遍。

(3) 尝味要慢而稳　使酒液先接触舌尖，次两侧，再至舌根部，然后鼓一下舌头，使酒液铺展到舌的全面，进行四种基本味觉及口感的全面感受。并有少量酒液入喉，以辨别后味。不能把酒液全部咽下或全部吐掉。尝味最珍贵的是第一印象，要立即做好记录。做记录时，最好要记下不同味道（甜味、酸味、苦味）的不同感受部位，以及分别是什么时候感受到的、感觉持续的时间、感觉和强度是如何变化的。

同时，要集中注意力体会醇厚感、柔和度（辣味）、鲜洁度、收敛感（涩味）等口感，是否有异味存在，记录下这些口感以及它们互相结合所给予的综合感受。

(4) 品尝要注意顺效应和后效应

顺效应：人的嗅觉和味觉经过较长时间的刺激兴奋，就会逐渐降低灵敏度而迟钝，甚至麻木不仁。显然最后评的一、两个酒，就会受到影响，这称为顺效应或顺序效应。顺序效应分两种情况，如评1号、2号、3号三种酒，先评1号酒、再评2号酒和3号酒，会发生偏爱1号酒的心理现象，这称为正的顺序效应；有时则相反，偏爱3号酒，称为负的顺序效应。

后效应：评两只以上的酒时，品评了前一个酒，往往会影响后一个酒的正确性，例如评了一个酸涩味很重的酒，再评一个酸涩味较轻的酒，就会感到没有酸

涩味或很轻。这称为后效应。

为了避免这些影响，评酒时，应先按1、2、3顺序品评，再按3、2、1顺序品评，如此反复几次，再体会感受。每评一个酒后，要稍稍休息一下，以消除感觉疲劳。

（5）品尝要注意质量排名　若要打分或排名，首先要根据前后两次品尝后排出质量最好的和最差的，然后对其余几只进行细致品尝，最后确定一组酒的质量好差。注意是否有相同的口味，如有，与此前色泽与香气是否吻合，如果一致，就可确定是重现酒了。

（6）体会余味　体会余味长短、尾子是否干净，是否鲜长还是后苦、生涩。有无刺喉和不快感，有无余香和回味等。这个时间最好能保持较长时间。期间可以用舌头搅动几下或舔牙，对余香或回味效果较好。

（7）尝味后要漱口　用相等于体温或比体温稍低的开水或蒸馏水漱口，可将口中的残余香味除去。也可以用无味面包。如果不漱口等，要等到原来的感觉没有时再尝下一只酒。

2. 品尝注意点

（1）尝味时间　酒液在口中停留时间应不少于12s。时间过短难以细致分辨味觉，时间过长，酒液掺和唾液后，具有稀释与缓冲作用，影响判断结果。同时还会加速人的疲劳。

（2）注意味觉和口感的细节　为了区别味觉和口感，品尝时需要连续地全神贯注于甜味、酸味、苦味和涩味的感知。它们的时间响应曲线有利于准确地辨别鉴定。口腔和舌部响应的局部化也有利于确定味觉特征。

甜味是最先感知到的味觉。舌尖对甜味最敏感，但舌的其他部位也可以感受到甜味。酸度、酚类、生物碱等物质的存在会减弱甜味的感知。这些作用有利于避免甜酒中因糖过量引起的甜腻感。

酸味也能迅速被感知到。其感应速率通常比糖缓慢，酒体较为淡薄时在余味中也会存在。酸味通常在舌头两侧感觉最强，但是不同的个体不一样。一些人感觉酸味在脸颊或嘴唇内侧更加明显。能察觉到的黏性的存在可以减弱酸味和收敛性。

如果存在苦味，接下来便是对苦味的感知，需要几秒才能感知到。10～15s以后才会达到苦味最高感知强度。大多数苦味酚类化合物在舌头中后部被感知到。相反地，一些生物碱的苦味在软腭和舌头前部被感知到。当黄酒拥有相当的收敛物质时苦味就更难被鉴定出来。高收敛性可以减弱苦味的感知。糖也会降低苦味，然而酒精会增强苦味。

收敛性的感知很缓慢，通常是最后被感知到的主要味道。在有痰时，收敛性感知缓慢甚至超过几分钟。因为自由神经末端在整个口腔中相对随机分布，所以收敛性感知局部分布不明显。因为随着反复品评造成感知强度和持续时间增加，

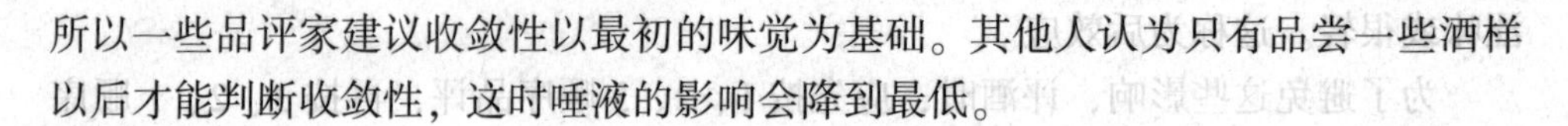

所以一些品评家建议收敛性以最初的味觉为基础。其他人认为只有品尝一些酒样以后才能判断收敛性，这时唾液的影响会降到最低。

五、品格

品格，指综合判断酒的风格，包括如下三个方面。

（1）检查酒体是否协调　酒体是由包括色、香、味感官情况和理化成分的统一体，要互相协调。如一只酒尝味有酸度偏高的感觉，但理化指标测定酸度没有超过规定，是因为酒体中其他成分偏少，酒体不能承载酸度，使人有偏酸的感觉，这是一种酒体不协调。

（2）检查是否“落型”、“入格”　如标注是半干酒，但尝起来酒体很淡薄，与半干酒的要求“醇厚”相去甚远，这叫做不“入格”。有的半干酒总糖含量超过40g/L，就不能落入“半干型”风格。

（3）检查典型性　典型性是由原料、配方、工艺、贮存年份以及上述“落型”、“入格”等方面形成的。如山东即墨老酒，其典型性是由大黄米原料、使用陈伏曲、采用煮糜的工艺形成它的典型性，主要表现在呈深褐色，有焦香，后口有焦苦味，但不留口，余味清爽。

六、品评小结

（1）品酒时，必须按照一看、二闻、三品的顺序进行，绝不要把顺序颠倒，否则就很难品准确。这和饮酒有一定的区别，这是品酒的基本动作，从动作的姿势就可以看出你能不能品酒，是不是行家。

（2）酒样多时，要从1号、2号、3号、4号、5号依序进行，然后再从5号到1号依序进行闻和品；或在哪个位置端的酒杯，品完后仍把酒杯放回原处，不打乱原来的顺序和排列。即使是两个以上的人用同一组酒，也不会端错酒杯，影响品酒结果，这是品酒时的基本规矩，要养成习惯。

（3）准确掌握进酒量，每次入口酒量的多少对品酒结果影响很大，掌握进酒量的一致是非常重要的。这是一个基本功问题，经过不断地实践和体会训练才能做到。入口量多少适宜，则应根据自己的酒量和味觉的灵敏度、酒度的高低来自行确定，一般掌握在1～5mL。同样的一瓶酒，倒入两个酒杯中由于入口酒量的不一致，会品出两个不同的结果，所以品酒者必须练好这一基本功。

（4）酒在口腔内的停留时间应保持一致，有人称之为秒持值。一般采用12s以上，酒在口腔中准确保留12s，期间认真地体会酒质反应，然后才吞下或吐出，做好记录，记住优缺点，休息片刻或漱漱口，再品第二杯酒，以此类推。

（5）品酒时尽量少吞酒，以保持味觉的灵敏。酒在口腔中吞下或吐掉后，再继续体会一下感觉，这时主要判断酒的后味和余香，是否谐调清爽，有无苦、涩、杂味等。

(6) 品酒时，应多用眼、鼻，尽可能少用口，用眼看色来区别清澈透明、浑浊度，有无悬浮物、沉淀物等。不少酒在这方面是有区别的，掌握好这一点能帮助你判断认识酒质，有时可起到重要作用。再则，眼睛和鼻都不易疲劳，疲劳了恢复也很快，且所有的呈味物质绝大多数都有不同的气味，都能通过鼻孔嗅觉器官分辨出来，而且嗅觉的灵敏度比味觉的灵敏度高得多。味觉比嗅觉易于疲劳，一旦疲劳就难以恢复，所以在品酒时，应以嗅觉为主，视觉和味觉为辅地进行认识和判断酒质。一般来说，嗅觉训练好了，能占准确性的80%左右，味觉只占20%，是最后结论的依据，嗅觉和味觉配合好了，才能准确认定酒质，做好嗅觉和味觉的结合和统一是品酒技巧的关键。嗅觉疲劳了，几分钟恢复，味觉疲劳了，需要几十分钟甚至更长时间，味觉又是品酒中最重要的部分，所以在品酒时，应注意多用嗅觉，尽可能地保护味觉的灵敏度。

(7) 牢记每种酒的共性和个性特征。黄酒的共性易于识辨，每种风格的黄酒都有一个共同的特征，用自己的描述方法表示它、牢记它，做到任何时候都能把它们分辨和认识。较难的是同风格的黄酒之间的个性认识和辨别，这就必须找准并抓住个性。每个酒都有它的特征（独特风格）且给人不同的嗅觉和味觉的感受，通过反复认识，用熟悉的比喻把它牢记，然后才能准确地区分它们。

(8) 不要轻易否定第一次的判断结果，一般闻四次、品两次，就要得出结论。一组酒（五杯）品尝时间应在15min左右，不宜太多地反复。一杯酒嗅两次、品一次所得的初步结果即为第一次判断结果，第三次闻嗅时的再判结果与第一次相同时，即可终止，若第三次闻嗅结果与第一次的判断结果不同，则应休息片刻再进行第四次嗅和第二次品味，其结果哪次相同，就确定哪次的判断结果，不再继续品尝了。

(9) 当要求对酒质量判断排名时，首先要注意色泽比较，其次再进行香气比较，再次进行口味比较，最后进行风格比较。应注意的是要充分重视黄酒标准用词及排列，排列是根据对酒质的重要程度位列前后，因此在比较时也应一一比较才能得出该酒的品质和排名。

(10) 要及时扼要记录。记录虽然不属于品评范畴，但对品评结果的准确性和品评员水平提高大有裨益。一般边观边嗅边品时就要及时记录，内容要突出特点，记时要扼要，用词要规范，以便在品评时能节省时间，又有利于以后整理总结。

七、重现和再现品评

1. 重现品评

在黄酒品评考核中还存在再现品评与重现品评考核形式。再现品评与重现品评不同，重现品评是同一轮酒中，对两杯或两杯以上相同的酒进行品评，以考核品评员在同一轮酒中的识别能力。避免因心理因素、评酒顺序因素、入口酒量不同等因素而把相同的酒错判为不同的酒。重现品评首先要在色泽上加以仔细区分，把相同色泽的酒挑出，再进行闻香是否相同，最后才用品尝最后加以确定。

2. 再现品评涵义

再现品评就是同一只酒样，在后续不同轮次中再次出现的酒样，可在当天或隔天出现。再现品评考核的是品评人员的记忆力，训练品评人员对酒样的把握能力。也就是说，品评人员今天品尝了这个酒样，明天或者更长时间又遇到了这个酒样，是否与第一次（或从前）品评结果相同，若是，打分分数也应相同。

显然，再现品评比重现品评难度大，品评人员不仅要具备相当强的记忆力，还要有宽广的品酒阅历，把握不同品种的感官特征，还需要具备相当好的感觉灵敏度，一经品尝就能识别，这非一朝一夕之功，需要品评人员有意识地去品评各种酒，并纳入自己的记忆库。

3. 再现品评技术

（1）博闻强记　再现品评是高难度的品评，品评人员必须具备扎实的功底，平时品评人员对全国各地生产的黄酒要有所了解，特别是掌握知名品牌和具有地方特色黄酒的色、香、味、格的特点，仔细品评，做好记录，深深记住，为临场再现品评打下扎实的基础。

（2）先大后小　这里的“大”和“小”，是指黄酒分类、分型时特指的“大概念”和“小概念”。稻米黄酒和非稻米黄酒属于大概念，红曲酒与麦曲酒也属于大概念。次一级的大概念就是“传统型”、“清爽型”、“特型”。而“干酒”、“半干酒”、“半甜酒”、“甜酒”属于小概念。品评一杯酒，先弄清“大概念”、“次大概念”，然后把它记住，这样思维清晰也容易记住。这就叫“先大后小”。如果把大概念弄错了，那么再现的结论必定是错的。按照“先大后小”的思维和原则，再现品评的准确性就会大大提高。

（3）善抓特点

① 抓色的特点：黄酒的色由原料、用曲、工艺、添加焦糖色素、贮存时间和条件等所决定，形成一种复合色。单就焦糖色素来说，不同品牌、不同规格、不同用途，会使黄酒呈色不同，色泽也不同。不同酒样色的特点，只要仔细观察，其差别是不难发现的，要把具有呈色和色泽特点的酒样深深记住。

② 抓香的特点：黄酒香是一种复合香，也是由各种因素所形成的。黄酒香有：醇香，指黄酒在发酵及贮存过程中产生的香气，以醇类、酯类和醛类等香味物质为主；陈酒香，以酯香为主，以贮存期产生为主的、酯香与醇香的复合香；焦糖香，指糖类和氨基酸类发生美拉德反应形成的香气；焦糜香，指以大黄米为原料，采用煮糜工艺产生的焦香。如此等等，香气的种类很多，也容易识别。

这里要指出的是，人类对香气的记忆力最强，吃过的食品比较容易忘记，而一闻香气，就会知道是什么食品。所以在抓特点时，应利用对香气容易记住的特

性，好好运用香气记忆力在再现品评中的作用。

③ 抓口味的特点：黄酒是甜、酸、苦、辣、涩五味俱全的饮料酒。这里的“辣”虽然不属于基本味，是一种痛觉，但在黄酒中是确实存在的，主要是乙醇对口腔的刺激感。绍兴黄酒有“辣口酒”与“甜口酒”之分，甜口酒开耙温度较低，称为“开嫩耙”，酒度较高。而开耙温度较高的，称为“开老耙”，要等到发酵醪温度升到36℃才开耙，酒体丰满，骨力强，有辣口的感觉，所以称为“辣口酒”，这里需要指出的是，开老耙的温度主要在传统操作上，而机械化黄酒由于醪量大，温度的控制势必要低一些，应区别对待。抓口味的特点，首先要抓容易记住的“特甜”、“特酸”、“特苦”、“特辣”、“特涩”等口味。其次要抓受人欢迎的味感。如，“甜润”、“鲜甜”、“鲜长”、“鲜洁”、“苦不留口”、“骨力好”、“酒体丰满”等；再次抓有缺陷的味感。如，“甜腻”、“偏甜”、“甜味不正”、“偏酸”、“不鲜灵”、“焦苦味重”、“有刺激感”、“辛辣”、“弱味”、“熟味”、“涩味重”、“后口淡”、“后味短”、“有水味”等。

④ 抓风格特点：风格是色、香、味、体的综合评价。首先对酒体组分的结合程度应加细分。除“协调”、“较协调”、“尚协调”之外，还有不同的特点，如，“酒体丰满”、“酒体结实”、“酒体厚实”、“酒体平稳”、“酒体圆润”、“有散口感”、“酒体瘦弱”、“酒体寡淡”、“酒体不协调”等。其次是判断其典型性。典型性是由原料、酿造用水、糖化发酵剂、工艺及贮存年份等因素所决定的。典型性是上述因素的体现，明确体现了上述因素，称为“典型性明确”。有的采用了新原料，或独特的工艺，或采用了新的菌种，生产出来的酒，可称为“具有独特的典型性”。

“风格”是由酒体组分结合程度和典型性两者相结合的判定。作为一个成熟的黄酒生产企业，其产品往往有自己的历史形成的风格，有的以骨力见长，有的以陈香见长，有的以圆润见长，有的以鲜灵见长。同样作为成熟的黄酒品种，也有其独特的风格。但是缺乏风格的黄酒也不在少数，即无风格特点。

综上所述：善抓特点，就是要把每杯酒的特点弄清楚，而特点是概念性的东西，品评人员要对形形色色的“色、香、味”表象，给以丰富而清晰的概念，这样才能把握住特点。

（4）详细记录　品酒的记录对再现品评极为重要，从品酒第一轮开始，就要详细地做好记录。评语应抓住每杯酒样色、香、味、格的特点，既详细又扼要地记录下来。由于每轮酒品评时间有限，要求平时练好善抓住特点的基本功和快速书写的基本功，有时可以用自己规定的符号代替。在轮与轮的间歇时间里把记录再看一遍，把每杯酒的特点深深记住。

第四节　评酒打分

黄酒品评常用综合计分品评法，满分为100分，其中：色泽10分、香气25

分、口味50分、风格15分。打分的依据是根据品评酒样的色、香、味、格的优劣差异的评语情况，依规定项目的分数，进行打分。因目前黄酒分为传统型、清爽型和特型三个类型，因此，在打分要求上也有所不同。

一、传统型

1. 色泽（10分）

橙黄（或符合本类型黄酒应有色泽，如橙红、黄褐、深褐等），清亮透明，有光泽。给予10分。

有下列情形者进行扣分：

清亮透明，但光泽略差，或者色泽过深或过浅者，扣1～2分；

微浑，或者失光者，扣3～6分；

浑浊，或者缺乏黄酒应有的色泽者，扣7～10分；

有沉淀物、悬浮物、其他杂质者，较少者，扣2～3分；较多者，扣4～6分。

2. 香气（25分）

具有本类型黄酒特有的香气，醇香浓郁，无其他异香异气，给予25分。

有下列情形者进行扣分：

有黄酒应有的香气，有醇香，但不浓郁者，扣1～3分；

有黄酒应有的香气，但醇香不明显者，扣4～6分；

缺乏黄酒应有的香气，或者有异杂气者，扣7～10分；

有黄酒不应有的香气，或者有其他不愉快的异香，扣10～20分；

有严重的臭气或异杂怪气者，扣20～25分。

3. 口味（50分）

醇和（干型黄酒），醇厚（半干型及以上的黄酒），鲜甜（半甜型和甜型黄酒）柔和、爽口（鲜爽）、无异味。给予50分。

有下列情形者进行扣分：

醇厚、醇和、甜润，但不够柔和者，扣1～5分；

尚醇和、清爽、但酒味较淡薄者，扣6～16分；

酒味淡薄、略带苦涩味，或有弱味者，扣15～20分；

酒味淡薄，有苦涩、暴辣味者，扣20～30分；

淡而无味，苦涩味重，有酸感者，扣30～40分；

酸败，异杂怪味者，扣40～50分。

4. 风格（15分）

具有本类型黄酒的独特风格，酒体组分协调，给予15分。

有下列情形者进行扣分：

有本类型黄酒的风格，酒体组分较协调，扣1～3分；

有本类型黄酒典型性，酒体组分尚协调者，扣4~6分；

典型性不明显，酒体组分不协调者，扣6~10分；

缺乏典型性，酒体组分不协调者，扣10~15分。

二、清爽型

1. 色泽（10分）

橙黄（或符合本类型黄酒应有色泽，如橙红、黄褐、深褐等），清亮透明，有光泽，给予10分。

有下列情形者进行扣分：

清亮透明，但光泽略差，或者色泽过深或过浅者，扣1~2分；

微浑，或者失光者，扣3~6分；

浑浊，或者缺乏黄酒应有的色泽者，扣7~10分；

有沉淀物、悬浮物、其他杂质者，较少者，扣2~3分；较多者，扣4~6分。

2. 香气（25分）

具有本类黄酒特有的清雅醇香，无异香，给予15分。

有下列情形者进行扣分：

有本黄酒应有的香气，清雅不够者，扣1~6分；

缺乏黄酒应有的香气，或者有异杂气者，扣7~10分；

有本类黄酒不应有的香气，或者有其他不愉快的异香，扣10~20分；

有严重的臭气或异杂怪气者，扣20~25分。

3. 口味（50分）

柔净醇和、清爽（干型黄酒），柔和、鲜爽（半干型黄酒），柔和、鲜甜、清爽（半甜型黄酒）、无异味，给予50分。

有下列情形者进行扣分：

较清爽，且不够柔和者，扣1~10分；

尚清爽，且酒味不够柔和者，扣11~20分；

欠清爽，略带苦涩味，或有弱味者，扣21~30分；

欠清爽，苦涩味重，有酸感者，扣31~40分；

酸败，异杂怪味者，扣41~50分。

4. 风格（15分）

具有本类型黄酒的独特风格，酒体组分协调，给予15分。

有下列情形者进行扣分：

有本类型黄酒的风格，酒体组分较协调，扣1~3分；

有本类型黄酒典型性，酒体组分尚协调者，扣4~6分；

典型性不明显，酒体组分不协调者，扣6~10分；

缺乏典型性，酒体组分不协调者，扣10~15分。

三、特型

1. 色泽（10分）

橙黄色至深褐色，或含有添加物的自然色泽，清亮透明，有光泽，给予10分。

有下列情形者进行扣分：

清亮透明，但光泽略差，扣1~2分；

微浑，或者失光者，扣3~6分；

浑浊，扣7~10分；

有沉淀物、悬浮物、其他杂质者，较少者，扣2~3分；较多者，扣4~6分。

2. 香气（25分）

具有黄酒醇香及添加物的自然香气，和谐纯正，无异香，给予25分。

有下列情形者进行扣分：

有本类黄酒应有的香气，但醇香和添加物的自然香气较和谐纯正，扣1~6分；

醇香和添加物的自解香气尚和谐纯正，有异气，扣7~10分；

醇香和添加物的自解香气欠和谐纯正，异气较重，扣10~20分；

有严重的臭气或异杂怪气者，扣20~25分。

3. 口味（50分）

醇和、清爽（干型黄酒），醇厚、爽适（半干型黄酒），醇厚或醇和、鲜甜或甜润、爽适（半甜型黄酒），醇厚或醇和、甜润、爽适（甜型黄酒）、舒顺协调，给予50分。

有下列情形者进行扣分：

醇和或醇厚，但不够舒顺协调者，扣1~10分；

较醇和或较醇厚，但不够舒顺协调，清爽或爽适者，扣11~20分；

尚醇和或尚醇厚，但不够舒顺协调，清爽或爽适者，扣21~30分；

欠清爽，苦涩味重，有酸感者，扣31~40分；

酸败，异杂怪味者，扣41~50分。

4. 风格（15分）

具有本类型黄酒的独特风格，酒体组分协调，给予15分。

有下列情形者进行扣分：

有本类型黄酒的风格，酒体组分较协调，扣1~3分；

有本类型黄酒典型性，酒体组分尚协调者，扣4~6分；

典型性不明显，酒体组分不协调者，扣6~10分；

缺乏典型性，酒体组分不协调者，扣10~15分。

以上各项主要是依据在同类型黄酒的感官标准术语前后排列进行，扣分是由轻到重。在量分之前，先要考虑到该酒的品位，如传统黄酒通常按正常的金奖(国优)产品一般总分在90分以上，银奖在85分左右，较好的合格酒在75~80分，有较明显缺陷，尚能合格的酒在65分左右，缺陷严重或伪劣产品应判为不合格，在60分以下，但也不能一概而论。清爽型和特型黄酒的打分原则也相同。因没有评过奖等，故需要通过组织专家事先进行评议确定不同的档次，或通过市场调研，针对市场反馈确定不同档次，才显得较为公正客观。

第五节　不同类黄酒产品的品评方法

黄酒是我国历史上最悠久的酒种，具有五千年以上的历史，中华民族的先民利用当地的粮食、谷物原料，用不同的方法酿制黄酒。早在七千年前，浙江河姆渡的先民们用稻米酿制黄酒；而北方用黍米酿制黄酒，西部地区则喜欢用黑米酿制黄酒。中国幅员广大，历史悠久，黄酒的品种繁多，本节就不同类型黄酒产品的品评方法做一些论述。

一、掌握共性

中国黄酒虽然使用的原料不同、曲种不同、制作的工艺不同，但作为均以谷物为原料经双边发酵而成的低酒度酿造酒，在很多方面有着许多共同之处。因此在品酒时，首先要掌握黄酒的共性。

1. 酿造酒的共性

黄酒属于酿造酒，是世界三大古老的酿造酒之一，它是以含有淀粉的粮谷类物质为原料，经过浸泡吸水，蒸煮糊化，在糖化发酵剂的作用下，发酵成酒精及品种繁多的微生物代谢产物，经过压榨、糟液分离，其液体就是黄酒，再经过加温灭菌，灌入陶制容器，密封贮存，随时可以用来饮用。

酿造酒的酒体丰满，黄酒酒精含量不高，在8%~18%（体积分数），还含有糖分、氨基酸、多酚类、多种微量元素和维生素等，并有如γ-氨基丁酸等对人体有特殊功效的物质。

2. 双边发酵共性

在酿造酒中，唯有黄酒采用边糖化边发酵的工艺。这一工艺在世界酿造史中是独特的。糊化了的淀粉原料，暴露在空气中，随后加入的酿造用水，又未经灭菌，经麦曲酒药等糖化发酵剂发酵，并经低温长时间酝酿，在整个酿制过程，并不是单一菌种，而是多种微生物共同参与的，在这种情况下，要保证黄酒正常发酵，就必须满足两个条件。

第一、要建立有益于黄酒发酵的微生物的优势，不让有害于黄酒发酵的微生物占主导地位。

第二、要积累浓度较高的酒精，让酒精去抑制有害于黄酒发酵的微生物繁殖。

为了满足这两个条件，就必须采用边糖化边发酵的工艺路线。黄酒发酵的酒精度可以高达20%（体积分数），不仅大大高于啤酒，也高于葡萄酒等其他酿造酒。

由于黄酒工艺是多种微生物参与的双边发酵工艺，黄酒产品的风味既是丰满的，又是复杂的，不仅与蒸馏酒不同，也与其他酿造酒不同。

3. 风味共性

（1）外观（色泽）的共性　黄酒呈浅黄色、橙黄色、橙红色、黄褐色至深褐色。清亮透明，富有光泽，黍米黄酒和陈年稻米甜黄酒，虽然达不到透明，然而对光检查，是清亮的和富有光泽的。

（2）香气的共性　黄酒香气是多种成分组成的复合香，如多种醇类物质、多种酯类物质、多种糖类物质、多种氨基酸类物质等，香气浓郁而复杂。要求香气纯正（与酿造原料、采用的糖化发酵剂、工艺路线及酒龄相符）、浓郁（或清雅）无异香。

（3）口味共性　黄酒口味要求是：醇厚（或醇和）、柔和、鲜爽、无异味。其中半甜酒和甜酒，还有“鲜甜”的要求。

（4）风格共性　要求酒体协调，具有本类（或本品种）黄酒的典型风格。

品评不同类型的黄酒产品，先要掌握黄酒的共性，掌握酿造酒的共性，与蒸馏酒相区别，掌握双边发酵与葡萄酒、啤酒相区别，掌握风味共性，就能明确不同类黄酒的“色、香、味、格”的共同要求，如果离开了上述三个方面的共性，就会迷失不同类黄酒品评的方向。

二、各地黄酒的特点

进入21世纪以来，全国各地黄酒行业出现了“风味创新”的热潮。这个热潮的领军者是上海冠生园华光酿酒药业有限公司，它在20世纪末开发了添加营养物质的新颖黄酒产品——和酒，受到市场欢迎，其他企业也积极开发出各种新颖产品，也获得成功，形成各自的特色。在品评这些不同地方特色的产品时，应在掌握共性的前提下，掌握各地黄酒的个性。

1. 绍兴黄酒

绍兴黄酒，指流行于浙江、江苏、上海一带采用绍兴酒传统工艺的黄酒。其中符合GB/T 17946—2008《绍兴酒（绍兴黄酒）》国家地理标志产品标准的，才可称为“绍兴黄酒”。

绍派黄酒已有3000年以上历史。绍兴，古名大越、越州、山阴、会稽，公元1131年宋高宗赵构为越州臣民题“绍祚中兴”，改越州为“绍兴府”，随地名

的更改，绍兴酒逐步闻名于海内（指四海之内，即全中国）。明、清时绍兴酒蓬勃发展，是20世纪前的最高峰，绍兴酒质量名誉海内外，清代著名诗人袁枚在《随园食单》中说："绍兴酒如清官廉史，不参一毫假而其味方真。又如名士耆英长留人间，阅尽世故而其质愈厚。"1915周清（绍兴云集信记酒坊业主）的绍兴酒，获美国巴拿马太平洋万国博览会金奖。

(1) 绍兴黄酒的特色

① 色橙亮：绍兴黄酒多为橙黄色，清亮，有光泽，清代以前，并未加焦糖色，呈浅黄色。晚清，才加焦糖色，橙黄色中带红，为图吉利，取名状元红。这也是状元红酒名的由来。清末民初，绍兴黄酒品种逐渐增多，出现了半干型加饭酒，相继又出现了半甜型善酿酒和用作坛口"盖面"的甜型香雪酒。善酿酒在一年之内为深橙黄色，随着贮存时间的增加，渐成黄褐色；香雪酒则由金黄色，渐成深褐色。经过陈贮后，光亮照人，令人赏心悦目。

② 香馥郁：绍兴黄酒的香气，是多种成分的复合香，内容比较复杂，有原料香、曲麦香、醇香、酯香、氨基酸香、焦香以及各种微量成分的香气。其中酯香为各地黄酒之最，乳酸乙酯、乙酸乙酯、丁二酸乙酯含量丰富。这正是区别其他地方黄酒的第一特征。第二特征是可以捕捉到麦曲香，其他地方黄酒因不用麦曲或麦曲用量少，没有这个特征。

③ 质地厚：黄酒是甜、酸、苦、辣、鲜、涩六味俱全，质地厚实，对于陈贮多年的年份酒质厚的感觉，特别明显，正如清代袁枚所说的"阅尽世故其质愈厚"。因而绍兴黄酒的非糖固形物含量为各地黄酒之最。

④ 味和谐：绍兴黄酒虽然六味俱全，但能和谐地融合在统一体中，开高温耙的加饭酒称为辣口酒，给人以一种酒体丰满、有劲的感觉。绍兴黄酒的鲜，与氨基酸品种构成和含量高有关，也可能与核苷酸有关，后味鲜长的酒是令人满意的好酒。绍兴黄酒也有苦味和涩味，含量轻微，与其他味感相辅相成，共同构成绍兴黄酒好骨架，味感丰富。

(2) 绍兴黄酒的品种

① 元红酒：在清末民初是绍兴黄酒产量最大的品种，因坛外刷以砖红色，又称状元红。是一种干型酒，该酒呈橙黄色或浅琥珀。具有绍兴黄酒独有的醇香，味醇和、鲜美、爽净，是绍兴干型酒的代表。

② 加饭（花雕）酒：加饭酒是在元红酒基础上发展起来的上等品种，在水与饭的配比上，在饭量不变的前提下，减少酿造用水，饭量相应增加了，故称加饭酒。在新中国成立之前的花雕酒，仅是对使用有花纹和彩绘陶坛的酒品而言，并不反映酒体的内在质量，而且大多是内灌元红酒。直至20世纪60年代，浙江省轻工业厅才确认花雕酒坛内应灌加饭酒，自此加饭酒和花雕酒为同一品种。由于水、饭比例不同，又有单加饭、双加饭、特加饭三个不同规格的酒名。加饭酒色呈橙黄或深琥珀色或橙红色，酒香浓郁，酒味醇厚、柔和、鲜爽，酒体丰满协

调。加饭酒含有少量糖分，为半干酒。产销量占全部黄酒的50%以上，是黄酒中质量上乘的品种。

③ 善酿酒：始创于清代光绪十八年（1892年），是绍兴沈永和酒坊业主沈酉山，借鉴酿造母子酱油的原理，酿造质地更厚的黄酒。用1～3年陈元红酒代水酿造，因落缸的酿醅的酒精度已接近10%（体积分数），抑制了酵母发酵作用，而不影响米饭的糖化作用，在发酵完成时，保留了较多的糖分（70g/L左右），因而成为半甜黄酒。该酒色呈橙黄、香气浓郁，口味醇厚、鲜甜、柔和，酒体特厚，是绍兴黄酒半甜型的代表。

④ 香雪酒：该酒创始于1912年，由绍兴东浦乡周云集信记酒坊惠师傅受善酿酒从元红酒代水酿造的启发，用黄酒酒糟蒸馏的白酒——糟烧，代水酿造，因落缸酿醅的酒精度已在30%左右，基本上抑制了酵母的发酵作用，米饭转化而成的糖分，全部保留下来，酿造结束后的糖分和酒精度都在18%～22%，成为一种浓甜的黄酒。该酒色泽初为浅金黄色，随着贮存年份的增加，渐成了赤金色、棕红色，直至深褐色，酒香浓郁，酒味甜润。该酒酿醅是白饭、白药，雪白一片，加上糟烧香气扑鼻，虽有少量曲麦，犹如梨花花蕊，故取名为香雪酒。该酒开始用作加饭酒的封口酒（热酒灌装，在坛口处加一勺香雪酒，约250mL），用以增加香气，增加甜味，增加酒度（抵御杂菌），因此，又称“盖面”。此酒是绍兴黄酒甜酒的代表。

2. 上海黄酒

上海在近代历史上，是我国与海外通商的第一大商埠，是接受西方文明最早的地方，在中西交往的过程中，不断洋为中用，逐渐形成以中国传统文化为主，中西合璧的文化之一，通常称为海派文化。而海派黄酒的诞生，却是在20世纪末和21世纪初。上海是黄酒消费量最大的城市，黄酒的来源极大部分依靠绍兴供给。抗日战争爆发后，关卡林立，税、捐繁多以及运输受阻。于是上海市郊、江苏苏州、浙江杭州、温州，聘请绍兴酿酒师傅生产上海老酒，历史上被称为“仿绍酒”，著名的有“苏州仿绍”、“杭州仿绍”、“温州仿绍”等。仿绍酒弥补了绍兴酒的供应不足。新中国成立之初，实行“酒类专卖”政策和粮食“统购统销”政策，把黄酒的生产经营及原料供给，纳入了地方计划，是一种“分灶吃饭”的方式。黄酒酿造先要有地方粮食供应的指标额度，酿造出来的酒，由中国专卖事业公司各级地方公司，统一收购，统一销售，酒源不足时，采取凭票供应。上海市的黄酒消费，除了由国家调拨绍兴酒之外，大量的黄酒供应，还得靠自产自销，于是将市郊的小酒坊进行公司合营和改组，成立了枫泾酒厂、青浦酒厂等，继续聘请绍兴酿酒师傅生产仿绍的上海黄酒，枫泾酒厂的金枫牌特加饭被评为国家银质奖、青浦酒厂的“蜜清醇”被评为原轻工业部优质产品。

20世纪80年代，国家实行改革开放政策，废除了酒类专卖政策，黄酒的生产销售由计划经济转为市场经济，为黄酒的发展开辟了道路，有人称为海派

黄酒。

当代上海黄酒的出现是从“和酒”开始的。和酒的生产者是“上海冠生园华光酿酒药业有限公司”，它的前身是上海华光黄酒厂药酒车间。上海华光黄酒厂是英国人创办的，1949 年上海市人民政府从英国人手中接管了华光黄酒厂。华光黄酒厂的药酒车间，在 20 世纪 60 年代起，生产华佗牌十全大补酒、楠药补酒等产品，在市场上颇有名气。改革开放后经过改组，该车间独立为“上海冠生园华光酿酒药业有限公司”。为了扩大业务，不能光靠药酒，而要走饮料酒道路。1998 年该公司创新图强，利用药酒生产技术优势和黄酒勾兑优势，创造出在黄酒中添加卫生部批准的药食两用物质，如枸杞子、蜂蜜等成分，定名为“和酒”。顺了“和平”“和谐”的天时，依仗了黄酒消费大都市的地理，合乎老、中、青人群之需要，这种新型黄酒在上海市场上一炮打响。它以新颖的理念，柔和（酒度低、减少刺激性）的口味，受到消费者的认可，特别是得到了年轻消费者的接受。

与此同时，上海金枫酿酒有限公司，借用“外脑”，经过周全的市场调查和精心策划，注册了“石库门”商标。上海的“石库门”，是上海居民的老房子，用四根条石，组成门框，是中国传统式样，而石库门的上方，是西式图案（准确地说是欧式图案）。石库门商标图案就是中西合璧的典型。与“和酒”一样，也添加了既是食品又是药品的物质，并降低酒精度，而且根据男性和女性对饮酒的不同爱好，推出了男性饮用的黑标上海老酒，和女性饮用的红标上海老酒，受到了市场的追捧，销售量直线上升，盈利能力居黄酒行业之先。

“和酒”和“石库门牌上海老酒”的成功，标志着当今上海黄酒的诞生和强大的生命力。

当今上海黄酒的特点如下。

（1）文化理念新颖　“和酒”“石库门牌上海老酒”的文化理念是一种创新，符合时代潮流，散发着海派城市的气息。满足了现在人求新、求变的欲望。

（2）黄酒风格新颖　当今上海黄酒的风格既不属于传统黄酒，又不属于清爽型黄酒，它是从传统的绍兴黄酒转型而来的新型黄酒，是 21 世纪的产物。在修改 GB/T 13662《黄酒》国标时，产生了“特型黄酒”的风格类型新名词。可以说上海黄酒是特型黄酒的领头羊。

（3）口味醇和　上海黄酒酒精度低于传统黄酒，刺激性少，口味醇和，没有明显的苦涩味。

（4）酒体丰满协调　上海黄酒添加了枸杞子、蜂蜜、生姜等卫生部颁发的食、药兼用目录中的物质，酒体比清爽型黄酒丰富，并具有增加营养物质、有益健康的功用。产品附加值较高。

（5）包装设计美观、大方、庄重，令人悦目。

3. 江苏黄酒

江苏是仅次于浙江的黄酒大省，也是优质糯米的主要产地，尤以金坛糯米最为著名。江苏黄酒又可细分为：① 传统甜型酒。以丹阳封缸酒、老陈酒、金坛封缸酒、玉祁双套酒、兰陵甜陈酒（江苏常州武进县，晋朝侨置县名为兰陵，有南兰陵之称）、南通蜜酒等为代表。江苏传统黄酒多为甜型，因产优质糯米，适合酿造甜黄酒所致；② 仿绍酒。奉行绍兴工艺，生产干酒、半干酒；③ 当代清爽型黄酒。无锡酒厂 1960—1970 年，原轻工业部派工程师在江苏无锡酒厂进行黄酒曲酿改革试点，推广纯种糖化曲、纯种酵母。以后无锡酒厂转型为酶制剂厂，又把酶制剂用于黄酒酿造，于是产生了酒香清雅、酒味清爽的清爽型黄酒，具有出酒率高、成本低的优点。

以上三类黄酒，传统甜型酒依然得到传承，但市场规模不大，仿绍酒随着机械化、大罐发酵工艺的发展，已经式微。唯有当代清爽型黄酒独占鳌头，正在大展宏图。目前谈江苏黄酒，就是清爽型黄酒。

(1) 江苏黄酒的生产特点

① 采用糯米或粳米为原料。

② 糖化发酵剂：采用纯种熟麦曲，或和自然培养麦曲混合使用。酒母采用纯种速酿酒母或高温糖化酒母，也可用黄酒活性干酵母；在酿造过程中，添加淀粉酶以提高液化程度，添加糖化酶以提高糖化效率；添加蛋白酶以提高蛋白质的分解力。

③ 采用机械化、大罐发酵工艺。

④ 酒精度较低，口味清爽。

⑤ 出酒率高，产品成本低。

(2) 江苏黄酒感官性状

以江苏张家港酿酒有限公司为例。

色：橙黄、微带红色、清亮、透明、光泽好。

香：有舒愉的黄酒醇香，香气清雅。

味：醇和、微甜、柔和、爽口。

格：酒体协调，具有低度清爽型黄酒典型风格。

4. 山东黄酒

在春秋战国时，山东已有酿酒业，其酿酒的历史应在 2500 年以上。孔子（公元前 551—479 年）说“唯酒无量，而不及乱”，可见当年饮酒已很普遍。相传齐国田单大破燕军，百姓以即墨老酒犒赏将士，明代万历皇帝赞即墨黄酒为“珍浆”，清代又称“谷辘酒”，李汝珍在《镜花缘》中列举了五十余种名酒，其中就有山东谷辘酒 。

山东另一名酒为“兰陵酒”。唐代大诗人一首《客中行》诗，诗曰：“兰陵美酒郁金香，玉碗盛来琥珀光，但使主人能醉客，不知何处是他乡。”该诗脍炙人口，使兰陵酒广为流传，1915 年在美国旧金山举办的纪念巴拿马运河开通世界博览会上获得奖章。

（1）山东黄酒的生产特点

① 采用优质的黍米（大黄米）为原料。

② 采用麦曲和固体酵母为糖化发酵剂，麦曲在夏季伏天生产，隔年使用，又称陈伏曲。

③ 采用煮糜工艺，即，铁锅中先倾入清水 75～85kg，加热沸腾，将浸过洗净的大黄米渐次投入沸水锅中，用木揖不断翻拌，煮糜完成后出锅，在木槽中冷却，加入麦曲粉，落缸发酵。成酒后压榨、过滤、澄清、配酒、灌装即成。

（2）山东黄酒感官性状

① 即墨老酒

色：黑褐中带紫红、清亮，有光泽。

香：有焦糜的特殊香气，酒香浓郁。

味：醇和，香甜适口，后口微苦而净爽。苦不留口，无刺激感。

格：酒体协调，具有黍米煮糜黄酒独特风格。

② 兰陵美酒

色：黄褐、清亮、有光泽。

香：具有黍米原料和煮糜的焦香、香气浓郁。

味：甜润浓厚、丰满爽口。

格：酒体协调，具有黍米、煮糜黄酒独特风格。

5．福建黄酒

气温较高的福建、浙江南部及台湾，自古以来利用一种糖化力强并有酒精发酵力的红曲酿造黄酒，称为红曲黄酒。

红曲黄酒是福建黄酒的特色，宋代苏东坡有“夜倾闽酒赤如丹”的诗句。近代文学家郁达夫在闽期间也很欣赏红曲酒。

红曲又称为丹曲，始于宋代，成于元代。元代以来，红曲的制法在《居家必用事类全集》《墨娥小录》《本草纲目》《天工开物》《物理小识》中都有记载，是我国的一大发明创造。

（1）福建黄酒的生产特点

① 闽派黄酒的原料采用上等糯米。

② 福建黄酒多以红曲为糖化发酵剂，同时使用白曲或白药曲。白曲，也称厦门白曲，它的菌种是白曲根霉 2 号、台湾白曲酵母，培养基为米糠，再加 10% 左右的米粉混合均匀后，进行蒸煮，冷却后接种，培育而成。而白药曲是用数十种中药培育而成。

③ 福建黄酒多采用摊饭工艺。由于福建气温较高，为了减少热量聚集过多，发酵容器采用小型陶缸（口径 66cm，底径 33cm，高约 50cm），以利散热。有的采用埕（形如浙江陶坛，容器约为 30L）作为发酵容器。其中沉缸酒采用淋饭法工艺，二次投小曲米酒入酒醅方法。

(2) 福建黄酒感官性状

① 沉缸酒

色：红褐、清亮、有光泽。

香：芳香幽雅浓郁，带（焦）糖香。

味：醇厚、甘甜、柔和、鲜爽［该酒总糖高达260g/L，酒精15%（体积分数），糖高酒低，因而口味柔和，并无稠、黏之感］、余味鲜长。

格：酒体协调，具有红曲甜黄酒典型风格。

② 福建老酒

色：黄褐、透明、有光泽。

香：老酒香浓郁。

味：醇和，甜润爽适，余味绵长。

格：酒体协调，具有红曲半甜型酒典型风格。

③ 连江元红

色：橙红、透明、有光泽。

香：具有红曲酒特有的醇香和老酒香。

味：醇和，爽口，后味长。

格：酒体协调，具有红曲干型黄酒的典型风格。

6. 其他黄酒

除上述黄酒外，还有安徽黄酒，如古南丰、宣城、海神等。湖南黄酒，以胜景山河生物科技股份有限公司为代表，市场知名度蒸蒸日上。陕西的黑米酒风味独特，颇具地方特色。以朱鹮黑米酒来说，它的配料是傥河水、洋县黑米、小麦，是半干型黄酒，酒色乌紫晶莹，酒香清丽幽雅，酒味柔润干爽，具有清丽爽柔的风格。

第六节 黄酒半成品的检查

黄酒在酿制发酵过程中的半成品（醪醅，又称“带糟酒”）的品评检查，是保证和提高黄酒成品质量的一个重要环节。因为黄酒质量的好坏主要是在生产发酵过程中形成的。所以，黄酒在发酵过程中，必须经常地、及时地进行品评检查，从而掌握了解其发酵是否正常；发酵老嫩程度是否适宜；醪醅质量好坏等情况。通过品评检查，以便及时研究分析原料、糖化发酵剂的质量情况，以及工艺操作（特别是开耙技术操作）上的诸因素；以利及时研究改进措施，从而保证和提高黄酒的质量。

半成品的品评检查方法和质量标准叙述如下。

1. 观看色泽（醪醅外观）

发酵正常的醪醅，其色泽呈微黄色，醪醅面上（即排起糟面）有无数的小气

孔（即二氧化碳排出的气孔）；用手触摸，糟粕柔软松脆、无黏滑感。其醪醅沉淀（俗称“沉缸”）后，上面的酒液呈微黄、红活；液面还有小气泡间歇地冒出（即说明还在继续发酵，二氧化碳排泄），呈有一个个的小圆形（俗称“菊花形”）；沉入缸底（或坛底）的醪醅呈倾斜状，说明醪醅还进行翻动（俗称“活醅”），醪醅继续进行着缓慢的后酵。

发酵不正常醪醅，其色泽呈洁白色（俗称“死人脸色”）；醪醅呈糊状，面上基本没有小气孔（说明已基本停止发酵，二氧化碳很少排泄）；用手触摸，醪醅黏滑糊稠。醪醅沉淀后，上面酒液呈浑白色，酸败的酒液呈黏稠（鼻涕状）；液面没有小气泡冒出，有时还有米嘴浮起；沉入缸底或坛底的醪醅是平面的，静止的、不转动的（俗称为“死醅”）。说明这种醪醅基本停止后发酵，有酸败的危险，甚至已经开始酸败。

2. 闻香气

发酵正常的醪醅，其糟粕溢香而浓郁，香气纯正幽雅；无馊泔气味和其他邪杂气味；沉清后，酒液微有醇香。

发酵不正常的醪醅，其糟粕溢香很慢而香气不纯正，带有馊泔气味或其他邪杂异气味；沉清后，酒液基本没有醇香，而且有不愉快的异杂气味。

3. 品尝酒味

发酵正常的醪醅，其酒味鲜灵清爽，鲜甜爽口（是半干型以上的醪醅）、醇顺柔和，无其他异杂味。有时有的酒液甜味较重（是指干或半干型的醪醅）。酒味较少（即酒精生成量少），只要这种醪醅香气正常、酒味鲜灵，无其他异杂气味也可，这是因为发酵程度尚嫩的缘故，其在后发酵过程中，是会逐渐退甜而增加酒精度的，其发酵也是正常的。

发酵不正常的醪醅，酒味甜腻不清爽，无鲜味，味淡（酒精生成少），并带有甜酸味（俗称为“樱桃味”）；或者有酸、涩、麻、馊等异杂味。这种醪醅在发酵过程中，由于杂菌的污染，而导致发酵不正常，酸度上升及产生异杂味，在后发酵过程中有酸败变质的危险。

思考题

1. 如何理解和掌握黄酒品评术语的内涵？
2. 如何理解和掌握传统黄酒与清爽型黄酒的感官指标？
3. 如何正解地掌握黄酒色、香、味、格的品评要求？
4. 黄酒品评时要注意哪几方面？
5. 如何掌握不同地方的黄酒特点？

第八章 黄酒品评实训

第一节 观色实训

一、目的

掌握正确的辨色方法和技巧。

二、理论支撑

视觉等相关理论。

三、内容及要求

（1）分别用色素配成橙黄、橙红、红褐、黄褐、深褐等溶液，进行密码编号，观察不同的颜色，填入表8－1内。

注：若有相应色卡也可以或用典型黄酒作为样品。训练黄酒颜色的准确表达。

（2）以黄血盐（亚铁氢化钾）配成0.1%水溶液，及递增0.1%不同浓度的水溶液共五种，即0.1%；0.2%；0.3%；0.4%；0.5%进行密码编号，观测由浅至深的情况，并排列次序，填入表8－2内。

注：训练眼睛对色调色泽的辨别能力。

（3）以黄酒焦糖色为色基，分别配成五种不同浓度的水溶液（或15%酒精溶液）形成色阶，进行密码编号，观察由浅至深的情况，并排列次序，填入表8－2内。

注：训练眼睛对色调色泽的辨别能力。

（4）黄酒加水稀释不同倍数，配制成五种不同浓度的黄酒，进行密码编号，观察由浅至深的情况，并排列次序，填入表8－2内。

注：训练眼睛对色调色泽的辨别能力。

四、实训步骤

按第七章实务操作辨色要求进行。

五、注意

（1）填试样内容表8－1时按杯号填上所检出的内容名称。

（2）填试样浓度表8－2时要注意有无加入试样。其中表中0号指不加试样杯，若排列时把最淡杯写在0号杯也算错。

第二节　香味实训

一、目的

通过训练，提高香气的辨别能力。

二、理论支撑

觉察阈值、识别阈值理论，各种嗅气、品尝方法的应用。

三、内容及要求

（1）以香草、苦杏、菠萝、柑橘、柠檬、苹果、薄荷、玫瑰、茉莉、桂花、枸杞、莓等芳香物，分别配制合适浓度的水溶液五种，进行密码编号，区分是何种香气，将名称填入表8－1内。

表8－1　　试样内容填空表

测试项目：　　　　　　　　　　　　　　　　　　品酒师姓名：

下列试样，按要求填写试样名称：

杯号	1	2	3	4	5	6
试样名称						

注：训练不同芳香物质的香味特征。

（2）配制酒精、乙酸乙酯、乳酸乙酯、己酸乙酯、β－苯乙醇、乙酸、乳酸、异戊醇、丁酸乙酯、蒸馏水等适合浓度的水溶液4～5种，进行密码编号，区分是何种香气，将名称填入表8－1内。

注：训练不同化学物质的香味特征。

（3）单一芳香物质溶液不同浓度嗅比。取上述一种芳香物质稀释配制成3～5个不同浓度，密码编号，按气味浓淡排列顺序填入表8－2内。

表8－2　　试样浓度测试表

测试项目：　　　　　　　　　　　　　　　　　　品酒师姓名：

下列试样，请按由淡到浓（由浅到深、由低到高）排列，填上杯号：

浓度标志	0	+	+ +	+ + +	+ + + +	+ + + + +
杯号						

注：训练不同芳香物质的辨别能力。

（4）香味转变识别　分别用香草醛、丁酸、甲酸乙酯、硫化氢等香味物质，每个样品分别配成浓与淡两种浓度，密码编号，区分是何种香气，按名称填入表

8－1内。

注：训练某些芳香物质在不同浓度下可能存在不同的香味特征。

四、实训步骤

按第七章实务操作闻香要求进行。

第三节 味觉实训

一、目的

通过训练，提高基本味的识别能力。

二、理论支撑

觉察阈值、识别阈值理论，差别阈值、各种品尝方法的应用。

三、内容及要求

1. 味的分辨

以砂糖0.5%、食盐0.2%、柠檬酸0.01%、99%味精0.01%，奎宁0.0001%或苦丁茶适量（以微觉苦为度）的水溶液及蒸馏水共六种，进行密码编号，尝测区分是何种味道，填入表8－1内。

注：训练舌头的觉察和识别能力。

2. 味的浓淡

（1）甜味浓淡　以砂糖分别配成0.8%、1.0%、1.2%、1.4%、1.6%不同浓度的五种水溶液，密码编号，尝测区分是何种味及味浓淡程度，排列顺序填入表8－2内。

注：训练舌头对甜味的差别能力。

（2）咸味浓淡　以食盐分别配成0.2%、0.25%、0.3%、0.35%、0.4%不同浓度的五种水溶液，进行密码编号，尝测则区分是何种味及味浓淡程度，排列顺序填入表8－2内。

注：训练舌头对咸味的差别能力。

（3）酸味浓淡　以柠檬酸分别配成0.01%、0.015%、0.02%、0.025%、0.03%不同浓度的五种水溶液，进行密码编号，尝测区分是何种味及味浓淡程度，排列顺序填入表8－2内。

注：训练舌头对酸味的差别能力。

（4）苦味浓淡　以奎宁分别配成0.001%、0.002%、0.003%、0.004%不同浓度的五种水溶液，进行密码编号，尝测区分是何种味及味浓淡程度，排列顺序填入试样浓度测试表8－2内（如无奎宁，可用苦丁茶代替，可先用泡成浓苦

丁茶，然后用不同比例稀释，梯度由试验而定）。

注：训练舌头对苦味的差别能力。

3．酒度高低

以酒精分别配制相差2% vol的不同酒度的水溶液。黄酒采用8°、10°、12°、14°、16°进行密码编号，尝测区分不同高低酒度，并由低至高排列顺序填入表8－2内。

注：训练舌头或鼻对酒精刺激的差别能力。

4．味的转变

（1）用NaCl分别制备0.01mol/L、0.03mol/L、0.04mol/L、0.05mol/L、0.2mol/L等溶液，经品评把结果填入表8－1内。

注：NaCl溶液随浓度的提高，由弱甜、甜、甜或伴咸味、咸味、盐咸味转变。感受味的转变。

（2）用KCl分别制备0.01mol/L、0.02mol/L、0.03mol/L、0.05mol/L、0.2mol/L等溶液，经品评把结果填入表8－1内。

注：KCl溶液随浓度的提高，由甜、甜和苦味、苦和盐味、盐苦碱味转变。感受味的转变。

四、实训步骤

按第七章实务操作辨味要求进行。

第四节　实样酒的基础实训

一、按不同风格分型

1．目的

熟悉传统型、清爽型和特型，并掌握其风味特征。

2．理论支撑

视觉、嗅觉、味觉理论的综合运用；国家黄酒标准。

3．实训内容及要求

提供不同风格的黄酒5只品尝。

要求：分辨传统型、清爽型和特型，并注明按糖分分类，描述感官性状并记录，并按杯号填入表8－3中。

4．实训步骤

按第七章实务操作要求进行。

二、按不同糖分分型

1．目的

熟悉黄酒按不同糖分分型，并掌握其风味特征。

表 8－3 黄酒感官品评表

酒型：＿＿＿＿＿＿ 第＿＿轮 评酒地点：＿＿＿＿＿＿＿＿

标号	色（10 分）		香（25 分）		味（50 分）		风格（15 分）		总分	分型	排名

品酒师签名： 品评日期：

2. 理论支撑

视觉、嗅觉、味觉理论的综合运用；国家黄酒标准。

3. 实训内容及要求

（1）取本酒类各型酒进行密码编号，区别鉴定干型、半干型、半甜型、甜型酒样，按杯号填入表 8－3 内。

（2）取各型黄酒 10 个样，密码编号，分二组尝测是何种类型，按杯号将酒型填入表 8－3 内，以测试类型的重现性和再现性。

4. 实训步骤

按第七章实务操作要求进行。

5. 注意

（1）当有重现杯时，要注明是哪几只。若要排名，按正常的排名规则进行，即排完重现杯平列名次后的那一只顺次退一位。例，有 5 只杯，第 3 只、第 4 只是重现杯，重现杯排名为第三名，最后只排名为第五名，而不能写成第四名。

（2）当有再现杯时，不但要求写清楚与第几轮第几杯相同，而且要求所写的评语、分值也要相同，否则不准确。

三、不同原料生产的黄酒鉴别实训

1. 目的

熟悉不同原料生产的黄酒的感官特征。

2. 理论支撑

视觉、嗅觉、味觉理论，黄酒感官标准，黄酒工艺理论。

3. 内容及要求

取糯米、粳米、籼米、粟米、玉米、番薯干等原料生产的黄酒，进行密码编号，尝评并分辨出不同原料，按杯号将酒型填入表 8－3 内。

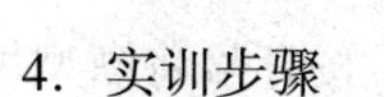

4. 实训步骤

按第七章实务操作要求进行。

四、不同用曲黄酒的鉴别实训

1. 目的

熟悉不同用曲黄酒的感官性状。

2. 理论支撑

视觉、嗅觉、味觉理论，黄酒感官标准，黄酒工艺理论。

3. 内容及要求

取麦曲、红曲、乌衣红曲、米曲、根霉（白药）等生产的黄酒进行密码编号，尝评并分辨出不同用曲，按杯号将酒型填入表8－3内。

4. 实训步骤

按第七章实务操作要求进行。

第五节　缺陷黄酒鉴别实训

一、目的

熟悉、掌握一些典型缺陷的识别方法和技巧。

二、理论支撑

视觉、嗅觉、味觉理论的综合运用。

三、内容及要求

1. 光泽

取正常黄酒，微浑、轻微失光、浑浊失光的酒，密码编号，观看其浑浊情况，并给予确切的评语。按杯号将酒型填入表8－3内。

2. 加酒精

用普通黄酒作基本酒，分别加入15%（体积分数）酒精5%、10%、15%、20%、25%，密码编号，尝评酒精用量多少，排列次序，填入表8－2内。

3. 氧化钙

取石灰粉100g，加入500mL 15% vol酒精中，在1000mL三角瓶中摇匀过夜，第二天取上清液，测定其氧化钙含量，按比例加入黄酒中，配成氧化钙含量0.04%、0.07%、0.1%的3～4种黄酒，摇匀过夜，取上清液，密码编号，口测其氧化钙含量，并排列顺序，填入表8－2内。

4. 缺陷综合辨别

提供如灰气、酒精气、乙酸乙酯、己酸乙酯、水味5杯缺陷酒，进行密码编号，鉴别不同的缺陷。建议增加轮次，鉴别其他不同的缺陷。按杯号将酒型填入表8－3内。

四、实训步骤

按第七章实务操作要求进行。

第六节　综合评分法实训

一、目的

通过训练，熟悉不同酒类的确切评语与打分方法，并掌握重现性、再现性品评技巧。

二、理论支撑

视觉、嗅觉、味觉理论，相关黄酒术语和黄酒感官标准等。

三、内容及要求

取不同类型的黄酒，每个类型选两个以上的产品，每产品又密编两个以上号码，共6～12个，进行2～3次品评，给予正确评语并打分，测其品评能力的重现性及再现性。

四、实训步骤

按第七章实务操作要求进行。

附　录

附录一　τ－分布表

df	τ较大值的概率，符号可忽视（双边检验）									
	0.5	0.4	0.3	0.2	0.1	0.05	0.02	0.01	0.002	0.001
1	1.000	1.376	1.963	3.078	6.314	12.706	31.821	63.657	318.31	636.62
2	0.816	1.061	1.386	1.886	2.920	4.303	6.965	9.925	23.326	31.598
3	0.765	0.978	1.250	1.638	2.353	3.182	4.541	5.841	10.213	12.924
4	0.741	0.941	1.190	1.533	2.132	2.776	3.747	4.604	7.173	8.61
5	0.727	0.920	1.156	1.476	2.015	2.571	3.365	4.032	5.893	6.869
6	0.718	0.906	1.134	1.440	1.943	2.447	3.143	3.707	5.208	5.959
7	0.711	0.896	1.119	1.415	1.895	2.365	2.998	3.499	4.785	5.408
8	0.706	0.889	1.108	1.397	1.860	2.306	2.896	3.355	4.501	5.041
9	0.703	0.883	1.100	1.383	1.833	2.262	2.821	3.250	4.297	4.781
10	0.700	0.879	1.093	1.372	1.812	2.228	2.764	3.169	4.144	4.587
11	0.697	0.876	1.088	1.363	1.796	2.201	2.718	3.106	4.025	4.437
12	0.695	0.873	1.083	1.356	1.782	2.179	2.681	3.055	3.930	4.318
13	0.694	0.870	1.079	1.350	1.771	2.160	2.650	3.012	3.852	4.221
14	0.692	0.868	1.076	1.345	1.761	2.145	2.624	2.977	3.787	4.140
15	0.691	0.866	1.074	1.341	1.753	2.131	2.602	2.947	3.733	4.073
16	0.690	0.865	1.071	1.337	1.746	2.120	2.583	2.921	3.686	4.015
17	0.689	0.863	1.069	1.333	1.740	2.110	2.567	2.898	3.646	3.965
18	0.688	0.862	1.067	1.330	1.734	2.101	2.552	2.878	3.610	3.922
19	0.688	0.861	1.066	1.328	1.729	2.093	2.539	2.861	3.579	3.883
20	0.687	0.860	1.064	1.325	1.725	2.086	2.528	2.845	3.552	3.85
21	0.686	0.859	1.063	1.323	1.721	2.080	2.518	2.831	3.527	3.819
22	0.686	0.858	1.061	1.321	1.717	2.074	2.508	2.819	3.505	3.792
23	0.685	0.858	1.060	1.319	1.714	2.069	2.500	2.807	3.485	3.767
24	0.685	0.857	1.059	1.318	1.711	2.064	2.492	2.797	3.467	3.745
25	0.684	0.856	1.058	1.316	1.708	2.060	2.485	2.787	3.450	3.725

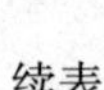

续表

df	τ 较大值的概率，符号可忽视（双边检验）									
	0.5	0.4	0.3	0.2	0.1	0.05	0.02	0.01	0.002	0.001
26	0.684	0.856	1.058	1.315	1.706	2.056	2.479	2.779	3.435	3.707
27	0.684	0.855	1.057	1.314	1.703	2.052	2.473	2.771	3.421	3.690
28	0.683	0.855	1.056	1.313	1.701	2.048	2.467	2.763	3.408	3.674
29	0.683	0.854	1.055	1.311	1.699	2.045	2.462	2.756	3.396	3.659
30	0.683	0.854	1.055	1.310	1.697	2.042	2.457	2.750	3.385	3.646
40	0.681	0.851	1.050	1.303	1.684	2.021	2.423	2.704	3.307	3.551
60	0.679	0.848	1.045	1.296	1.671	2.000	2.390	2.660	3.232	3.46
120	0.677	0.845	1.041	1.289	1.658	1.980	2.358	2.617	3.160	3.373
∞	0.674	0.842	1.036	1.282	1.645	1.960	2.326	2.576	3.090	3.291
df	0.25	0.2	0.15	0.1	0.05	0.025	0.01	0.005	0.001	0.0005
	τ 较大值的概率，考虑到的符号（单边检验）									

附录二　x^2 – 分布表

a k	0.995	0.99	0.975	0.95	0.90	0.75	0.25	0.10	0.05	0.025	0.01	0.005
1	—	—	0.001	0.004	0.016	0.102	1.323	2.706	3.841	5.024	6.635	7.879
2	0.010	0.020	0.051	0.103	0.211	0.575	2.773	4.605	5.991	7.378	9.210	10.597
3	0.072	0.115	0.216	0.352	0.584	1.213	4.108	6.251	7.815	9.348	11.345	12.838
4	0.207	0.297	0.484	0.711	1.064	1.923	5.385	7.779	9.488	11.143	13.277	14.860
5	0.412	0.554	0.831	1.145	1.610	2.675	6.626	9.236	11.071	12.833	15.086	16.750
6	0.676	0.872	1.237	1.635	2.204	3.455	7.841	10.645	12.592	14.449	16.812	18.548
7	0.989	1.239	1.690	2.167	2.833	4.255	9.037	12.017	14.067	16.013	18.475	20.278
8	1.344	1.646	2.180	2.733	3.490	5.071	10.219	13.362	15.507	17.535	20.090	21.955
9	1.735	2.088	2.700	3.325	4.168	5.899	11.389	14.684	16.919	19.023	21.666	23.589
10	2.156	2.558	3.247	3.940	4.865	6.737	12.549	15.987	18.307	20.483	23.209	25.188
11	2.603	3.053	3.816	4.575	5.578	7.584	13.701	17.275	19.675	21.920	24.725	26.757
12	3.074	3.571	4.404	5.226	6.304	8.438	14.845	18.549	21.026	23.337	26.217	28.299
13	3.565	4.107	5.009	5.892	7.042	9.299	15.984	19.812	22.362	24.736	27.688	29.819
14	4.075	4.660	5.629	6.571	7.790	10.165	17.117	21.064	23.685	26.119	29.141	31.319
15	4.601	5.229	6.262	7.261	8.547	11.037	18.245	22.307	24.966	27.488	30.578	32.801

注：a 为显著水平，k 为自由度。

续表

a k	0.995	0.99	0.975	0.95	0.90	0.75	0.25	0.10	0.05	0.025	0.01	0.005
16	5.142	5.812	6.908	7.962	9.312	11.912	19.369	23.542	26.296	28.845	32.000	34.267
17	5.697	6.408	7.564	8.672	10.085	12.792	20.489	24.769	27.587	30.191	33.409	35.718
18	6.265	7.015	8.231	9.390	10.865	13.675	21.605	25.989	28.869	31.526	34.805	37.156
19	6.844	7.633	8.907	10.117	11.651	14.562	22.718	27.204	30.144	32.852	36.191	38.582
20	7.434	8.260	9.591	10.851	12.443	15.452	23.828	28.412	31.410	34.170	37.566	39.997
21	8.034	8.897	10.283	11.591	13.240	16.344	24.935	29.615	32.671	35.479	38.932	41.401
22	8.643	9.542	10.982	12.338	14.042	17.240	26.039	30.813	33.924	36.781	40.289	42.796
23	9.260	10.196	11.689	13.091	14.848	18.137	27.141	32.007	35.172	38.076	41.638	44.181
24	9.886	10.856	12.401	13.848	15.659	19.037	28.241	33.196	36.415	39.364	42.980	45.559
25	10.520	11.524	13.120	14.611	16.473	19.939	29.339	34.382	37.652	40.646	44.314	46.928
26	11.160	12.198	13.844	15.379	17.292	20.843	30.435	35.563	38.885	41.923	45.642	48.290
27	11.808	12.879	14.573	16.151	18.114	21.749	31.528	36.741	40.113	43.194	46.963	49.645
28	12.461	13.565	15.308	16.928	18.939	22.657	32.620	37.916	41.337	44.461	48.278	50.993
29	13.121	14.257	16.047	17.708	19.768	23.567	33.711	39.087	42.557	45.722	49.588	52.336
30	13.787	14.954	16.791	18.493	20.599	24.478	34.800	40.256	43.773	46.979	50.892	53.672
31	14.458	15.655	17.539	19.281	21.434	25.390	35.887	41.422	44.985	48.232	52.191	55.003
32	15.134	16.362	18.291	20.072	22.271	26.304	36.973	42.585	46.194	49.480	53.486	56.328
33	15.815	17.074	19.047	20.867	23.110	27.219	38.058	43.745	47.400	50.725	54.776	57.648
34	16.501	17.789	19.806	21.664	23.952	28.136	39.141	44.903	48.602	51.966	56.061	58.964
35	17.192	18.509	20.569	22.465	24.797	29.054	40.223	46.059	49.802	53.203	57.342	60.275
36	17.887	19.233	21.336	23.269	25.643	29.973	41.304	47.212	50.998	54.437	58.619	61.581
37	18.586	19.960	22.106	24.075	26.492	30.893	42.383	48.363	52.192	55.668	59.892	62.883
38	19.289	20.691	22.878	24.884	27.343	31.815	43.462	49.513	53.384	56.896	61.162	64.181
39	19.996	21.426	23.654	25.695	28.196	32.737	44.539	50.660	54.572	58.120	62.428	65.476
40	20.707	22.164	24.433	26.509	29.051	33.660	45.616	51.805	55.758	59.342	63.691	66.766
41	21.421	22.906	25.215	27.326	29.907	34.585	46.692	52.949	56.942	60.561	64.950	68.053
42	22.138	23.650	25.999	28.144	30.765	35.510	47.766	54.090	58.124	61.777	66.206	69.336
43	22.859	24.398	26.785	28.965	31.625	36.436	48.840	55.230	59.304	62.990	67.459	70.616
44	23.584	25.148	27.575	29.987	32.487	37.363	49.913	56.369	60.481	64.201	68.710	71.893
45	24.311	25.901	28.366	30.612	33.350	38.291	50.985	57.505	61.656	65.410	69.957	73.166

附录三　顺位检查表（a=5%）

评价员数（n）	样品数（m）													
	2	3	4	5	6	7	8	9	10	11	12	13	14	15
2	…… ……	…… ……	…… ……	…… 3~9	…… 3~11	…… 3~13	…… 4~14	…… 4~16	…… 4~18	…… 5~19	…… 5~21	…… 5~23	…… 5~25	…… 6~26
3	…… ……	…… 4~8	…… 4~11	4~14 5~13	4~17 6~15	4~20 6~18	4~23 7~20	5~25 8~22	5~28 8~25	5~31 9~27	5~34 10~29	5~37 10~32	5~40 11~34	6~42 12~36
4	…… ……	5~11 5~11	5~15 6~14	6~18 7~17	6~22 8~20	7~25 9~23	7~29 10~26	8~32 11~29	8~36 13~31	8~40 14~34	9~43 15~37	9~47 16~40	10~50 17~43	10~54 18~46
5	…… 6~9	6~14 7~13	7~18 8~17	8~22 10~20	9~26 11~24	9~31 13~27	10~35 14~31	11~39 15~35	12~43 17~38	12~48 18~42	13~52 20~45	14~56 21~49	14~61 23~52	15~65 24~56
6	7~11 7~11	8~16 9~15	9~21 11~19	10~26 12~24	11~31 14~28	12~36 16~32	13~41 18~36	14~46 20~40	15~51 21~45	17~55 23~49	18~60 25~53	19~65 27~57	19~71 20~61	20~76 31~65
7	8~13 8~13	10~18 10~18	11~24 13~22	12~30 15~27	14~35 17~32	15~41 19~37	17~46 22~41	18~52 24~46	19~58 26~51	21~63 28~56	22~69 30~61	23~75 33~65	25~80 35~70	28~86 37~75
8	9~15 10~14	11~21 12~20	13~27 15~25	15~33 17~31	17~39 20~36	18~46 23~41	20~52 25~47	22~58 28~52	24~64 31~57	25~71 33~63	27~77 36~68	29~83 39~73	30~90 41~79	32~96 44~84
9	11~16 11~16	12~23 14~22	15~30 17~28	17~37 20~34	19~44 23~40	22~50 26~46	24~57 29~52	26~64 32~58	28~71 35~64	30~78 38~70	32~85 41~76	34~92 45~81	36~99 48~87	38~106 51~93
10	12~18 12~18	15~25 16~24	17~33 19~31	20~40 23~37	22~28 26~44	25~55 30~50	27~63 33~57	30~70 37~63	32~78 40~70	34~86 44~76	37~93 47~83	39~101 51~89	41~109 54~96	44~116 57~103

11	13 ~ 20	16 ~ 28	19 ~ 36	22 ~ 44	25 ~ 52	28 ~ 60	31 ~ 68	34 ~ 76	36 ~ 85	39 ~ 93	42 ~ 101	45 ~ 109	47 ~ 118	50 ~ 126
	14 ~ 19	18 ~ 26	21 ~ 34	25 ~ 41	29 ~ 48	33 ~ 56	37 ~ 62	41 ~ 69	45 ~ 76	49 ~ 83	53 ~ 90	57 ~ 97	60 ~ 105	64 ~ 112
12	15 ~ 21	18 ~ 30	21 ~ 39	25 ~ 47	28 ~ 56	31 ~ 65	34 ~ 74	38 ~ 82	41 ~ 91	44 ~ 100	47 ~ 109	50 ~ 118	53 ~ 127	56 ~ 136
	15 ~ 21	19 ~ 29	24 ~ 36	28 ~ 44	32 ~ 52	37 ~ 59	41 ~ 67	45 ~ 75	50 ~ 82	54 ~ 90	58 ~ 98	63 ~ 105	67 ~ 113	71 ~ 121
13	16 ~ 23	20 ~ 32	24 ~ 41	27 ~ 51	31 ~ 60	35 ~ 69	38 ~ 79	42 ~ 88	45 ~ 98	49 ~ 107	52 ~ 117	56 ~ 126	59 ~ 136	62 ~ 146
	17 ~ 22	21 ~ 31	26 ~ 39	34 ~ 47	35 ~ 56	40 ~ 64	45 ~ 72	50 ~ 80	54 ~ 89	59 ~ 97	64 ~ 105	69 ~ 113	74 ~ 121	78 ~ 130
14	17 ~ 25	22 ~ 34	26 ~ 44	30 ~ 54	34 ~ 64	38 ~ 74	42 ~ 84	46 ~ 94	50 ~ 104	54 ~ 114	57 ~ 125	61 ~ 113	65 ~ 145	69 ~ 155
	18 ~ 24	23 ~ 33	28 ~ 42	33 ~ 51	38 ~ 60	44 ~ 68	49 ~ 77	54 ~ 86	59 ~ 95	65 ~ 103	70 ~ 112	75 ~ 121	80 ~ 130	85 ~ 139
15	19 ~ 26	23 ~ 37	28 ~ 47	32 ~ 58	37 ~ 68	41 ~ 79	46 ~ 89	50 ~ 100	94 ~ 111	58 ~ 122	63 ~ 132	67 ~ 143	71 ~ 154	75 ~ 165
	19 ~ 26	25 ~ 35	30 ~ 45	36 ~ 54	42 ~ 63	47 ~ 73	53 ~ 82	59 ~ 91	64 ~ 101	70 ~ 110	75 ~ 120	81 ~ 129	87 ~ 138	92 ~ 148
16	20 ~ 28	25 ~ 39	30 ~ 50	35 ~ 61	40 ~ 72	45 ~ 83	49 ~ 95	54 ~ 106	59 ~ 119	63 ~ 129	68 ~ 140	73 ~ 151	77 ~ 163	82 ~ 174
	21 ~ 27	27 ~ 37	33 ~ 47	39 ~ 57	45 ~ 67	51 ~ 77	57 ~ 87	63 ~ 97	69 ~ 107	75 ~ 119	81 ~ 127	87 ~ 137	93 ~ 147	100 ~ 156
17	22 ~ 29	27 ~ 41	32 ~ 53	38 ~ 64	43 ~ 76	48 ~ 88	53 ~ 100	58 ~ 112	63 ~ 124	68 ~ 136	73 ~ 148	78 ~ 160	83 ~ 172	88 ~ 184
	22 ~ 29	28 ~ 40	35 ~ 50	41 ~ 61	48 ~ 71	54 ~ 82	61 ~ 92	67 ~ 103	74 ~ 113	81 ~ 123	87 ~ 134	94 ~ 144	100 ~ 155	107 ~ 165
18	23 ~ 31	29 ~ 43	34 ~ 56	40 ~ 68	46 ~ 80	51 ~ 93	57 ~ 105	62 ~ 118	68 ~ 130	73 ~ 143	79 ~ 155	84 ~ 168	90 ~ 180	95 ~ 193
	24 ~ 30	30 ~ 42	37 ~ 53	44 ~ 64	51 ~ 75	58 ~ 86	65 ~ 97	72 ~ 108	79 ~ 119	86 ~ 130	93 ~ 141	100 ~ 152	107 ~ 163	114 ~ 174
19	24 ~ 33	30 ~ 46	37 ~ 58	43 ~ 71	49 ~ 84	55 ~ 97	61 ~ 110	67 ~ 123	73 ~ 136	78 ~ 150	84 ~ 163	90 ~ 176	76 ~ 189	101 ~ 202
	25 ~ 32	32 ~ 44	39 ~ 56	47 ~ 67	54 ~ 79	62 ~ 92	69 ~ 102	76 ~ 114	84 ~ 125	91 ~ 137	99 ~ 148	106 ~ 160	114 ~ 171	121 ~ 183
20	26 ~ 34	32 ~ 48	39 ~ 61	45 ~ 75	52 ~ 88	58 ~ 102	65 ~ 115	71 ~ 129	77 ~ 143	83 ~ 157	90 ~ 170	96 ~ 184	102 ~ 198	108 ~ 212
	26 ~ 34	34 ~ 46	42 ~ 58	50 ~ 70	57 ~ 83	65 ~ 95	73 ~ 107	81 ~ 119	89 ~ 131	97 ~ 143	105 ~ 155	112 ~ 168	120 ~ 180	128 ~ 192

续表

评价员数（n）	样品数（m）													
	2	3	4	5	6	7	8	9	10	11	12	13	14	15
21	27 ~ 36	34 ~ 50	41 ~ 64	48 ~ 78	55 ~ 92	62 ~ 106	68 ~ 121	75 ~ 135	82 ~ 149	89 ~ 163	95 ~ 178	102 ~ 192	108 ~ 207	115 ~ 221
	28 ~ 35	36 ~ 48	44 ~ 61	52 ~ 74	61 ~ 86	69 ~ 99	77 ~ 112	86 ~ 124	94 ~ 137	102 ~ 150	110 ~ 163	119 ~ 175	127 ~ 188	135 ~ 201
22	28 ~ 36	36 ~ 52	43 ~ 67	51 ~ 81	58 ~ 96	65 ~ 111	72 ~ 126	80 ~ 140	87 ~ 155	94 ~ 170	101 ~ 185	108 ~ 200	115 ~ 215	122 ~ 230
	29 ~ 37	38 ~ 50	46 ~ 64	55 ~ 77	64 ~ 90	73 ~ 103	81 ~ 117	90 ~ 130	99 ~ 143	108 ~ 156	116 ~ 170	125 ~ 183	134 ~ 196	143 ~ 209
23	30 ~ 33	38 ~ 54	46 ~ 69	53 ~ 85	61 ~ 100	65 ~ 115	76 ~ 131	84 ~ 146	91 ~ 162	99 ~ 177	106 ~ 193	114 ~ 208	121 ~ 224	128 ~ 240
	31 ~ 38	40 ~ 52	49 ~ 66	58 ~ 80	67 ~ 94	76 ~ 108	85 ~ 122	95 ~ 135	104 ~ 149	113 ~ 163	122 ~ 177	131 ~ 191	141 ~ 204	150 ~ 218
24	31 ~ 41	40 ~ 56	48 ~ 72	56 ~ 88	64 ~ 104	72 ~ 120	80 ~ 136	88 ~ 152	96 ~ 168	104 ~ 184	112 ~ 200	120 ~ 216	127 ~ 233	135 ~ 249
	32 ~ 40	41 ~ 55	51 ~ 69	61 ~ 83	70 ~ 98	80 ~ 112	90 ~ 126	99 ~ 141	109 ~ 155	119 ~ 169	128 ~ 184	138 ~ 198	147 ~ 213	157 ~ 227
25	33 ~ 42	41 ~ 59	50 ~ 75	59 ~ 91	67 ~ 108	76 ~ 124	84 ~ 141	92 ~ 158	101 ~ 174	109 ~ 191	117 ~ 208	126 ~ 224	134 ~ 241	142 ~ 258
	33 ~ 42	43 ~ 57	53 ~ 72	63 ~ 87	73 ~ 102	84 ~ 116	94 ~ 131	104 ~ 146	114 ~ 161	124 ~ 176	134 ~ 191	144 ~ 206	154 ~ 221	164 ~ 236
26	34 ~ 44	43 ~ 61	52 ~ 78	61 ~ 95	70 ~ 112	79 ~ 129	88 ~ 146	97 ~ 163	106 ~ 180	114 ~ 198	123 ~ 215	132 ~ 232	140 ~ 250	149 ~ 267
	35 ~ 43	45 ~ 59	56 ~ 74	66 ~ 90	77 ~ 105	87 ~ 121	98 ~ 136	108 ~ 152	119 ~ 167	129 ~ 183	140 ~ 198	151 ~ 213	161 ~ 229	172 ~ 244
27	35 ~ 46	45 ~ 63	55 ~ 80	64 ~ 98	73 ~ 116	83 ~ 133	92 ~ 151	101 ~ 169	110 ~ 187	119 ~ 205	129 ~ 222	138 ~ 240	147 ~ 258	156 ~ 276
	36 ~ 45	47 ~ 61	58 ~ 77	69 ~ 93	80 ~ 109	91 ~ 125	102 ~ 141	113 ~ 157	124 ~ 173	135 ~ 189	146 ~ 205	157 ~ 221	168 ~ 237	179 ~ 253
28	37 ~ 47	47 ~ 65	57 ~ 83	67 ~ 101	76 ~ 120	86 ~ 138	96 ~ 156	106 ~ 174	115 ~ 193	125 ~ 211	134 ~ 230	144 ~ 248	153 ~ 267	162 ~ 286
	38 ~ 46	49 ~ 63	60 ~ 80	72 ~ 96	83 ~ 113	95 ~ 129	106 ~ 146	118 ~ 162	129 ~ 179	140 ~ 196	152 ~ 212	163 ~ 229	175 ~ 245	186 ~ 262

29	38 ~ 49	49 ~ 67	59 ~ 86	69 ~ 105	80 ~ 123	90 ~ 142	100 ~ 161	110 ~ 180	120 ~ 199	130 ~ 218	140 ~ 237	150 ~ 256	160 ~ 275	169 ~ 295
	39 ~ 48	51 ~ 65	63 ~ 82	74 ~ 100	86 ~ 117	98 ~ 134	110 ~ 151	122 ~ 168	134 ~ 185	146 ~ 202	158 ~ 219	170 ~ 236	182 ~ 253	194 ~ 270
30	40 ~ 50	51 ~ 69	61 ~ 89	72 ~ 108	83 ~ 127	93 ~ 147	104 ~ 166	114 ~ 186	125 ~ 205	135 ~ 225	145 ~ 245	156 ~ 264	166 ~ 284	176 ~ 304
	41 ~ 49	53 ~ 67	65 ~ 85	77 ~ 103	90 ~ 120	102 ~ 138	114 ~ 156	127 ~ 173	139 ~ 191	151 ~ 209	164 ~ 226	176 ~ 244	189 ~ 261	201 ~ 279
31	41 ~ 51	52 ~ 72	64 ~ 91	75 ~ 111	86 ~ 131	97 ~ 151	108 ~ 171	119 ~ 191	130 ~ 211	140 ~ 232	151 ~ 252	162 ~ 272	173 ~ 292	183 ~ 313
	42 ~ 51	55 ~ 69	67 ~ 88	80 ~ 106	93 ~ 124	106 ~ 142	119 ~ 160	131 ~ 179	144 ~ 197	157 ~ 215	170 ~ 233	183 ~ 251	196 ~ 269	208 ~ 288
32	42 ~ 54	54 ~ 74	66 ~ 94	77 ~ 115	89 ~ 135	100 ~ 156	112 ~ 176	123 ~ 197	134 ~ 218	146 ~ 238	157 ~ 259	168 ~ 280	179 ~ 301	190 ~ 322
	43 ~ 53	56 ~ 72	70 ~ 90	83 ~ 109	96 ~ 128	109 ~ 147	123 ~ 165	136 ~ 184	149 ~ 203	163 ~ 221	176 ~ 240	189 ~ 259	202 ~ 278	216 ~ 296
33	44 ~ 55	56 ~ 76	68 ~ 97	80 ~ 118	92 ~ 139	104 ~ 160	116 ~ 181	128 ~ 202	139 ~ 224	151 ~ 245	163 ~ 266	174 ~ 288	186 ~ 309	197 ~ 331
	45 ~ 54	58 ~ 74	72 ~ 93	86 ~ 112	99 ~ 132	113 ~ 151	127 ~ 176	141 ~ 189	154 ~ 209	168 ~ 226	182 ~ 247	196 ~ 266	209 ~ 286	223 ~ 305
34	45 ~ 57	58 ~ 78	70 ~ 100	83 ~ 121	95 ~ 143	108 ~ 164	120 ~ 136	132 ~ 208	144 ~ 230	156 ~ 252	168 ~ 274	180 ~ 296	192 ~ 318	204 ~ 340
	46 ~ 56	60 ~ 76	74 ~ 96	88 ~ 116	103 ~ 135	117 ~ 155	131 ~ 175	145 ~ 195	159 ~ 215	174 ~ 234	188 ~ 254	202 ~ 274	216 ~ 294	231 ~ 313
35	47 ~ 58	60 ~ 80	73 ~ 102	86 ~ 124	98 ~ 147	111 ~ 169	124 ~ 191	136 ~ 214	149 ~ 236	161 ~ 259	174 ~ 281	186 ~ 304	199 ~ 326	211 ~ 349
	48 ~ 57	62 ~ 78	77 ~ 98	91 ~ 119	106 ~ 139	121 ~ 159	135 ~ 180	150 ~ 200	165 ~ 220	179 ~ 241	194 ~ 261	209 ~ 281	223 ~ 302	238 ~ 322
36	48 ~ 60	62 ~ 82	75 ~ 105	88 ~ 128	102 ~ 150	115 ~ 173	128 ~ 196	141 ~ 219	154 ~ 242	167 ~ 265	180 ~ 288	193 ~ 311	205 ~ 335	218 ~ 358
	49 ~ 59	64 ~ 80	79 ~ 101	94 ~ 122	109 ~ 143	124 ~ 164	139 ~ 185	155 ~ 205	170 ~ 226	185 ~ 247	200 ~ 268	215 ~ 289	230 ~ 310	245 ~ 331
37	50 ~ 61	63 ~ 85	77 ~ 108	91 ~ 131	105 ~ 154	118 ~ 178	132 ~ 201	145 ~ 225	159 ~ 248	172 ~ 272	185 ~ 296	199 ~ 319	212 ~ 343	225 ~ 367
	51 ~ 60	66 ~ 82	81 ~ 104	97 ~ 125	112 ~ 147	128 ~ 168	144 ~ 189	159 ~ 211	175 ~ 232	190 ~ 254	206 ~ 275	222 ~ 296	237 ~ 318	253 ~ 339
38	51 ~ 63	65 ~ 87	80 ~ 110	94 ~ 134	108 ~ 158	122 ~ 182	136 ~ 206	150 ~ 230	164 ~ 254	177 ~ 279	191 ~ 303	205 ~ 327	219 ~ 351	232 ~ 376
	52 ~ 62	68 ~ 84	84 ~ 105	100 ~ 128	116 ~ 150	132 ~ 172	148 ~ 194	164 ~ 216	180 ~ 238	196 ~ 260	212 ~ 282	282 ~ 304	244 ~ 326	260 ~ 348

顺位检查表（$a = 1\%$）

评价员数（n）	样品数（m）													
	2	3	4	5	6	7	8	9	10	11	12	13	14	15
2	……	……	……	……	……	……	……	……	……	……	……	……	……	……
	……	……	……	……	……	……	……	……	3 ~ 19	3 ~ 21	3 ~ 23	3 ~ 26	3 ~ 27	3 ~ 29
3	……	……	……	……	……	……	……	……	4 ~ 29	4 ~ 32	4 ~ 35	4 ~ 38	4 ~ 41	4 ~ 44
	……	……	……	4 ~ 14	4 ~ 17	4 ~ 20	5 ~ 22	5 ~ 25	5 ~ 27	6 ~ 30	6 ~ 33	7 ~ 35	7 ~ 38	7 ~ 41
4	……	……	……	5 ~ 19	5 ~ 23	5 ~ 27	6 ~ 30	6 ~ 34	6 ~ 38	6 ~ 42	7 ~ 45	7 ~ 49	7 ~ 53	7 ~ 57
	……	……	5 ~ 15	6 ~ 18	6 ~ 22	7 ~ 25	8 ~ 28	8 ~ 32	9 ~ 35	10 ~ 38	10 ~ 42	11 ~ 45	12 ~ 48	13 ~ 51
5	……	……	6 ~ 19	7 ~ 23	7 ~ 28	8 ~ 32	8 ~ 37	9 ~ 41	9 ~ 46	10 ~ 50	10 ~ 55	11 ~ 59	11 ~ 64	12 ~ 68
	……	6 ~ 14	7 ~ 18	8 ~ 22	9 ~ 26	10 ~ 30	11 ~ 34	12 ~ 38	13 ~ 42	14 ~ 46	15 ~ 50	16 ~ 54	17 ~ 58	18 ~ 62
6	……	7 ~ 17	8 ~ 22	9 ~ 27	9 ~ 33	10 ~ 38	11 ~ 43	12 ~ 48	13 ~ 53	13 ~ 59	14 ~ 64	15 ~ 69	16 ~ 74	16 ~ 80
	……	8 ~ 16	9 ~ 21	10 ~ 26	12 ~ 30	13 ~ 35	14 ~ 40	16 ~ 44	17 ~ 49	18 ~ 54	20 ~ 58	21 ~ 63	28 ~ 67	24 ~ 72
7	……	8 ~ 20	10 ~ 25	11 ~ 31	12 ~ 37	13 ~ 43	14 ~ 49	15 ~ 55	16 ~ 61	17 ~ 67	18 ~ 73	19 ~ 79	20 ~ 85	21 ~ 91
	8 ~ 13	9 ~ 19	11 ~ 24	12 ~ 30	14 ~ 35	16 ~ 40	18 ~ 45	19 ~ 51	24 ~ 56	23 ~ 61	26 ~ 66	26 ~ 72	28 ~ 77	30 ~ 82
8	9 ~ 15	10 ~ 22	11 ~ 29	13 ~ 35	14 ~ 42	16 ~ 48	17 ~ 55	19 ~ 61	20 ~ 68	21 ~ 75	23 ~ 81	24 ~ 68	25 ~ 95	27 ~ 101
	9 ~ 15	11 ~ 21	13 ~ 27	15 ~ 33	17 ~ 39	19 ~ 45	21 ~ 51	23 ~ 57	25 ~ 63	28 ~ 68	30 ~ 74	32 ~ 80	34 ~ 86	36 ~ 92
9	10 ~ 17	12 ~ 24	13 ~ 32	15 ~ 39	17 ~ 46	19 ~ 53	21 ~ 60	22 ~ 68	24 ~ 75	26 ~ 82	27 ~ 90	29 ~ 97	31 ~ 104	32 ~ 112
	10 ~ 17	12 ~ 24	15 ~ 30	17 ~ 37	20 ~ 43	22 ~ 50	25 ~ 56	27 ~ 63	30 ~ 69	32 ~ 76	35 ~ 82	37 ~ 89	40 ~ 95	42 ~ 102
10	11 ~ 19	13 ~ 27	15 ~ 35	18 ~ 42	20 ~ 50	22 ~ 58	24 ~ 66	26 ~ 74	28 ~ 82	30 ~ 90	32 ~ 98	34 ~ 106	36 ~ 114	38 ~ 122
	11 ~ 19	14 ~ 26	17 ~ 33	20 ~ 40	23 ~ 47	25 ~ 55	28 ~ 62	31 ~ 69	34 ~ 76	37 ~ 83	40 ~ 90	48 ~ 97	46 ~ 104	49 ~ 111

11	12 ~ 21	15 ~ 29	17 ~ 38	20 ~ 46	22 ~ 55	25 ~ 63	27 ~ 72	30 ~ 80	32 ~ 89	34 ~ 98	37 ~ 106	39 ~ 115	41 ~ 124	44 ~ 132
	13 ~ 20	16 ~ 28	19 ~ 36	22 ~ 44	25 ~ 52	29 ~ 59	32 ~ 67	36 ~ 75	39 ~ 82	42 ~ 90	45 ~ 98	48 ~ 106	52 ~ 113	55 ~ 121
12	14 ~ 22	17 ~ 31	19 ~ 41	22 ~ 50	25 ~ 59	28 ~ 68	31 ~ 77	33 ~ 87	36 ~ 96	39 ~ 105	42 ~ 114	44 ~ 124	47 ~ 133	50 ~ 142
	14 ~ 22	18 ~ 30	21 ~ 39	25 ~ 47	28 ~ 56	32 ~ 64	36 ~ 72	39 ~ 81	43 ~ 89	47 ~ 97	50 ~ 106	54 ~ 114	58 ~ 122	46 ~ 130
13	15 ~ 24	18 ~ 34	21 ~ 44	25 ~ 53	28 ~ 63	31 ~ 73	34 ~ 83	37 ~ 93	40 ~ 103	43 ~ 113	46 ~ 123	50 ~ 132	53 ~ 142	56 ~ 152
	15 ~ 24	19 ~ 33	23 ~ 42	27 ~ 51	31 ~ 60	35 ~ 69	39 ~ 78	44 ~ 86	48 ~ 96	51 ~ 104	56 ~ 113	60 ~ 122	64 ~ 131	68 ~ 140
14	16 ~ 26	20 ~ 36	24 ~ 46	27 ~ 57	31 ~ 67	34 ~ 78	38 ~ 88	41 ~ 99	45 ~ 109	48 ~ 120	51 ~ 131	55 ~ 141	58 ~ 152	62 ~ 162
	17 ~ 25	21 ~ 35	25 ~ 45	30 ~ 54	34 ~ 64	39 ~ 73	43 ~ 83	48 ~ 92	52 ~ 103	57 ~ 111	61 ~ 121	66 ~ 130	76 ~ 140	75 ~ 149
15	18 ~ 27	22 ~ 38	26 ~ 40	30 ~ 60	34 ~ 71	37 ~ 83	41 ~ 94	45 ~ 105	49 ~ 116	53 ~ 127	50 ~ 139	60 ~ 150	64 ~ 161	68 ~ 172
	18 ~ 27	23 ~ 37	28 ~ 52	32 ~ 58	37 ~ 68	42 ~ 78	47 ~ 88	52 ~ 98	57 ~ 108	62 ~ 118	67 ~ 154	72 ~ 138	76 ~ 149	81 ~ 159
16	19 ~ 29	23 ~ 41	30 ~ 50	32 ~ 64	36 ~ 76	41 ~ 87	45 ~ 99	40 ~ 111	53 ~ 123	57 ~ 135	62 ~ 146	66 ~ 158	70 ~ 170	74 ~ 182
	19 ~ 29	25 ~ 39	30 ~ 55	35 ~ 61	40 ~ 72	46 ~ 82	51 ~ 93	50 ~ 104	61 ~ 115	67 ~ 125	72 ~ 136	77 ~ 147	83 ~ 157	88 ~ 168
17	20 ~ 31	25 ~ 43	32 ~ 53	35 ~ 67	39 ~ 80	44 ~ 92	49 ~ 104	53 ~ 117	58 ~ 129	62 ~ 142	67 ~ 154	71 ~ 167	76 ~ 179	80 ~ 192
	21 ~ 30	26 ~ 42	32 ~ 58	38 ~ 64	42 ~ 76	49 ~ 87	55 ~ 98	60 ~ 110	66 ~ 124	72 ~ 132	78 ~ 143	83 ~ 155	89 ~ 166	95 ~ 177
18	22 ~ 32	27 ~ 45	34 ~ 56	37 ~ 71	42 ~ 84	47 ~ 97	52 ~ 110	57 ~ 123	62 ~ 136	67 ~ 149	72 ~ 162	77 ~ 175	82 ~ 188	86 ~ 202
	22 ~ 32	28 ~ 44	34 ~ 61	40 ~ 68	46 ~ 80	52 ~ 92	59 ~ 103	65 ~ 115	71 ~ 127	77 ~ 129	83 ~ 151	89 ~ 163	95 ~ 175	102 ~ 186
19	23 ~ 34	29 ~ 47	36 ~ 59	40 ~ 74	45 ~ 88	50 ~ 102	59 ~ 115	61 ~ 129	67 ~ 142	72 ~ 156	77 ~ 170	82 ~ 184	86 ~ 197	93 ~ 211
	24 ~ 33	30 ~ 46	36 ~ 59	43 ~ 71	49 ~ 84	56 ~ 96	62 ~ 109	69 ~ 121	75 ~ 133	82 ~ 146	89 ~ 158	95 ~ 171	102 ~ 183	108 ~ 196
20	24 ~ 36	30 ~ 50	36 ~ 64	72 ~ 78	48 ~ 92	54 ~ 106	60 ~ 120	65 ~ 125	71 ~ 140	77 ~ 163	82 ~ 178	88 ~ 192	94 ~ 206	99 ~ 221
	25 ~ 35	32 ~ 48	38 ~ 62	45 ~ 75	52 ~ 88	59 ~ 101	60 ~ 114	73 ~ 127	80 ~ 140	87 ~ 153	94 ~ 166	101 ~ 179	108 ~ 192	115 ~ 203

续表

评价员数（n）	样品数（m）													
	2	3	4	5	6	7	8	9	10	11	12	13	14	15
21	26～37	32～52	38～67	45～81	51～96	57～111	63～116	66～141	75～156	82～170	88～185	94～200	100～215	106～230
	26～37	33～51	41～61	48～78	55～92	63～105	70～119	78～182	85～146	92～160	100～173	107～187	115～200	122～214
22	27～39	34～54	40～70	47～85	54～100	60～116	67～131	74～148	80～162	80～178	93～193	99～209	106～224	112～240
	28～38	35～53	43～67	51～81	58～96	66～110	74～124	82～138	90～152	98～166	106～180	113～195	121～209	129～223
23	28～41	36～56	43～72	50～88	57～104	64～120	71～136	78～152	85～168	91～185	98～201	105～217	112～233	119～249
	29～40	37～55	45～70	53～85	62～99	70～114	78～129	86～144	95～158	103～173	111～188	119～203	128～217	136～232
24	30～42	37～59	45～75	52～92	60～108	67～125	75～141	82～188	89～175	96～192	104～208	111～225	118～242	125～259
	30～42	39～57	47～73	56～88	65～103	73～119	80～134	91～140	99～165	108～180	117～195	126～210	134～226	143～241
25	31～44	39～61	47～78	55～95	63～112	71～129	78～147	66～164	94～181	101～199	109～216	117～233	124～251	132～268
	32～43	41～59	50～75	59～91	68～107	77～123	86～139	95～155	101～171	113～187	123～202	132～218	141～234	150～250
26	33～45	41～63	49～81	57～99	66～116	74～134	82～152	90～170	98～188	106～206	114～224	122～242	130～260	138～278
	33～45	42～62	52～78	61～95	71～111	80～128	90～144	100～166	109～177	149～193	128～210	138～226	147～243	157～259
27	34～47	43～65	51～84	60～102	69～120	77～139	86～157	94～176	103～194	111～213	120～231	128～250	137～268	145～287
	35～46	44～64	54～81	64～98	74～115	84～132	94～149	104～166	114～183	124～200	134～217	144～234	154～251	164～268
28	35～49	44～68	54～86	63～105	72～124	81～143	90～162	99～181	108～200	120～220	125～239	134～258	143～277	152～296
	36～48	46～66	56～84	67～101	77～119	88～136	93～154	108～172	119～189	129～207	140～224	150～242	161～259	171～277

29	37 ~ 50	46 ~ 70	56 ~ 89	65 ~ 109	75 ~ 128	84 ~ 148	94 ~ 167	103 ~ 187	112 ~ 207	122 ~ 226	131 ~ 246	140 ~ 266	147 ~ 286	158 ~ 306
	37 ~ 60	48 ~ 68	59 ~ 86	69 ~ 105	80 ~ 123	91 ~ 141	102 ~ 159	113 ~ 177	124 ~ 195	135 ~ 213	145 ~ 232	156 ~ 250	167 ~ 268	178 ~ 286
30	38 ~ 52	48 ~ 72	58 ~ 92	68 ~ 112	78 ~ 132	88 ~ 152	97 ~ 173	107 ~ 183	117 ~ 213	127 ~ 233	136 ~ 254	146 ~ 274	155 ~ 295	165 ~ 315
	39 ~ 51	50 ~ 70	61 ~ 89	72 ~ 108	83 ~ 127	95 ~ 145	106 ~ 164	117 ~ 183	129 ~ 201	140 ~ 220	151 ~ 239	163 ~ 257	174 ~ 276	185 ~ 295
31	39 ~ 54	50 ~ 74	60 ~ 95	71 ~ 115	81 ~ 136	91 ~ 157	101 ~ 178	112 ~ 198	122 ~ 219	132 ~ 240	142 ~ 261	152 ~ 282	162 ~ 303	172 ~ 324
	40 ~ 53	51 ~ 73	63 ~ 92	75 ~ 111	85 ~ 131	98 ~ 150	110 ~ 169	122 ~ 188	133 ~ 208	145 ~ 227	157 ~ 246	169 ~ 265	180 ~ 285	192 ~ 304
32	41 ~ 55	52 ~ 70	62 ~ 98	73 ~ 119	84 ~ 140	95 ~ 161	105 ~ 183	166 ~ 204	126 ~ 226	137 ~ 217	147 ~ 269	158 ~ 290	168 ~ 312	179 ~ 333
	41 ~ 55	53 ~ 75	65 ~ 95	77 ~ 115	90 ~ 134	102 ~ 154	114 ~ 174	120 ~ 194	138 ~ 214	151 ~ 233	163 ~ 253	175 ~ 273	187 ~ 293	199 ~ 313
33	42 ~ 57	53 ~ 79	65 ~ 100	76 ~ 122	87 ~ 144	98 ~ 166	109 ~ 188	120 ~ 210	134 ~ 232	142 ~ 254	153 ~ 276	164 ~ 298	174 ~ 321	185 ~ 343
	43 ~ 56	55 ~ 77	68 ~ 97	80 ~ 118	93 ~ 138	105 ~ 159	118 ~ 179	131 ~ 199	145 ~ 220	156 ~ 240	169 ~ 260	181 ~ 281	194 ~ 301	206 ~ 322
34	44 ~ 58	55 ~ 81	67 ~ 103	78 ~ 126	90 ~ 148	101 ~ 170	113 ~ 193	124 ~ 216	136 ~ 238	147 ~ 261	158 ~ 284	170 ~ 306	181 ~ 329	192 ~ 352
	45 ~ 60	57 ~ 79	70 ~ 100	83 ~ 121	96 ~ 142	109 ~ 163	122 ~ 184	125 ~ 205	148 ~ 226	161 ~ 217	174 ~ 268	187 ~ 289	201 ~ 309	214 ~ 330
35	46 ~ 59	57 ~ 83	69 ~ 106	81 ~ 129	93 ~ 152	105 ~ 175	117 ~ 198	120 ~ 221	141 ~ 244	152 ~ 208	164 ~ 291	176 ~ 314	187 ~ 338	199 ~ 361
	46 ~ 62	59 ~ 81	70 ~ 103	86 ~ 124	99 ~ 146	113 ~ 167	120 ~ 189	140 ~ 210	153 ~ 232	167 ~ 253	180 ~ 275	191 ~ 289	207 ~ 318	221 ~ 339
36	47 ~ 61	59 ~ 85	71 ~ 109	84 ~ 132	96 ~ 156	109 ~ 179	121 ~ 203	133 ~ 227	145 ~ 251	157 ~ 275	170 ~ 298	182 ~ 322	194 ~ 346	206 ~ 370
	48 ~ 63	61 ~ 83	74 ~ 106	88 ~ 128	102 ~ 150	116 ~ 172	130 ~ 194	144 ~ 216	158 ~ 238	172 ~ 260	186 ~ 282	200 ~ 304	214 ~ 326	228 ~ 348
37	48 ~ 63	61 ~ 87	74 ~ 111	86 ~ 136	99 ~ 160	112 ~ 184	125 ~ 208	137 ~ 242	150 ~ 257	163 ~ 281	175 ~ 306	188 ~ 330	200 ~ 355	213 ~ 379
	49 ~ 63	63 ~ 85	77 ~ 108	91 ~ 131	105 ~ 154	120 ~ 176	134 ~ 199	149 ~ 221	163 ~ 244	177 ~ 267	192 ~ 239	206 ~ 312	221 ~ 334	235 ~ 357
38	49 ~ 65	62 ~ 90	76 ~ 114	89 ~ 139	102 ~ 164	116 ~ 188	120 ~ 213	142 ~ 233	155 ~ 263	168 ~ 288	181 ~ 318	194 ~ 338	207 ~ 363	219 ~ 389
	50 ~ 64	64 ~ 83	79 ~ 111	94 ~ 134	109 ~ 157	123 ~ 181	138 ~ 304	153 ~ 227	168 ~ 250	183 ~ 273	198 ~ 296	213 ~ 319	227 ~ 323	242 ~ 366

附录四 F-分布临界值表

$$P\{F(k_1, k_2) > F_\alpha\} = \alpha$$

$$\alpha = 0.005$$

k_1 / k_2	1	2	3	4	5	6	8	12	24	∞
1	16211	20000	21615	22500	23056	23437	23925	24426	24940	25465
2	198.5	199.0	199.2	199.2	199.3	199.3	199.4	199.4	199.5	199.5
3	55.55	49.80	47.47	46.19	45.39	44.84	44.13	43.39	42.62	41.83
4	31.33	26.28	24.26	23.15	22.46	21.97	21.35	20.70	20.03	19.32
5	22.78	18.31	16.53	15.56	14.94	14.51	13.96	13.38	12.78	12.14
6	18.63	14.45	12.92	12.03	11.46	11.07	10.57	10.03	9.47	8.88
7	16.24	12.40	10.88	10.05	9.52	9.16	8.68	8.18	7.65	7.08
8	14.69	11.04	9.60	8.81	8.30	7.95	7.50	7.01	6.50	5.95
9	13.61	10.11	8.72	7.96	7.47	7.13	6.69	6.23	5.73	5.19
10	12.83	9.43	8.08	7.34	6.87	6.54	6.12	5.66	5.17	4.64
11	12.23	8.91	7.60	6.88	6.42	6.10	5.68	5.24	4.76	4.23
12	11.75	8.51	7.23	6.52	6.07	5.76	5.35	4.91	4.43	3.90
13	11.37	8.19	6.93	6.23	5.79	5.48	5.08	4.64	4.17	3.65
14	11.06	7.92	6.68	6.00	5.56	5.26	4.86	4.43	3.96	3.44
15	10.80	7.70	6.48	5.80	5.37	5.07	4.67	4.25	3.79	3.26
16	10.58	7.51	6.30	5.64	5.21	4.91	4.52	4.10	3.64	3.11
17	10.38	7.35	6.16	5.50	5.07	4.78	4.39	3.97	3.51	2.98
18	10.22	7.21	6.03	5.37	4.96	4.66	4.28	3.86	3.40	2.87
19	10.07	7.09	5.92	5.27	4.85	4.56	4.18	3.76	3.31	2.78
20	9.94	6.99	5.82	5.17	4.76	4.47	4.09	3.68	3.22	2.69
21	9.83	6.89	5.73	5.09	4.68	4.39	4.01	3.60	3.15	2.61
22	9.73	6.81	5.65	5.02	4.61	4.32	3.94	3.54	3.08	2.55
23	9.63	6.73	5.58	4.95	4.54	4.26	3.88	3.47	3.02	2.48
24	9.55	6.66	5.52	4.89	4.49	4.20	3.83	3.42	2.97	2.43
25	9.48	6.60	5.46	4.84	4.43	4.15	3.78	3.37	2.92	2.38
26	9.41	6.54	5.41	4.79	4.38	4.10	3.73	3.33	2.87	2.33
27	9.34	6.49	5.36	4.74	4.34	4.06	3.69	3.28	2.83	2.29
28	9.28	6.44	5.32	4.70	4.30	4.02	3.65	3.25	2.79	2.25
29	9.23	6.40	5.28	4.66	4.26	3.98	3.61	3.21	2.76	2.21
30	9.18	6.35	5.24	4.62	4.23	3.95	3.58	3.18	2.73	2.18
40	8.83	6.07	4.98	4.37	3.99	3.71	3.35	2.95	2.50	1.93
60	8.49	5.79	4.73	4.14	3.76	3.49	3.13	2.74	2.29	1.69
120	8.18	5.54	4.50	3.92	3.55	3.28	2.93	2.54	2.09	1.43

$\alpha = 0.01$

k_1 / k_2	1	2	3	4	5	6	8	12	24	∞
1	4052	4999	5403	5625	5764	5859	5981	6106	6234	6366
2	98.49	99.01	99.17	99.25	99.30	99.33	99.36	99.42	99.46	99.50
3	34.12	30.81	29.46	28.71	28.24	27.91	27.49	27.05	26.60	26.12
4	21.20	18.00	16.69	15.98	15.52	15.21	14.80	14.37	13.93	13.46
5	16.26	13.27	12.06	11.39	10.97	10.67	10.29	9.89	9.47	9.02
6	13.74	10.92	9.78	9.15	8.75	8.47	8.10	7.72	7.31	6.88
7	12.25	9.55	8.45	7.85	7.46	7.19	6.84	6.47	6.07	5.65
8	11.26	8.65	7.59	7.01	6.63	6.37	6.03	5.67	5.28	4.86
9	10.56	8.02	6.99	6.42	6.06	5.80	5.47	5.11	4.73	4.31
10	10.04	7.56	6.55	5.99	5.64	5.39	5.06	4.71	4.33	3.91
11	9.65	7.20	6.22	5.67	5.32	5.07	4.74	4.40	4.02	3.60
12	9.33	6.93	5.95	5.41	5.06	4.82	4.50	4.16	3.78	3.36
13	9.07	6.70	5.74	5.20	4.86	4.62	4.30	3.96	3.59	3.16
14	8.86	6.51	5.56	5.03	4.69	4.46	4.14	3.80	3.43	3.00
15	8.68	6.36	5.42	4.89	4.56	4.32	4.00	3.67	3.29	2.87
16	8.53	6.23	5.29	4.77	4.44	4.20	3.89	3.55	3.18	2.75
17	8.40	6.11	5.18	4.67	4.34	4.10	3.79	3.45	3.08	2.65
18	8.28	6.01	5.09	4.58	4.25	4.01	3.71	3.37	3.00	2.57
19	8.18	5.93	5.01	4.50	4.17	3.94	3.63	3.30	2.92	2.49
20	8.10	5.85	4.94	4.43	4.10	3.87	3.56	3.23	2.86	2.42
21	8.02	5.78	4.87	4.37	4.04	3.81	3.51	3.17	2.80	2.36
22	7.94	5.72	4.82	4.31	3.99	3.76	3.45	3.12	2.75	2.31
23	7.88	5.66	4.76	4.26	3.94	3.71	3.41	3.07	2.70	2.26
24	7.82	5.61	4.72	4.22	3.90	3.67	3.36	3.03	2.66	2.21
25	7.77	5.57	4.68	4.18	3.86	3.63	3.32	2.99	2.62	2.17
26	7.72	5.53	4.64	4.14	3.82	3.59	3.29	2.96	2.58	2.13
27	7.68	5.49	4.60	4.11	3.78	3.56	3.26	2.93	2.55	2.10
28	7.64	5.45	4.57	4.07	3.75	3.53	3.23	2.90	2.52	2.06
29	7.60	5.42	4.54	4.04	3.73	3.50	3.20	2.87	2.49	2.03
30	7.56	5.39	4.51	4.02	3.70	3.47	3.17	2.84	2.47	2.01
40	7.31	5.18	4.31	3.83	3.51	3.29	2.99	2.66	2.29	1.80
60	7.08	4.98	4.13	3.65	3.34	3.12	2.82	2.50	2.12	1.60
120	6.85	4.79	3.95	3.48	3.17	2.96	2.66	2.34	1.95	1.38
∞	6.64	4.60	3.78	3.32	3.02	2.80	2.51	2.18	1.79	1.00

$\alpha = 0.025$

k_1 / k_2	1	2	3	4	5	6	8	12	24	∞
1	647.8	799.5	864.2	899.6	921.8	937.1	956.7	976.7	997.2	1018
2	38.51	39.00	39.17	39.25	39.30	39.33	39.37	39.41	39.46	39.50
3	17.44	16.04	15.44	15.10	14.88	14.73	14.54	14.34	14.12	13.90
4	12.22	10.65	9.98	9.60	9.36	9.20	8.98	8.75	8.51	8.26
5	10.01	8.43	7.76	7.39	7.15	6.98	6.76	6.52	6.28	6.02
6	8.81	7.26	6.60	6.23	5.99	5.82	5.60	5.37	5.12	4.85
7	8.07	6.54	5.89	5.52	5.29	5.12	4.90	4.67	4.42	4.14
8	7.57	6.06	5.42	5.05	4.82	4.65	4.43	4.20	3.95	3.67
9	7.21	5.71	5.08	4.72	4.48	4.32	4.10	3.87	3.61	3.33
10	6.94	5.46	4.83	4.47	4.24	4.07	3.85	3.62	3.37	3.08
11	6.72	5.26	4.63	4.28	4.04	3.88	3.66	3.43	3.17	2.88
12	6.55	5.10	4.47	4.12	3.89	3.73	3.51	3.28	3.02	2.72
13	6.41	4.97	4.35	4.00	3.77	3.60	3.39	3.15	2.89	2.60
14	6.30	4.86	4.24	3.89	3.66	3.50	3.29	3.05	2.79	2.49
15	6.20	4.77	4.15	3.80	3.58	3.41	3.20	2.96	2.70	2.40
16	6.12	4.69	4.08	3.73	3.50	3.34	3.12	2.89	2.63	2.32
17	6.04	4.62	4.01	3.66	3.44	3.28	3.06	2.82	2.56	2.25
18	5.98	4.56	3.95	3.61	3.38	3.22	3.01	2.77	2.50	2.19
19	5.92	4.51	3.90	3.56	3.33	3.17	2.96	2.72	2.45	2.13
20	5.87	4.46	3.86	3.51	3.29	3.13	2.91	2.68	2.41	2.09
21	5.83	4.42	3.82	3.48	3.25	3.09	2.87	2.64	2.37	2.04
22	5.79	4.38	3.78	3.44	3.22	3.05	2.84	2.60	2.33	2.00
23	5.75	4.35	3.75	3.41	3.18	3.02	2.81	2.57	2.30	1.97
24	5.72	4.32	3.72	3.38	3.15	2.99	2.78	2.54	2.27	1.94
25	5.69	4.29	3.69	3.35	3.13	2.97	2.75	2.51	2.24	1.91
26	5.66	4.27	3.67	3.33	3.10	2.94	2.73	2.49	2.22	1.88
27	5.63	4.24	3.65	3.31	3.08	2.92	2.71	2.47	2.19	1.85
28	5.61	4.22	3.63	3.29	3.06	2.90	2.69	2.45	2.17	1.83
29	5.59	4.20	3.61	3.27	3.04	2.88	2.67	2.43	2.15	1.81
30	5.57	4.18	3.59	3.25	3.03	2.87	2.65	2.41	2.14	1.79
40	5.42	4.05	3.46	3.13	2.90	2.74	2.53	2.29	2.01	1.64
60	5.29	3.93	3.34	3.01	2.79	2.63	2.41	2.17	1.88	1.48
120	5.15	3.80	3.23	2.89	2.67	2.52	2.30	2.05	1.76	1.31
∞	5.02	3.69	3.12	2.79	2.57	2.41	2.19	1.94	1.64	1.00

$\alpha = 0.05$

k_1 / k_2	1	2	3	4	5	6	8	12	24	∞
1	161.4	199.5	215.7	224.6	230.2	234.0	238.9	243.9	249.0	254.3
2	18.51	19.00	19.16	19.25	19.30	19.33	19.37	19.41	19.45	19.50
3	10.13	9.55	9.28	9.12	9.01	8.94	8.84	8.74	8.64	8.53
4	7.71	6.94	6.59	6.39	6.26	6.16	6.04	5.91	5.77	5.63
5	6.61	5.79	5.41	5.19	5.05	4.95	4.82	4.68	4.53	4.36
6	5.99	5.14	4.76	4.53	4.39	4.28	4.15	4.00	3.84	3.67
7	5.59	4.74	4.35	4.12	3.97	3.87	3.73	3.57	3.41	3.23
8	5.32	4.46	4.07	3.84	3.69	3.58	3.44	3.28	3.12	2.93
9	5.12	4.26	3.86	3.63	3.48	3.37	3.23	3.07	2.90	2.71
10	4.96	4.10	3.71	3.48	3.33	3.22	3.07	2.91	2.74	2.54
11	4.84	3.98	3.59	3.36	3.20	3.09	2.95	2.79	2.61	2.40
12	4.75	3.88	3.49	3.26	3.11	3.00	2.85	2.69	2.50	2.30
13	4.67	3.80	3.41	3.18	3.02	2.92	2.77	2.60	2.42	2.21
14	4.60	3.74	3.34	3.11	2.96	2.85	2.70	2.53	2.35	2.13
15	4.54	3.68	3.29	3.06	2.90	2.79	2.64	2.48	2.29	2.07
16	4.49	3.63	3.24	3.01	2.85	2.74	2.59	2.42	2.24	2.01
17	4.45	3.59	3.20	2.96	2.81	2.70	2.55	2.38	2.19	1.96
18	4.41	3.55	3.16	2.93	2.77	2.66	2.51	2.34	2.15	1.92
19	4.38	3.52	3.13	2.90	2.74	2.63	2.48	2.31	2.11	1.88
20	4.35	3.49	3.10	2.87	2.71	2.60	2.45	2.28	2.08	1.84
21	4.32	3.47	3.07	2.84	2.68	2.57	2.42	2.25	2.05	1.81
22	4.30	3.44	3.05	2.82	2.66	2.55	2.40	2.23	2.03	1.78
23	4.28	3.42	3.03	2.80	2.64	2.53	2.38	2.20	2.00	1.76
24	4.26	3.40	3.01	2.78	2.62	2.51	2.36	2.18	1.98	1.73
25	4.24	3.38	2.99	2.76	2.60	2.49	2.34	2.16	1.96	1.71
26	4.22	3.37	2.98	2.74	2.59	2.47	2.32	2.15	1.95	1.69
27	4.21	3.35	2.96	2.73	2.57	2.46	2.30	2.13	1.93	1.67
28	4.20	3.34	2.95	2.71	2.56	2.44	2.29	2.12	1.91	1.65
29	4.18	3.33	2.93	2.70	2.54	2.43	2.28	2.10	1.90	1.64
30	4.17	3.32	2.92	2.69	2.53	2.42	2.27	2.09	1.89	1.62
40	4.08	3.23	2.84	2.61	2.45	2.34	2.18	2.00	1.79	1.51
60	4.00	3.15	2.76	2.52	2.37	2.25	2.10	1.92	1.70	1.39
120	3.92	3.07	2.68	2.45	2.29	2.17	2.02	1.83	1.61	1.25
∞	3.84	2.99	2.60	2.37	2.21	2.09	1.94	1.75	1.52	1.00

$\alpha = 0.10$

k_1 / k_2	1	2	3	4	5	6	8	12	24	∞
1	39.86	49.50	53.59	55.83	57.24	58.20	59.44	60.71	62.00	63.33
2	8.53	9.00	9.16	9.24	9.29	9.33	9.37	9.41	9.45	9.49
3	5.54	5.46	5.36	5.32	5.31	5.28	5.25	5.22	5.18	5.13
4	4.54	4.32	4.19	4.11	4.05	4.01	3.95	3.90	3.83	3.76
5	4.06	3.78	3.62	3.52	3.45	3.40	3.34	3.27	3.19	3.10
6	3.78	3.46	3.29	3.18	3.11	3.05	2.98	2.90	2.82	2.72
7	3.59	3.26	3.07	2.96	2.88	2.83	2.75	2.67	2.58	2.47
8	3.46	3.11	2.92	2.81	2.73	2.67	2.59	2.50	2.40	2.29
9	3.36	3.01	2.81	2.69	2.61	2.55	2.47	2.38	2.28	2.16
10	3.29	2.92	2.73	2.61	2.52	2.46	2.38	2.28	2.18	2.06
11	3.23	2.86	2.66	2.54	2.45	2.39	2.30	2.21	2.10	1.97
12	3.18	2.81	2.61	2.48	2.39	2.33	2.24	2.15	2.04	1.90
13	3.14	2.76	2.56	2.43	2.35	2.28	2.20	2.10	1.98	1.85
14	3.10	2.73	2.52	2.39	2.31	2.24	2.15	2.05	1.94	1.80
15	3.07	2.70	2.49	2.36	2.27	2.21	2.12	2.02	1.90	1.76
16	3.05	2.67	2.46	2.33	2.24	2.18	2.09	1.99	1.87	1.72
17	3.03	2.64	2.44	2.31	2.22	2.15	2.06	1.96	1.84	1.69
18	3.01	2.62	2.42	2.29	2.20	2.13	2.04	1.93	1.81	1.66
19	2.99	2.61	2.40	2.27	2.18	2.11	2.02	1.91	1.79	1.63
20	2.97	2.59	2.38	2.25	2.16	2.09	2.00	1.89	1.77	1.61
21	2.96	2.57	2.36	2.23	2.14	2.08	1.98	1.87	1.75	1.59
22	2.95	2.56	2.35	2.22	2.13	2.06	1.97	1.86	1.73	1.57
23	2.94	2.55	2.34	2.21	2.11	2.05	1.95	1.84	1.72	1.55
24	2.93	2.54	2.33	2.19	2.10	2.04	1.94	1.83	1.70	1.53
25	2.92	2.53	2.32	2.18	2.09	2.02	1.93	1.82	1.69	1.52
26	2.91	2.52	2.31	2.17	2.08	2.01	1.92	1.81	1.68	1.50
27	2.90	2.51	2.30	2.17	2.07	2.00	1.91	1.80	1.67	1.49
28	2.89	2.50	2.29	2.16	2.06	2.00	1.90	1.79	1.66	1.48
29	2.89	2.50	2.28	2.15	2.06	1.99	1.89	1.78	1.65	1.47
30	2.88	2.49	2.28	2.14	2.05	1.98	1.88	1.77	1.64	1.46
40	2.84	2.44	2.23	2.09	2.00	1.93	1.83	1.71	1.57	1.38
60	2.79	2.39	2.18	2.04	1.95	1.87	1.77	1.66	1.51	1.29
120	2.75	2.35	2.13	1.99	1.90	1.82	1.72	1.60	1.45	1.19
∞	2.71	2.30	2.08	1.94	1.85	1.17	1.67	1.55	1.38	1.00

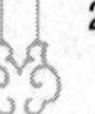

附录五　相关系数显著性检验表

df（k-2）	0.10	0.05	0.02	0.01	0.001
1	0.9877	0.9969	0.9995	0.9999	0.9999
2	0.9000	0.9500	0.9800	0.9900	0.9990
3	0.8054	0.8783	0.9343	0.9587	0.9912
4	0.7293	0.8114	0.8822	0.9172	0.9741
5	0.6694	0.7545	0.8329	0.8745	0.9507
6	0.6215	0.7067	0.7887	0.8343	0.9249
7	0.5822	0.6664	0.7498	0.7977	0.8982
8	0.5494	0.6319	0.7155	0.7646	0.8721
9	0.5214	0.6021	0.6851	0.7348	0.8471
10	0.4973	0.5760	0.6581	0.7079	0.8233
11	0.4762	0.5529	0.6339	0.6835	0.8010
12	0.4575	0.5324	0.6120	0.6614	0.7800
13	0.4409	0.5139	0.5923	0.6411	0.7603
14	0.4259	0.4973	0.5742	0.6226	0.7420
15	0.4124	0.4821	0.5577	0.6055	0.7246
16	0.4000	0.4683	0.5425	0.5897	0.7084
17	0.3887	0.4555	0.5285	0.5751	0.6932
18	0.3783	0.4438	0.5155	0.5614	0.6787
19	0.3687	0.4329	0.5034	0.5487	0.6652
20	0.3598	0.4227	0.4921	0.5368	0.6524
25	0.3233	0.3809	0.4451	0.4869	0.5974
30	0.2960	0.3494	0.4093	0.4487	0.5541
35	0.2746	0.3246	0.3810	0.4182	0.5189
40	0.2573	0.3044	0.3578	0.3932	0.4896
45	0.2428	0.2875	0.3384	0.3721	0.4648
50	0.2306	0.2732	0.3218	0.3541	0.4433
60	0.2108	0.2500	0.2948	0.3248	0.4078
70	0.1954	0.2319	0.2737	0.3017	0.3799
80	0.1829	0.2172	0.2565	0.2830	0.3568
90	0.1726	0.2050	0.2422	0.2673	0.3375
100	0.1638	0.1946	0.2301	0.2540	0.3211

附录六 查表法

单边类，5% 水平

品评员	样品数							
	2	3	4	5	6	8	9	10
2	3.43	2.35	1.74	1.39	1.15	0.87	0.77	0.70
	3.43	1.76	1.18	0.88	0.70	0.50	0.44	0.39
3	1.90	1.44	1.14	0.94	0.80	0.62	0.56	0.51
	1.90	1.14	0.81	0.63	0.52	0.38	0.33	0.30
4	1.62	1.25	1.01	0.84	0.72	0.57	0.51	0.47
	1.62	1.02	0.74	0.58	0.48	0.35	0.31	0.28
5	1.53	1.19	0.96	0.81	0.70	0.55	0.50	0.45
	1.53	0.98	0.72	0.56	0.47	0.34	0.30	0.27
6	1.50	1.17	0.95	0.80	0.69	0.55	0.49	0.45
	1.50	0.96	0.71	0.56	0.46	0.34	0.40	0.27
7	1.49	1.17	0.95	0.81	0.69	0.55	0.50	0.45
	1.49	0.96	0.71	0.57	0.47	0.35	0.31	0.28
8	1.49	1.18	0.96	0.82	0.70	0.55	0.50	0.46
	1.49	0.97	0.72	0.58	0.47	0.35	0.31	0.28
9	1.50	1.19	0.97	0.83	0.71	0.56	0.51	0.47
	1.50	0.98	0.73	0.59	0.48	0.36	0.31	0.28
10	1.52	1.20	0.98	0.84	0.72	0.57	0.52	0.47
	1.52	0.99	0.74	0.60	0.49	0.37	0.32	0.29
11	1.54	1.22	0.99	0.85	0.73	0.58	0.52	0.48
	1.54	0.99	0.75	0.60	0.49	0.37	0.32	0.29
12	1.56	1.23	1.01	0.85	0.74	0.58	0.53	0.49
	1.56	1.00	0.75	0.60	0.50	0.38	0.32	0.30

单边类，1% 水平

品评员	样品数							
	2	3	4	5	6	8	9	10
2	7.92	4.32	2.84	2.10	1.66	1.17	1.02	0.91
	7.92	3.25	1.96	1.39	1.07	0.74	0.63	0.56
3	3.14	2.12	1.57	1.25	1.04	0.78	0.69	0.62
	3.14	1.73	1.19	0.91	0.73	0.53	0.46	0.41
4	2.48	1.74	1.33	1.08	0.91	0.69	0.62	0.56
	2.48	1.47	1.04	0.80	0.66	0.48	0.44	0.38
5	2.24	1.60	1.24	1.02	0.86	0.66	0.59	0.54
	2.24	1.37	0.98	0.77	0.63	0.47	0.43	0.37
6	2.14	1.55	1.21	0.99	0.85	0.65	0.59	0.53
	2.14	1.32	0.96	0.76	0.62	0.46	0.42	0.36
7	2.10	1.53	1.20	0.99	0.84	0.65	0.59	0.53
	2.10	1.33	0.96	0.76	0.63	0.46	0.42	0.37
8	2.09	1.53	1.20	0.99	0.85	0.66	0.65	0.54
	2.09	1.33	0.97	0.77	0.63	0.47	0.47	0.37
9	2.09	1.54	1.21	1.00	0.85	0.66	0.66	0.54
	2.09	1.34	0.98	0.77	0.64	0.48	0.48	0.38
10	2.10	1.55	1.22	1.01	0.86	0.67	0.67	0.55
	2.10	1.35	0.99	0.78	0.65	0.48	0.48	0.38
11	2.11	1.56	1.23	1.02	0.87	0.68	0.68	0.56
	2.11	1.35	0.99	0.78	0.65	0.49	0.49	0.39
12	2.13	1.58	1.25	1.04	0.89	0.69	0.69	0.57
	2.13	1.36	1.00	0.79	0.66	0.49	0.49	0.40

单边类，5% 水平

	2	3	4	5	6	7	8	9	10	11	12
2	6.35	2.19	1.52	1.16	0.94	0.79	0.69	0.60	0.54	0.49	0.45
	6.35	1.96	1.39	1.12	0.95	0.84	0.76	0.70	0.65	0.61	0.58
3	1.96	1.14	0.88	0.72	0.61	0.53	0.47	0.42	0.38	0.35	0.32
	2.19	1.14	0.90	0.76	0.67	0.61	0.56	0.52	0.49	0.46	0.44
4	1.43	0.96	0.76	0.63	0.54	0.47	0.42	0.38	0.34	0.31	0.29
	1.54	0.93	0.76	0.65	0.58	0.53	0.49	0.45	0.43	0.40	0.38
5	1.27	0.89	0.71	0.60	0.51	0.45	0.40	0.36	0.33	0.30	0.28
	1.28	0.84	0.69	0.60	0.53	0.49	0.45	0.42	0.40	0.38	0.36
6	1.91	0.87	0.70	0.58	0.50	0.44	0.39	0.36	0.33	0.30	0.28
	1.14	0.78	0.64	0.56	0.50	0.46	0.43	0.40	0.38	0.36	0.34
7	1.16	0.86	0.69	0.58	0.50	0.44	0.40	0.36	0.33	0.30	0.28
	1.06	0.74	0.62	0.54	0.48	0.44	0.41	0.38	0.36	0.34	0.33
8	1.15	0.86	0.69	0.58	0.50	0.44	0.40	0.36	0.33	0.30	0.28
	1.01	0.71	0.59	0.52	0.47	0.43	0.40	0.37	0.35	0.33	0.32
9	1.15	0.86	0.70	0.59	0.51	0.45	0.40	0.36	0.33	0.31	0.29
	0.97	0.69	0.58	0.51	0.46	0.42	0.39	0.36	0.34	0.33	0.31
10	1.15	0.87	0.71	0.60	0.51	0.45	0.41	0.37	0.34	0.31	0.29
	0.93	0.67	0.56	0.50	0.45	0.41	0.38	0.36	0.34	0.32	0.31
11	1.16	0.88	0.71	0.60	0.52	0.46	0.41	0.37	0.34	0.32	0.29
	0.91	0.66	0.55	0.49	0.44	0.40	0.38	0.35	0.33	0.32	0.30
12	1.16	0.89	0.72	0.61	0.53	0.47	0.42	0.38	0.35	0.32	0.30
	0.89	0.65	0.55	0.48	0.43	0.40	0.37	0.35	0.33	0.31	0.30

双边类，5% 水平

	2	3	4	5	6	7	8	9	10	11	12
2	31.83	5.00	2.91	2.00	1.51	1.20	1.00	0.86	0.75	0.66	0.62
	31.83	4.51	2.72	1.99	1.59	1.35	1.19	1.07	0.97	0.92	0.87
3	4.51	1.84	1.31	1.01	0.82	0.70	0.60	0.53	0.48	0.43	0.39
	5.00	1.84	1.35	1.10	0.94	0.83	0.76	0.69	0.65	0.61	0.57
4	2.63	1.40	1.04	0.83	0.69	0.59	0.52	0.46	0.42	0.38	0.36
	2.75	1.35	1.04	0.87	0.76	0.68	0.63	0.58	0.54	0.51	0.49
5	2.11	1.25	0.95	0.77	0.64	0.56	0.49	0.44	0.40	0.36	0.34
	2.05	1.14	0.90	0.77	0.68	0.61	0.56	0.52	0.49	0.46	0.44
6	1.88	1.18	0.91	0.74	0.63	0.54	0.48	0.43	0.39	0.36	0.34
	1.71	1.02	0.82	0.71	0.63	0.57	0.52	0.49	0.46	0.43	0.41
7	1.78	1.15	0.89	0.73	0.62	0.54	0.48	0.43	0.39	0.36	0.34
	1.52	0.95	0.77	0.66	0.59	0.54	0.50	0.46	0.44	0.41	0.39
8	1.72	1.14	0.89	0.73	0.62	0.54	0.48	0.43	0.39	0.36	0.34
	1.40	0.90	0.73	0.63	0.57	0.52	0.48	0.45	0.42	0.40	0.39
9	1.69	1.14	0.89	0.73	0.62	0.54	0.48	0.43	0.39	0.36	0.34
	1.31	0.86	0.71	0.61	0.55	0.50	0.46	0.43	0.41	0.39	0.37
10	1.67	1.14	0.89	0.74	0.63	0.55	0.48	0.44	0.40	0.36	0.34
	1.24	0.83	0.68	0.59	0.53	0.49	0.45	0.42	0.40	0.38	0.37
11	1.67	1.15	0.90	0.74	0.63	0.55	0.49	0.44	0.40	0.37	0.35
	1.19	0.80	0.67	0.58	0.52	0.48	0.44	0.41	0.39	0.37	0.35
12	1.67	1.15	0.91	0.75	0.64	0.56	0.50	0.45	0.41	0.37	0.35
	1.15	0.78	0.65	0.57	0.51	0.47	0.43	0.41	0.38	0.36	0.35

参 考 文 献

[1] 康明官. 黄酒生产问答. 北京：中国轻工业出版社，1987.
[2] 董小雷. 啤酒感官品评. 北京：化学工业出版社，2007.
[3] 马永强，韩春然，刘静波. 食品感官检验. 北京：化学工业出版社，2005.
[4] 周恒刚，徐占成. 白酒品评与勾兑. 北京：中国轻工业出版社，2007.
[5] 李德美. 葡萄酒深度品鉴. 北京：中国轻工业出版社，2007.
[6] Ronald S. Jackson（加）. 葡萄酒的品尝. 北京：中国农业大学出版社，2009.
[7] 简希斯·罗宾逊（英）. 品酒. 上海：三明书店，2011.
[8] 丁耐克. 食品风味化学. 北京：中国轻工业出版社，1997.

中国轻工业出版社生物专业教材目录

高职高专教材

高职制药/生物制药系列

动物医药专业技能实训教程	23.00 元
临床医学概要（第二版）	32.00 元
人体解剖生理学	38.00 元
生物制药工艺学	26.00 元
生物制药技术专业技能实训教程	28.00 元
药理毒理学	42.00 元
药理学	32.00 元
药品分析检验技术	38.00 元
药品营销技术	24.00 元
药品营销原理与实务（第二版）	40.00 元
药品质量管理	28.00 元
药事法规管理	40.00 元
药物质量检测技术	28.00 元
药物制剂技术	40.00 元
药物分析检测技术	32.00 元
制药设备及其运行维护	36.00 元
中药制药技术专业技能实训教程	22.00 元
生物制药技术	34.00 元
药物合成	40.00 元

高职生物技术系列

发酵工艺教程	24.00 元
发酵工艺原理	30.00 元
发酵食品生产技术	39.00 元
化工原理	37.00 元
环境生物技术	28.00 元
基础生物化学	39.00 元
基因工程技术（普通高等教育“十一五”国家级规划教材）	25.00 元
麦芽制备技术	25.00 元
啤酒过滤技术（国家级精品课程配套教材）	15.00 元
啤酒生产技术	35.00 元
啤酒生产理化检测技术	28.00 元
啤酒生产原料	20.00 元
生物分离技术	25.00 元
生物化学	30.00 元

生物化学 38.00元
生物化学 34.00元
生物化学实验技术（普通高等教育“十一五“国家级规划教材） 22.00元
生物检测技术 24.00元
生物再生能源技术 45.00元
微生物工艺技术 28.00元
微生物学 40.00元
微生物学基础 36.00元
无机及分析化学 28.00元
现代基因操作技术 30.00元
现代生物技术概论 28.00元
植物组织培养（国家级精品课程配套教材） 28.00元
氨基酸发酵生产技术（第二版） 28.00元
白酒生产技术（第二版） 30.00元
过程装备及维护 30.00元
酒精生产技术 36.00元
发酵调味品生产技术 36.00元
生物工程基础单元操作技术 32.00元
中国酒文化概论 24.00元
黄酒酿造技术 28.00元
黄酒工艺技术 30.00元
黄酒品评技术 34.00元

公共课和基础课教材

检测实验室管理 30.00元
无机及分析化学 28.00元
现代仪器分析 28.00元
化学实验技术 14.00元
基础化学 27.00元
有机化学 39.00元
化验室组织与管理 16.00元
有机化学 39.00元
无机及分析化学 30.00元
化学综合——无机化学 26.00元
化学综合——分析化学 20.00元
仪器分析应用技术 25.00元
现代仪器分析技术 32.00元
仪器分析 39.00元
基于MATLAB的化工实验技术（汉-英） 20.00元
大学生安全教育 26.00元

大学生职业规划与就业指导	34.00元

中 职 教 材

啤酒酿造技术	28.00元
微生物学基础	30.00元
生物化学	36.00元

职业资格培训教程

白酒酿造工教程（上）	26.00元
白酒酿造工教程（中）	22.00元
白酒酿造工教程（下）	38.00元
白酒酿造培训教程（白酒酿造工、酿酒师、品酒师）	120.00元